Nachhaltig leben

Michael Wühle

Nachhaltig leben

77 praktische Tipps für deinen Alltag

Michael Wühle
PlusB Consulting
Hohenlinden, Deutschland

ISBN 978-3-662-70530-8   ISBN 978-3-662-70531-5 (eBook)
https://doi.org/10.1007/978-3-662-70531-5

Die Deutsche Nationalbibliothek verzeichnet diese Publikation in der Deutschen Nationalbibliografie; detaillierte bibliografische Daten sind im Internet über http://dnb.d-nb.de abrufbar.

© Der/die Herausgeber bzw. der/die Autor(en), exklusiv lizenziert an Springer-Verlag GmbH, DE, ein Teil von Springer Nature 2025

Das Werk einschließlich aller seiner Teile ist urheberrechtlich geschützt. Jede Verwertung, die nicht ausdrücklich vom Urheberrechtsgesetz zugelassen ist, bedarf der vorherigen Zustimmung des Verlags. Das gilt insbesondere für Vervielfältigungen, Bearbeitungen, Übersetzungen, Mikroverfilmungen und die Einspeicherung und Verarbeitung in elektronischen Systemen.
Die Wiedergabe von allgemein beschreibenden Bezeichnungen, Marken, Unternehmensnamen etc. in diesem Werk bedeutet nicht, dass diese frei durch jedermann benutzt werden dürfen. Die Berechtigung zur Benutzung unterliegt, auch ohne gesonderten Hinweis hierzu, den Regeln des Markenrechts. Die Rechte des jeweiligen Zeicheninhabers sind zu beachten.
Der Verlag, die Autor*innen und die Herausgeber*innen gehen davon aus, dass die Angaben und Informationen in diesem Werk zum Zeitpunkt der Veröffentlichung vollständig und korrekt sind. Weder der Verlag noch die Autor*innen oder die Herausgeber*innen übernehmen, ausdrücklich oder implizit, Gewähr für den Inhalt des Werkes, etwaige Fehler oder Äußerungen. Der Verlag bleibt im Hinblick auf geografische Zuordnungen und Gebietsbezeichnungen in veröffentlichten Karten und Institutionsadressen neutral. Die in diesem Buch enthaltenen Tipps und Informationen dienen ausschließlich der allgemeinen Information und stellen keine professionelle Beratung dar. Die im Buch beschriebenen Maßnahmen können aufgrund individueller Umstände und Gegebenheiten nicht in jedem Fall geeignet sein. Vor jeder Umsetzung der beschriebenen Tipps wird empfohlen, sich eingehend zu informieren und gegebenenfalls fachkundige Beratung einzuholen.

Einbandabbildung: deblik, Berlin

Planung/Lektorat: Stefanie Wolf
Springer ist ein Imprint der eingetragenen Gesellschaft Springer-Verlag GmbH, DE und ist ein Teil von Springer Nature.
Die Anschrift der Gesellschaft ist: Heidelberger Platz 3, 14197 Berlin, Germany

Wenn Sie dieses Produkt entsorgen, geben Sie das Papier bitte zum Recycling.

Auf einen Blick

Zum Aufbau dieses Buchs VII
Einleitung 1
Nachhaltigkeit für mich 7
Wissen teilen, Zukunft gestalten 49
Konsum und Ernährung 75
Kreislaufwirtschaft leben 117
Energie und Technik gestalten 161
Mobilität neu gedacht 195
Umwelt und Klimawandel 213
Wirtschaft mit Verantwortung 245
Politik, Gesellschaft und du 291
Dein nachhaltiges Leben 311
Nachhaltigkeit im Alltag – die Reise geht weiter 325

Zum Aufbau dieses Buchs

Meine bisherigen Bücher zum Thema Nachhaltigkeit hatten in erster Linie Unternehmen und deren Verantwortliche als Zielgruppe. Dieses Buch richtet sich im Gegensatz dazu an jeden Menschen mit Interesse für das Thema und wie Nachhaltigkeit im eigenen Leben umgesetzt und gelebt werden kann. Vorkenntnisse sind nicht erforderlich. Es gibt jedoch einige Besonderheiten in diesem Buch, auf die ich nachstehend kurz eingehen möchte.

Zum Inhalt
In insgesamt 10 Themenbereichen habe ich 77 Kapitel mit Nachhaltigkeitstipps aus meinem privaten Alltag wie auch aus meiner beruflichen Praxis gebündelt. Mit diesen Tipps möchte ich mein Wissen und meine Erfahrungen im Bereich Nachhaltigkeit an alle Interessierten weitergeben, soweit dies über ein Buch möglich ist.

Was ist ein Tipp in diesem Buch?

Unter einem „Tipp" verstehe ich hier die beschriebenen Vorgehens- und Verhaltensweisen in einem Kapitel, das den Teilbereich eines übergeordneten Themenbereichs abdeckt, beispielsweise das Kapitel „20 – Regional und saisonal einkaufen" im Themenbereich „Konsum und Ernährung". Im Tipp-Kapitel selbst führe ich je nach Thema unterschiedlich viele Möglichkeiten auf, wie der übergeordnete Tipp im Alltag gestaltet und gelebt werden kann. Im genannten Beispielkapitel steht dann als einer von meist mehreren Tipps „Besorge dir einen *Saisonkalender für Obst und Gemüse* aus deiner Region".

Dabei bleibt für jeden Leser genügend Spielraum zur Ausgestaltung der Tipps und natürlich immer die Möglichkeit, die Tipps auszuwählen, die im eigenen Alltag angewendet werden sollen. Auch wenn ich oft Redewendungen wie „du solltest (nicht) …", „vermeide dies, mache das" verwende, so ist das nicht als Belehrung, Mahnung, Gebot oder geschweige denn Verbot gedacht. Es sind nur Vorschläge in meinem persönlichen Schreibstil, wie sie mir nun mal aus der Feder fließen. Du musst deinen eigenen Weg zur Nachhaltigkeit finden, der für dich passt und für dich richtig ist.

Tipps und Hinweise, die ich persönlich für herausgehoben bedeutsam halte, um den Weg zu einem nachhaltigen Leben zu finden, habe ich eingerahmt und hervorgehoben.

Aufgabe an die Leser

Die beschriebenen Tipps für mehr Nachhaltigkeit sollten wie gesagt immer nur als Beispiel und Anregung für den jeweiligen Bereich der Nachhaltigkeit verstanden werden. Ich wünsche mir, dass meine Leser durch diese Tipps dazu motiviert werden, meine Methoden im eigenen Alltag auszuprobieren, wenn nötig anzupassen, um eigene Wege und Methoden zu entdecken oder selbst zu entwickeln, mit dem ein höherer Grad von Nachhaltigkeit im alltäglichen Leben erreicht werden kann. Selbstverständlich verbunden mit der Bitte, die selbst entdeckten oder verbesserten Methoden als Tipps im eigenen Netzwerk weiterzugeben.

Querverweise
Beim Thema Nachhaltigkeit können die einzelne Themenfelder nicht scharf von anderen, verwandten Themenfeldern abgegrenzt werden. So ist beispielsweise im Bereich Energie neben den Treibhausgasemissionen auch immer die Kostenfrage, sprich neben der ökologischen auch die ökonomische Komponente der Nachhaltigkeit im Spiel.

Ernährung und Tierwohl sind miteinander verbunden und diese wiederum wieder mit den damit verbundenen Treibhausgasemissionen. Bei einer nachhaltigen Produktion können wir die betreffenden sozialen Fragen nicht losgelöst von Transportwegen und Regionalkonzepten betrachten. Abfallvermeidung und Ressourcenschonung hängen eng mit unserem Konsumverhalten zusammen und sprechen alle drei Dimensionen der Nachhaltigkeit – Ökonomie, Ökologie und Soziales – gleichermaßen an.

Mit diesen Beispielen möchte ich darauf hinweisen, dass beim Thema Nachhaltigkeit alles mit allem verbunden ist und sich zudem gegenseitig beeinflusst und steuert. Dies führt bei vielen Menschen anfangs zur Verunsicherung beim Umgang mit dem Begriff Nachhaltigkeit, weil es auf den ersten Blick keine einfachen Lösungen zulässt. Um diese vielfachen Verbindungen und Verknüpfungen sowie deren Lösungswege sichtbar zu machen, arbeite ich in diesem Buch daher mit vielen Querverweisen unter den verbundenen Themen und Tipps.

In der E-Book-Version genügt ein Mausklick auf einen solchen Querverweis, um zum verbundenen Kapitel oder Tipp zu wechseln. Mit der Funktion „Vorherige Ansicht" (je nach Reader unterschiedlich bezeichnet) kommst du wieder zum Ausgangspunkt zurück. In der Buchversion hilft das Inhaltsverzeichnis und ein Lesezeichen (oder ein Finger), um zwischen den verbundenen Tipps zu wechseln. Manchmal mag es dabei so aussehen, als ob Themen doppelt behandelt werden. Doch das sieht nur auf den ersten Blick so aus. Es sind zwar ähnliche oder sogar stark verwandte Themen, aber jeweils aus einem anderen Blickwinkel der Nachhaltigkeit betrachtet. Diese Zusammenhänge zwischen den einzelnen Merkmalen und dem jeweiligen Blickwinkel zu erkennen und zu erforschen, finde ich für das Verständnis des Systems Nachhaltigkeit außerordentlich wichtig. Dabei helfen die Querverweise.

Das Buch lädt dazu ein, über die Querverweise zwischen den verschiedenen Merkmalen der Nachhaltigkeit und ihren thematischen Verknüpfungen hin und her zu springen. Ich empfehle, von dieser Möglichkeit reichlich Gebrauch zu machen. Dies ist kein Buch, das der Reihe nach vom Anfang bis zum Ende gelesen werden muss, damit die Spannung bis zum Schluss erhalten bleibt. Ganz im Gegenteil.

Zum Stil des Buchs
Bei mir ist immer die Gefahr, dass ich sehr sachlich und datenbasiert schreibe. Meine Ausbildung und berufliche Praxis als Ingenieur kann ich auch bei allen Bemühungen nicht so einfach abstellen. Mir ist schon klar, dass ein solch sachlicher Blickwinkel allein nicht zum Verständnis der Nachhaltigkeit führen wird. Gerade die emotionale, die menschliche Blickweise ist hier unverzichtbar. Daher habe ich mir vorgenommen, dass es so ein allein faktengetriebenes Buch nicht

Zum Aufbau dieses Buchs

werden soll und darf, sondern alle wichtigen Merkmale der Nachhaltigkeit im persönlichen Alltag umfassen soll. Mit einem dreidimensionalen und emotionalen Blickwinkel auf die Ökonomie, die Ökologie und die Gesellschaft betrachten wir daher in diesem Buch gemeinsam dieses faszinierende Gebilde Nachhaltigkeit und diskutieren deren zahlreichen Ausprägungen und Erscheinungsformen.

Ich stelle mir daher vor, dass wir uns als Bekannte oder ja sogar als gute Freunde in lockerer Atmosphäre über das Thema Nachhaltigkeit unterhalten und uns austauschen. Deshalb verwende ich auch ein respektvolles „du" in unserem imaginären Gespräch und hoffe, das ist für dich in Ordnung.

Ich stelle mir deine Fragen, Einwände, Meinungen und Ideen vor, die in einem solchen Gespräch entstehen würden und versuche darauf jeweils eine Antwort zu finden, die hilfreich für dich ist.

Zum Gendern

In diesem Buch habe ich mich bewusst für eine genderneutrale Sprache entschieden, soweit mir dies möglich war. Mein Ziel ist es, eine angenehme Leseerfahrung zu schaffen, die alle Menschen anspricht, unabhängig von ihrem Geschlecht oder ihrer sexuellen Orientierung. Ich bin der Meinung, dass ein klarer und natürlicher Schreibstil dazu beiträgt, die Inhalte besser zugänglich zu machen. Ich respektiere die unterschiedlichen Ansichten zum Thema Gendern und bin mir bewusst, dass meine Entscheidung nicht unumstritten ist. Für mich steht jedoch die Einbindung aller Leserinnen und Leser im Vordergrund.

Als Mann verwende ich in meinem natürlichen Schreibstil ab und zu männliche Begriffe. Dies geschieht nicht bewusst und soll keinerlei Wertung oder Diskriminierung gegenüber anderen Geschlechtsidentitäten ausdrücken. Mir ist wichtig zu betonen, dass ich alle Menschen gleichermaßen meine. Ich hoffe also auf dein Verständnis für meinen Schreibstil.

Zur Nachhaltigkeit
Du interessierst dich also für Nachhaltigkeit? Das freut mich sehr, umso mehr, da du ja sogar mein Buch gekauft hast und gerade darin liest. Es geht in diesem Buch zur Nachhaltigkeit vor allem darum, wie du deinen Alltag im privaten und beruflichen Umfeld nachhaltiger gestalten kannst und soll dich zudem dazu anregen, bisherige Verhaltensweisen, die weniger nachhaltig waren, zu hinterfragen und womöglich zu verändern.

Ich beschäftige mich jetzt seit fast 20 Jahren mit diesem höchst erstaunlichen Thema Nachhaltigkeit. Anfangs geschah das ausschließlich im beruflichen Bereich, zunächst als Angestellter in einem Konzern und dann als freiberuflicher Berater für Nachhaltigkeitsmanagement. Seit einigen Jahren versuche ich nun auch im Alltag mein Leben, soweit es mir möglich ist, anhand von Nachhaltigkeitsmerkmalen auszurichten. Ich hoffe damit zu einem höheren Maß an Zufriedenheit, Gesundheit und Lebensfreude zu gelangen und bin da nach wie vor recht zuversichtlich.

Ich bin mir absolut sicher, dass Nachhaltigkeit die Lösung für sehr viele unserer alltäglichen Probleme und Herausforderungen sein kann. Sowohl in unserem privaten Umfeld als auch im Beruf, in der Wirtschaft, der Gesellschaft und in der Politik. Eine nachhaltig gestaltete Welt wäre der Garant für ein friedliches, gesundes und profitables Miteinander, davon bin ich zutiefst überzeugt. Es liegt an uns allen und wir alle können dazu auch unseren Beitrag leisten.

In diesem Sinn hoffe ich, dass ich dich mit meinem Buch und meinen Tipps begeistern kann und dich so zu einem Bot-

Zum Aufbau dieses Buchs

schafter in Sachen Nachhaltigkeit zu machen, falls du es nicht eh schon bist.

Nimm dir also genügend Zeit zum Lesen dieses Buchs, setz dich dazu an deinen Lieblingsort, besorg dir ein Getränk, das du gerne magst, und vielleicht etwas zum Knabbern. Mach es dir auf deine Art und Weise so richtig gemütlich und fange an im Buch zu lesen und springe mithilfe der Querverweise lebhaft zwischen den Kapiteln hin und her.

Inhaltsverzeichnis

Einleitung 1

Nachhaltigkeit für mich 7
1 – Meine Nachhaltigkeitswerte 9
2 – Die Kraft der Fragen für mehr Nachhaltigkeit 13
3 – Antworten als Werkzeug für Veränderung 17
4 – Bewusstsein schärfen 21
5 – Achtsamkeit im Alltag 25
6 – Gedanken entschärfen 30
7 – Gesundheit und Nachhaltigkeit 33
8 – Eigene Nachhaltigkeitskonzepte entwickeln 38
9 – Der Schlüssel zu einem nachhaltigen Leben 43
10 – Mein Weg zur Nachhaltigkeit 45

Wissen teilen, Zukunft gestalten 49
11 – Fakten checken und bewerten 55
12 – Wissen vertiefen und Kompetenzen stärken 58

13 – Nachhaltigkeitsevents besuchen 61
14 – Dein aktiver Beitrag zur Nachhaltigkeit 64
15 – Viele Köpfe, viele Meinungen, eine Lösung 66
16 – Bildung für nachhaltige Entwicklung fördern 69
17 – Multiplikator für Nachhaltigkeit 71

Konsum und Ernährung 75
18 – Weniger ist mehr 77
19 – Gebraucht ist das neue Neu 81
20 – Regional und saisonal einkaufen 85
21 – Nachhaltige Lebensmittel 89
22 – Einmachen und Einwecken wie bei Oma 94
23 – Vegan, vegetarisch, flexitarisch 99
24 – Tierwohl am Teller 105
25 – Nachhaltige Ernährungspläne 107
26 – Nachhaltige Geschenke 111
27 – Die Psychologie des Konsums 114

Kreislaufwirtschaft leben 117
28 – Müll vermeiden 121
29 – Wertstoffe trennen 126
30 – Plastik reduzieren 129
31 – Wasser sparen leicht gemacht 132
32 – Genuss ohne Verschwendung 135
33 – Biomüll sinnvoll nutzen 139
34 – Natürliche Pflegeprodukte 141
35 – Umweltfreundliche Reinigungsmittel 143
36 – Selbermachen statt kaufen 145
37 – Die richtigen Werkzeuge 151
38 – Reparieren statt wegwerfen 153
39 – Aus Alt mach Neu 156

Inhaltsverzeichnis

Energie und Technik gestalten 161
40 – Dein Zuhause, deine Energie 166
41 – Energietipps für den Alltag 170
42 – Internet und smarte Technik 174
43 – Digitalisierung und Nachhaltigkeit 181
44 – Eigenes Kraftwerk: Solar & Co. 185
45 – Künstliche Intelligenz für mehr Nachhaltigkeit .. 187
46 – Nachhaltigkeit trifft Technologie 191

Mobilität neu gedacht 195
47 – Zu Rad und zu Fuß 198
48 – Alltag mobil gestalten 202
49 – Nachhaltig Reisen 204
50 – Unterwegs zu einem nachhaltigen Urlaub 205
51 – Arbeiten ohne Anreise 208

Umwelt und Klimawandel 213
52 – Klimaschutz leicht gemacht 218
53 – Treibhausgase reduzieren 221
54 – So bindest du Kohlendioxid 227
55 – Mehr als nur Konsument 230
56 – Anpassung an den Klimawandel 234
57 – Mitmachen und gestalten 239
58 – Dein Klimaschutzfahrplan 243

Wirtschaft mit Verantwortung 245
59 – Green Economy 248
60 – Nachhaltige Unternehmen 251
61 – Nachhaltige Dienstleistungen 254
62 – Siegel für Nachhaltigkeit 258
63 – Ethisches Investieren 268

64 – Job mit Zukunft 276
65 – Nachhaltigkeit im Betrieb fördern 279
66 – Tipps für Gründer 284
67 – Regionale Wertschöpfung 288

Politik, Gesellschaft und du 291
68 – Fairness und Gerechtigkeit 294
69 – Kulturwandel für Nachhaltigkeit 296
70 – Kunst für eine nachhaltige Zukunft 298
71 – Politisches Engagement für Nachhaltigkeit 299
72 – Vernetzen und verändern 301
73 – Deine Nachhaltigkeitswebsite 305

Dein nachhaltiges Leben 311
74 – Die Macht der Gewohnheiten 314
75 – Motivation und innere Einstellung für
Nachhaltigkeit 317
76 – Vorteile eines nachhaltigen Lebens 319
77 – Gestalte deine nachhaltige Zukunft 322

Nachhaltigkeit im Alltag – die Reise geht weiter ... 325

Einleitung

Nachhaltigkeit – ein Plädoyer für die Zukunft
Nachhaltigkeit ist meiner Überzeugung nach DER Schlüssel zu einer besseren Zukunft.

Wir leben in einer Welt, die mit den Herausforderungen des Klimawandels, mit Ressourcenknappheit, mit Ungleichheit und mit immer mehr Kriegen und Konflikten auf der ganzen Welt konfrontiert ist. Die rasante Bevölkerungszunahme der letzten Jahrzehnte mit dem damit verbundenen, stetig steigendem Energie- und Ressourcenverbrauch hat zu einer erheblichen Belastung der Umwelt geführt. Die Folgen des vom Menschen verursachten Klimawandels, wie extreme Wetterereignisse und steigende Meeresspiegel, sind bereits heute spürbar und werden in Zukunft noch weiter zunehmen.

Dabei gewinnt das Konzept der Nachhaltigkeit zunehmend an Bedeutung. Nachhaltigkeit ist nicht nur eine ökologische

Notwendigkeit, sondern auch ein wichtiger Faktor für ein besseres Leben in Frieden und Wohlstand für alle Menschen.

Was ist Nachhaltigkeit?
In einer Welt, die manchmal einem Hamsterrad gleicht, wo Konsumwahn und Umweltzerstörung regieren, einer Welt mit immer mehr Konflikten und Kriegen, sehnen wir uns nach Sinnhaftigkeit und einem wirksamen Lösungskonzept. Nachhaltigkeit – ein Wort, so vielschichtig wie ein Diamant, so komplex wie ein Quantencomputer – bietet sich hier als Lösung an. Doch was genau verbirgt sich hinter diesem Begriff? Und wie lässt sich Nachhaltigkeit in unseren Alltag einbauen, ohne dass wir den Spaß am Leben verlieren?

Und dann ist da noch die Frage nach dem Umfang der Nachhaltigkeit. Beschränkt sich Nachhaltigkeit im Wesentlichen wirklich nur auf die Klassiker wie Umweltschutz und Ressourcenschonung? In meinem beruflichen Alltag erlebe ich sehr oft, dass sich die Beteiligten genau auf diese Klassiker stürzen und alles andere unbeachtet lassen. Ich bin schon allein vom theoretischen Ansatz her davon überzeugt, dass dem nicht so ist, sondern dass Nachhaltigkeit für jeden Aspekt unseres Lebens anwendbar ist. Die Frage nach dem Umfang und der Tiefe von Nachhaltigkeit stand und steht im Hintergrund der Idee für dieses Buch.

Allein im Bereich Umwelt- und Klimaschutz wären sicherlich 777 Tipps und mehr möglich. In diesem Fall würden wir aber den so wichtigen Gesamtblick auf die Vielschichtigkeit und Tiefe des Systems Nachhaltigkeit verlieren. Damit ginge dann auch der von mir gewünschte Schwerpunkt auf die bewusste persönliche Auseinandersetzung mit dem Thema Nachhaltigkeit in unserem alltäglichen Leben verloren und das möchte ich auf keinen Fall. Daher sind die Tipps in diesem

Buch nur eine kleine Auswahl der möglichen Beispiele aus dem Ozean an Tipps zum Thema Nachhaltigkeit. Sie sollen zum Nachdenken und eigenem Entdecken neuer Praktiken für mehr Nachhaltigkeit in deinem Leben dienen.

Es geht mir darum, dass du dir die eine Frage stellst und für dich und deinen Alltag beantwortest: *"Was kann ich tagtäglich tun, um mein Leben nachhaltiger zu gestalten und dazu beitragen, unsere Gesellschaft in Richtung Nachhaltigkeit zu entwickeln?"*

Chancen durch Nachhaltigkeit
Nachhaltigkeit bietet einen umfassenden Lösungsansatz für alle Probleme unserer Gesellschaft. Nachhaltigkeit bedeutet so zu leben und so zu wirtschaften, dass die Bedürfnisse der heutigen Generation befriedigt werden können, ohne die Möglichkeiten zukünftiger Generationen zu gefährden.[1] Dies beinhaltet auch die Schonung von Ressourcen,[2] den Schutz des Klimas und der Umwelt und die Förderung sozialer Gerechtigkeit. Nachhaltigkeit ist aber nicht nur eine umwelt- und klimabedingte Notwendigkeit, sondern kann auch zu einem besseren Leben für alle Menschen beitragen. Das klingt sehr sinnvoll und richtig, findet aber noch nicht im großen Umfang statt. Denn unser alltägliches Leben ist geprägt von Ressourcenverschwendung, Umweltzerstörung und sozialer Ungerechtigkeit.

Es fällt uns oft schwer, Nachhaltigkeit in der Praxis zu leben. Gründe dafür sind meistens Gewohnheiten, aber auch Zeitmangel, Informationsüberlastung und soziale Normen,

---

[1] Siehe Brundtland-Kommission, Definition des Begriffs Nachhaltigkeit.
[2] Alle natürlichen Bestandteile der Umwelt wie Wasser, Wälder, Metalle, Sonnenenergie usw., die einen wirtschaftlichen Nutzen haben und für die menschliche Gesellschaft von Bedeutung sind.

die unser Verhalten stark beeinflussen. Die bewusste Auseinandersetzung mit dem Thema Nachhaltigkeit ist deshalb anfangs notwendig, um aus dem Alltagstrott auszubrechen und neue Wege gehen zu können.

Dabei ist es nicht wirklich schwer. Wir haben sehr viele und oft auch einfache Möglichkeiten, Nachhaltigkeit im beruflichen und privaten Alltag zu betreiben. Ob beim Einkaufen, Kochen, Wohnen oder Arbeiten – es gibt unzählige Möglichkeiten, nachhaltig zu leben. Dazu gehören natürlich auch die folgenden Klassiker:

- Gesellschaft: Soziale Gerechtigkeit und die Förderung von Bildung und Gesundheit führen zu einem besseren Leben für alle Menschen und verhindern kriegerische Konflikte.
- Mensch: Nachhaltigkeit als grundlegender Wert unseres Handelns führt zu einem zufriedenen und meist auch zu einem glücklicheren Leben.
- Wirtschaft: Nachhaltige Unternehmen sind zukunftsorientiert, menschenfreundlich, einträglich und krisensicher.
- Umwelt: Die Schonung von Ressourcen und der Schutz der Umwelt tragen zur Bekämpfung des Klimawandels und zur Erhaltung der natürlichen Lebensräume bei. Davon profitieren wir auch selbst in unserem unmittelbaren Umfeld.

Die Umsetzung von Nachhaltigkeit ist jedoch mit zahlreichen Herausforderungen verbunden. Es bedarf eines Umdenkens in Politik, Wirtschaft und Gesellschaft, und es bedarf insbesondere auch unserer eigenen Verhaltensänderungen. Vor allem aber müssen wir den Schritt von der Theorie in die Praxis machen. Wir müssen aus unserer Komfortzone herauskommen und in unserem persönlichen Alltag bewusst und gezielt handeln.

Nachhaltigkeit ausgewogen betrachtet

Natürlich gibt es auch zu den Themen Energie, Ressourcen, Abfallvermeidung und den anderen Klassikern viele Tipps in diesem Buch. Ich habe jedoch versucht, nur die Dinge aus diesen Bereichen zu nennen, die mit geringem Aufwand einen sichtbaren Beitrag in deinem Alltag leisten können und die ich selbst erfolgreich ausprobiert habe. Ich habe mir dabei alle Mühe gegeben, jede der drei Säulen der Nachhaltigkeit mit der gleichen Wertigkeit und in ausgewogenem Umfang zu behandeln.

Zu meiner Schande muss ich gestehen, dass ich mich selbst des Öfteren dabei ertappt habe, wie ich mich in der ökologischen Dimension der Nachhaltigkeit verliere und dabei war, den Themen Energie- und Ressourceneinsparung, sowie dem Klimaschutz ein thematisches Übergewicht zu geben. Das ist mir sowohl im Beruf wie auch im Privatleben häufiger passiert.

Obwohl also eine ausgewogene Betrachtung von Nachhaltigkeit im Alltag meine Richtschnur und Ziel für dieses Buch war, geschah wieder, was geschehen musste. Als das Manuskript im ersten Rohentwurf fertig war, wurde mir klar, dass ich schon wieder in die gleiche Falle getappt war wie so viele, die sich mit dem Thema Nachhaltigkeit auseinandersetzen. Ich habe mich in den ersten Kapiteln auf die klassischen Themen wie Konsum, Abfall und Energie gestürzt und mich damit in die gleiche Sackgasse begeben wie viele andere vor mir auch.

Gerade das wollte ich doch vermeiden! Ich möchte doch vielmehr den Blick auf die enorme Bandbreite und Tiefe der Nachhaltigkeit richten, da nur diese Blickweise der wirkliche Garant für nachhaltigen Erfolg ist. Nachdem mir mein Fehler auf halber Strecke klar geworden war, habe ich die Struktur des Buchs nochmals geändert und den Themenblock „Nachhaltigkeit für mich" an die erste Stelle gesetzt, sowie „Wissen teilen, Zukunft gestalten" gleich danach. Denn es sind wir Menschen, unsere Gedanken, unsere Vorstellungen und unsere Verhaltensweisen, die Nachhaltigkeit in der Praxis erst möglich machen. Alles andere ist sehr wichtig, jedoch „nur" Technik, Methodik und Umsetzung unserer geistigen Einstellung.

So war es für mich eine spannende Reise, gedanklich noch mal neu zu starten, dabei Vorhandenes zusammenzutragen und erneut zu sortieren, nach weiteren Tipps zu suchen und diese dann selbst auszuprobieren. Dazu kam die faszinierende Suche nach Neuland, nach neuen Anwendungsmöglichkeiten des theoretischen Ansatzes von Nachhaltigkeit, die vielleicht so noch niemand gefunden hat. Wie das Ergebnis dieser Reise aussieht, kann ich jetzt zur „Halbzeit" noch nicht sicher sagen. Ich werde jedoch am Ende ein Fazit ziehen und bin auf das Ergebnis selbst bereits sehr gespannt.

Nachhaltigkeit als Lebenseinstellung

Nachhaltigkeit ist natürlich viel mehr als diese Sammlung von Nachhaltigkeitstipps, es ist eine Lebenseinstellung, die das Leben aller Menschen reicher und erfüllter machen kann. Dazu müssen wir nun wie die Maori Rahui[3] anwenden und den Schritt in die Praxis gehen, um Nachhaltigkeit in unserem Alltag zu leben. Mit dem Lesen dieses Buches gehen wir jetzt gemeinsam den ersten Schritt und untersuchen, was Nachhaltigkeit denn für dich und mich im Alltag bedeuten kann.

---

[3] Rahui, eine Regel der Maori, die ein bestimmtes Stück Land für eine bestimmte Zeit absolut vor der Nutzung durch den Menschen schützt (Wikipedia). Eine natürliche Form von Nachhaltigkeit in einem Teil der Welt, in dem immer schon mit begrenzten Ressourcen gelebt werden musste. Nach dem Rahui hat sich die Umwelt wieder regeneriert und kann wieder für eine bestimmte Zeit genutzt werden.

Nachhaltigkeit für mich

Was bedeutet Nachhaltigkeit für mich in meinem Alltag? Wann und wie gehe ich nachhaltig mit mir, meinen Mitmenschen und der Welt um, in der ich lebe? Und was bedeutet es eigentlich, nachhaltig zu leben? Ist es genug, den Müll zu trennen und gelegentlich Fahrrad zu fahren? Oder geht es um etwas Tiefergreifendes, um eine grundlegende Veränderung unserer Lebensweise?

- Bedeutet Nachhaltigkeit für mich, freundlich und hilfsbereit gegenüber meinen Mitmenschen zu sein?
- Bedeutet Nachhaltigkeit, mich auf den beruflichen Erfolg zu konzentrieren, mich auf positive Gedanken und auf Zielerreichung zu programmieren?
- Bedeutet Nachhaltigkeit, Umwelt- und Klimaschutz an erster Stelle in meinem Leben zu stellen?
- Bedeutet Nachhaltigkeit, meinen eigenen Interessen und Wünschen nicht so viel Gewicht zu geben und sie hinten anzustellen?
- Bedeutet Nachhaltigkeit nichts anderes als Glück und Zufriedenheit ohne Ängste und Sorgen?

In einer früheren Phase meines Lebens war ich für die Umweltabteilung eines Unternehmens verantwortlich. Das Thema Nachhaltigkeit wurde dem Aufgabengebiet hinzugefügt und hat mich auf diesem Weg damit in Kontakt gebracht. Damals war Nachhaltigkeit nur eine zusätzliche, wenn auch spannende Aufgabe für mich. Heute steht es im Zentrum auch meines beruflichen Handelns als freiberuflicher Berater für Nachhaltigkeitsmanagement. Nachhaltigkeit ist ganz sicher mehr als nur Umweltschutz und CO_2-Reduzierung. Dies ist mir seitdem klar geworden. Es geht vielmehr darum, ein Leben zu führen, das im Einklang mit meinen Werten und Überzeugungen steht. Dabei spielen Fragen nach sozialer Gerechtigkeit, persönlicher Erfüllung und dem Respekt gegenüber der Natur eine zentrale Rolle.

Für mich dreht sich daher persönliche Nachhaltigkeit immer um Werte. Meine Werte sind mein persönlicher Kompass, der mir die Richtung zeigt, in die ich in meinem Leben gehen will. Meine Ziele verändern sich im Laufe der Zeit, meine Werte jedoch bleiben immer die gleichen, sind nachhaltig. Um diesem inneren Kompass jedoch folgen zu können, braucht es Achtsamkeit, Selbstreflexion und den Wunsch, mein Leben nicht einfach so dahinplätschern zu lassen, sondern immer wieder aus dem Trott auszubrechen und neue Wege in Übereinstimmung mit meinen Werten zu suchen und zu gehen.

Das ist nicht immer einfach und oft ist es auch sehr verlockend, in der Komfortzone zu bleiben, weil es vorübergehend einfach guttut. Ich mache das auch, und das ist auch völlig in Ordnung, wenn es nicht (wieder) zur Gewohnheit wird (siehe auch Tipp *74 – Die Macht der Gewohnheiten*). Wichtig ist es für mich, dass ich mir meiner Verhaltensweisen bewusst werde und nach einer Weile wieder zu einem wertebasierten Leben zurückkehre. Das bedeutet für mich persönliche Nachhaltigkeit.

Die Tipps aus diesem Buch helfen mir dabei und dir hoffentlich auch. Du findest in den folgenden Kapiteln konkrete Werkzeuge und praktische Tipps zur Umsetzung einer nachhaltigen Lebensweise.

1 – Meine Nachhaltigkeitswerte

Werte sind das, für was du stehst, wofür du bereit bist, aus deinem Trott auszubrechen und aus deiner Komfortzone herauszugehen. Deine Werte sind das Fundament, auf dem du stehst und der Bodenbelag, über den du deinen Weg im Leben gehst. Sie sind auch dein innerer Kompass für nachhaltiges Handeln und ein nachhaltiges Leben.

Werte ermöglichen es uns, Ziele zu setzen und uns auf den Weg dorthin zu machen. Erreichen wir das Ziel mal nicht, ist das nicht tragisch. Der Weg in Richtung Ziel sowie unsere Werte bleiben, und so können wir immer wieder aufstehen, weitermachen und ein neues Ziel setzen.

Ein Wert ist beispielsweise: Ich achte auf meine Gesundheit.

Ein Ziel zu diesem Wert wäre möglicherweise: Ich höre bis Ende des Monats mit dem Rauchen auf.

Deine Werte sind nicht in Stein gemeißelt, sondern sie werden sich im Laufe deines Lebens auch immer mal wieder verändern. Manches kommt hinzu, manches ist nach einigen Jahren vielleicht nicht mehr so wichtig, manches ist ein unverrückbares Fundament in deinem Leben. Um das etwas anschaulicher zu machen, ist hier mein aktuelles Wertesystem.

Meine Werte als Beispiel:
- Ich bin mir meiner eigenen Wahrnehmung im Hier und Jetzt bewusst. Ich bin offen, achtsam und neugierig auf neue Erfahrungen.
- Ich akzeptiere das Leben mit seinen Siegen und Niederlagen und bin dem Scheitern gegenüber offen. Negative, schwierige und nicht hilfreiche Gedanken lasse ich kommen und gehen, ohne ihnen Beachtung zu schenken.
- Ich bin unerschrocken bei Angst, Bedrohung oder Schwierigkeiten. Ich bleibe beharrlich, auch wenn das Ziel nicht (gleich) erreicht wird.
- Ich bin freundlich zu mir und kümmere mich um meine Gesundheit und mein Wohlbefinden körperlicher und seelischer Art.

- Ich werde meinen eigenen Weg wählen, Dinge zu tun oder zu lassen.
- Ich bringe Menschen grundsätzlich Vertrauen entgegen, das jedoch durch Ehrlichkeit und Offenheit verdient und erhalten werden muss.
- Ich arbeite stetig an der Verbesserung, Stärkung und Förderung meiner Fertigkeiten und Fähigkeiten.

Tipp für ein nachhaltiges Wertesystem:
- Nimm ein Blatt Papier und einen Stift und schreibe deine Werte auf. Mit dieser Methode werden viele deiner Sinne angesprochen und aktiviert (siehe auch Tipp 2 – *Die Kraft der Fragen für mehr Nachhaltigkeit*). Ich kann aus eigener Erfahrung sagen, dass diese Übung anfangs etwas schwerfällt, weil dir dein Verstand ständig einflüstert, dass dies völliger Nonsens, Unsinn und verlorene Zeit ist. Akzeptiere diese Gedanken, aber höre nicht auf sie (siehe auch Tipp 6 – *Gedanken entschärfen*). Komm stattdessen aus deiner Komfortzone heraus und beschreibe deine Werte. Du wirst im ersten Durchlauf nicht länger als eine Stunde dafür benötigen.
- Achte darauf, wirklich Werte zu beschreiben und keine Ziele. Werte sind langfristige Überzeugungen, während Ziele zeitliche Orientierungspunkte sind.
  - Denke über dein bisheriges Leben nach. Was war dir wirklich wichtig? Welche Werte haben dich bis jetzt geleitet?
  - Erstelle daraus eine Liste deiner wichtigsten Werte und sei dabei ehrlich. Außer dir wird niemand diese Liste sehen, wenn du das nicht willst.
  - Wenn du jedoch möchtest, sprich mit einem vertrauten Menschen über deine Werte. Dies kann dir neue Blickwinkel eröffnen.

- Verinnerliche dir deine Werte einmal in der Woche. Sei nicht zu schnell mit Änderungen zur Stelle, aber zögere auch nicht, wenn Anpassungen notwendig sind.
  - Hat sich wirklich dein Wert verändert oder vielleicht nur ein Zwischenziel auf dem Weg, deine Werte zu leben?
  - Sieh dir deine Liste immer wieder an und spüre deine Gefühle, die damit verbunden sind. Sind deine Werte noch aktuell? Solltest du welche ändern oder umformulieren? Vielleicht fallen ja auch welche weg und es kommen neue hinzu wie Fairness, Kreativität, Ehrlichkeit, Einfachheit, Respekt vor der Natur, soziale Gerechtigkeit?

Es ist großartig, wenn du dir deiner Werte bewusst geworden bist. Nun aber werde aktiv und handle entlang deiner Werte für mehr Nachhaltigkeit in deinem Leben. Konzentriere dich darauf, was dir wirklich wichtig ist und handle danach, auch gerade dann, wenn du dich dabei unwohl fühlst.

Das hört sich so einfach an, kann jedoch enorm schwer sein. Schwer deswegen, weil du dich oft aus deinem vertrauten Alltag hinausbewegen musst, wenn du deine Werte leben willst. Besonders schwer wird es, wenn deine Werte im Widerspruch zu gesellschaftlichen Erwartungen oder eigenen Gewohnheiten stehen. Dennoch ist es die Mühe wert. Indem du deine Werte kennst und regelmäßig überprüfst, kannst du bewusst Entscheidungen treffen, die zu einem nachhaltigeren Lebensstil beitragen.

Tipp
Deine Werte sind dein geistiger Kompass und geben dir Orientierung sowie Motivation, auch und gerade dann, wenn der Weg mal steinig wird. Sieh dir die Liste mit deinen Werten jede Woche bewusst an und handle danach, egal wie du dich dabei fühlst.

2 – Die Kraft der Fragen für mehr Nachhaltigkeit

Wenn du dich mit einem Thema – wie wir gerade mit Nachhaltigkeit im Alltag – beschäftigst, entstehen in deinem Geist[1] automatisch viele Fragen. Es sind vor allem Fragen, die unser Verhalten und unsere Einstellung zur Nachhaltigkeit betreffen. Und es sind Fragen, die wir an unsere Mitmenschen stellen und die von ihnen an uns gestellt werden.

Wenn du kurz mal innehältst und in dich hineinhorchst, registrierst du wahrscheinlich einige Fragen, die dir dein Geist gerade automatisch stellt. Fragen wie „Wozu brauche ich eigentlich Nachhaltigkeit?", „Das ist doch alles nur Nonsens.", vielleicht aber auch Fragen in der Richtung „Toll, was werde ich wohl auf diesem Weg erleben?" Viele weitere Fragen (und automatische Antworten darauf) werden entstehen und in dein Bewusstsein eindringen, das kannst du auch nicht verhindern oder abblocken.

Fragen haben eine unglaubliche Macht und Wirkung auf jeden Menschen. Wenn wir uns bewusst eine Frage stellen oder gestellt bekommen, dann kann unser Geist gar nicht anders, als Antworten auf diese Frage zu produzieren. Antworten, die noch dazu auf deine Person bezogen wahr sind, denn unser Verstand kann uns nicht anlügen. Das ist eine grundlegende Funktion unseres Verstands, die wir nicht abstellen können und auch nicht wollen, sondern sie für uns auf dem Weg zur Nachhaltigkeit nutzen werden.

---

[1] Unter Geist verstehe ich hier unser menschliches Bewusstsein, bestehend aus dem meist rationalen Verstand, aber auch den Gefühlen und Gedanken unseres urteilenden Ichs.

Neurolinguistische Programmierung (NLP)
Diese grundsätzliche Funktion des menschlichen Verstands und seiner kognitiven Fähigkeiten[2] wurde zuerst von den US-Wissenschaftlern Richard Bandler und John Grinder unter Zuhilfenahme der damals modernsten Erkenntnisse über die Funktions- und Arbeitsweise des menschlichen Gehirns erarbeitet. Die beiden Wissenschaftler haben die Verhaltensweise sehr vieler erfolgreicher Menschen analysiert und daraus das NLP-Prinzip[3] entwickelt.

Warum sind Fragen so wichtig?

- Durch gezielte Fragen können wir uns unserer eigenen Gedanken und Gewohnheiten bewusst werden, z. B. zu unserem derzeitigen Konsumverhalten.
- Fragen helfen uns, Dinge aus unterschiedlichen Blickwinkeln zu betrachten und damit neue Lösungsansätze zu finden.
- Fragen können uns motivieren, unser Verhalten zu ändern und nachhaltiger zu leben.
- Offene Fragen haben eine besondere Macht. Die W-Fragen „Wie?", „Was?", „Warum?" oder „Wozu?" erfordern ausführliche Antworten und fördern zudem unser kreatives Denken.
- Fragen helfen dabei, Bedenken zu zerstreuen und neue Motivation zu gewinnen.

Tipp zur Macht der Fragen: Nimm dir nun etwas Zeit, setze dich an einen Ort, an dem du ungestört bist und stell dir die

---

[2] Kognitive Fähigkeiten sind die geistigen Prozesse, die es uns ermöglichen, Informationen aufzunehmen, zu verarbeiten, zu speichern und anzuwenden.
[3] Richard Bandler, John Grinder, Reframing – Neurolinguistisches Programmieren und die Transformation von Bedeutung.

Nachhaltigkeit für mich 15

Fragen zu deinen drängendsten Problemen (nicht nur im Bereich Nachhaltigkeit). Mögliche Nachhaltigkeitsthemen wären:

- **Ernährung:** Woher kommen meine Lebensmittel? Welche Auswirkung hat meine Ernährung auf Klima, Umwelt und meine Gesundheit?
- **Mobilität:** Welche anderen Möglichkeiten zum Auto habe ich? Wie kann ich meinen Arbeitsweg und meinen Urlaub nachhaltiger gestalten?
- **Konsum:** Brauche ich wirklich alles, was ich tagtäglich kaufe? Welche Produkte kann ich reparieren oder wiederverwenden? Wie kann ich meinen Verpackungsmüll verringern?

Pass die Fragen an deinen Alltag an und ergänze weitere Themen, an denen du die nächste Zeit arbeiten möchtest. Wir werden die gerade genannten Beispielthemen und noch viel mehr Fragenkomplexe in den nachfolgenden Kapiteln besprechen.

Schreibe nun deine Fragen auf. Mach das auf einem Blatt Papier und nicht am Computer, denn das ist viel wirksamer! Das Aufschreiben ist bereits eine NLP-Programmierung. Mit dem Schreiben machst du deine Fragen sichtbar, durch das Schreiben mit der Hand bekommst du ein intensives Gefühl und Bezug zu deinen Fragen. Lass nach jeder Frage zwei bis drei Zeilen frei. Nimm dann das Blatt Papier in die Hand, lies dir deine Fragen noch mal selbst laut (!) vor und höre auf die Antworten, die dir dein Geist gibt.

Was für ein Typ bist du?
Und jetzt nimm dir einige Minuten Zeit und überlege, was dich bei dieser Übung am meisten angesprochen hat.

- War es die Tatsache, dass du deine Fragen aufgeschrieben, gewissermaßen aus deinem Geist auf ein Stück Papier übertragen hast, und sie nun optisch klar erkennen kannst?
- War es das Gefühl in den Fingern, das du hattest, als du die Fragen mit einem Stift niedergeschrieben hast, oder das Gefühl, das Blatt mit deinen Fragen in der Hand zu halten und seine Glätte zu fühlen?
- Oder hat dich im wahrsten Sinne des Wortes das laute Lesen deiner Fragen und sein Widerhall im Raum angesprochen?

Je nachdem bist du entweder ein visueller, ein kinästhetischer oder ein auditiver Typ. Mischformen sind möglich und häufig. Ich z. B. bin eindeutig ein visueller Typ mit kinästhetischen Bestandteilen. Die Fragen auf dem Papier zu sehen und das Blatt mit den Fragen mit meinen Fingern zu halten, ist für mich die intensivste Form, mich mit meinen Fragen zu beschäftigen. Diese Übung mache ich regelmäßig und mit zunehmendem Erfolg.

Hast du schon herausgefunden, was für ein Typ du bist?

> **Tipp**
>
> Nimm dir vor, in Zukunft bewusst die Form zu verwenden – visuell, kinästhetisch, auditiv – auf die du am stärksten reagierst. Und das nicht nur bei dieser Übung, sondern ab jetzt generell bei jeder wichtigen Aufgabe.

Jede Frage, die du dir stellst, ist wie ein Puzzleteil, das dir hilft, das Gesamtbild eines Problems oder Herausforderung zu vervollständigen. Indem du dir Fragen zu Nachhaltigkeit in deinem Alltag stellst, kannst du dein Bewusstsein schärfen (siehe Tipp 4 – *Bewusstsein schärfen*), neue Zusammenhänge erkennen und letztendlich zu nachhaltigen Entscheidungen

Nachhaltigkeit für mich 17

gelangen. Fragen produzieren nicht nur Antworten, sondern auch weitere Fragen und sind mächtige Türöffner zu neuen Welten. Sie können uns helfen, unsere Gewohnheiten zu hinterfragen (siehe Tipp *74 – Die Macht der Gewohnheiten*), neue Blickwinkel einzunehmen und letztendlich nachhaltiger zu leben.

3 – Antworten als Werkzeug für Veränderung

Ich habe mir vor einigen Jahren die Frage gestellt, welche Verhaltensweise ich ändern sollte, um nicht wie bisher immer wieder von anderen Menschen verletzt und manipuliert zu werden. Die Antworten, die mir mein Geist darauf gegeben hat, waren alles andere als angenehm für mich, jedoch haben sie mir Wege gezeigt, mein Leben widerstandsfähiger zu gestalten und dabei dennoch meinen Werten – hier Vertrauen in andere Menschen – treu bleiben zu können.

Zurück zu unserer Fragenübung aus dem letzten Kapitel. Lies dir die Fragen auf deiner Liste erneut durch, leise oder laut, je nach dem, was du für ein Typ bist. Nimm das Blatt Papier, auf das du deine Fragen geschrieben hast, dabei in die Hand, wenn du kinästhetische Anteile hast.

Merkst du was?
Auf deine Fragen produziert dein Geist (für dich absolut wahre) Antworten. Du kannst das gar nicht verhindern, denn dein Geist kann dich nicht anlügen! Schreibe diese Antworten sofort unter deine Fragen. Das ist äußerst wichtig, denn in so einem Ein-Personen-Brainstorming produziert dein Verstand zwar Antworten, jedoch sind diese oft so flüchtig wie ein Traum.

Du wirst beim ersten Mal auch nicht unbedingt für jede Frage eine Antwort bekommen, die für dich Sinn macht, aber das ist nicht wichtig. Dies ist ein Prozess, den du wie ich regelmäßig wiederholen solltest. Dann wird sich das Blatt Papier schnell mit Antworten füllen und der Platz wird bald schon nicht mehr ausreichen.

Auch deine Fragen werden sich durch diesen Prozess verändern, denn die Antworten auf deine Fragen führen zu weiteren Fragen. Jede Frage und jede Antwort darauf bringen uns weiter in Richtung Lösung.

NLP – nachhaltige Umprogrammierung

Ich versichere dir, wenn du diese Übung regelmäßig durchführst, programmierst du dich in einer Art und Weise um, sodass nach einer gewissen Zeit immer wieder Antworten zu deinem Problem in deinem Geist auftauchen. Das passiert auch, wenn du gerade nicht bewusst an deine Problemfragen denkst! Du brauchst dann auch nicht mehr unbedingt alle deine Fragen auf ein Blatt Papier zu schreiben, sondern du kannst sie auch nur im Geiste durchgehen. Es geht nicht nur darum, die für dich wichtigen Fragen zu stellen, sondern auch die Antworten darauf bewusst zu durchdenken und mögliche Folgerungen daraus zu schließen.

> **Tipp**
> Verstärke die Wirkung dadurch, dass du jeden Morgen einige Minuten vor dem Aufstehen deine Fragen im Geiste durchgehst. In diesem entspannten Zustand, nicht mehr schlafend und dennoch noch nicht ganz wach, produziert dein Verstand zuverlässig den einen oder anderen Geistesblitz. Probiere es aus, es funktioniert verblüffend einfach und zuverlässig. Sieh zu, dass du etwas zum Schreiben ne-

> ben deinem Bett griffbereit liegen hast und notiere deinen Geistesblitz sofort, denn Gedanken in diesem Zustand sind meist flüchtig wie ein Traum.

Diese Art der geistigen Umprogrammierung, die wir bei uns und zum Teil auch bei anderen Menschen durch gezielte Fragen und den damit verbundenen automatischen Antworten vornehmen können, hat nichts mit Magie oder gar mit Glauben zu tun. Das ist das Erstaunliche dabei. Du musst nicht daran glauben, damit es funktioniert, und du brauchst auch kein Glaubensbekenntnis dazu entwickeln. Probiere es also gleich mal aus!

Tipps zu Fragen und Antworten:

- **Führe ein Fragen-Antwort-Tagebuch**, indem du täglich ein paar Fragen zu deinem Verhalten notierst und versuchst, dazu Antworten zu finden, auch wenn diese vielleicht nicht immer angenehm sind. Diese Übung kann dir helfen, deine Gewohnheiten besser zu verstehen und neue, nachhaltigere Verhaltensweisen zu entwickeln. Wenn du die geistigen Straßen deines erlernten Verhaltens umgestaltest, dann wirst du automatisch auch ein neues Verhalten annehmen. Es funktioniert und die Wirkung führt dich weiter auf dem Pfad der Nachhaltigkeit.
- **Erstelle eine Gedankenlandkarte** für deine zentrale Frage zu einem nachhaltigen Leben und die Antwort darauf. Nimm ein neues Blatt Papier (!) und schreibe deine zentrale Frage aus deinem Fragentagebuch in die Mitte des Blatts. Zeichne von diesem Punkt abzweigende Äste und notiere dort die Folgefragen, die sich daraus ergeben. Notiere alle Antworten, die dir dein Geist dazu gibt,

unter den entsprechenden Fragen. Verbinde die Äste, die miteinander in einer besonderen Beziehung stehen, mit einem Strich in einer neuen Farbe. Diese Übung wird dir dabei helfen herauszufinden, was deine zentrale Frage zum Thema Nachhaltigkeit genau ist, welche neuen Blickwinkel du daraus gewinnen kannst und welche Antworten dir dein Geist darauf gibt. Vielleicht hat diese so wichtige Antwort bereits die ganze Zeit in deinem Unterbewusstsein geschlummert?

Tipp: Diese Fragetechnik kannst du nicht nur für dich selbst verwenden, sondern auch im Gespräch mit anderen Menschen. Wenn du beispielsweise in einem Projektmeeting merkst, dass viele Bedenkenträger am Tisch sind und ein Scheitern droht, dann setzt du bewusst die Kraft der Fragen für mehr Nachhaltigkeit ein.

Notiere die Antwort auf folgende Fragen und diskutiere sie in der Gruppe:

- Welche Alternativen gibt es zu meinem Vorschlag?
- Was würdest du anders machen als mein Ansatz?
- Wie können wir dennoch unser Ziel erreichen?
- …

Du hast eine gute Chance, damit erfolgreich zu sein und dem Projekt wieder positiven Schwung zu verschaffen.

Jede Frage produziert eine Antwort, und jede Antwort ist Ausgangspunkt für eine neue Idee. Indem wir uns gezielt Fragen stellen, können wir unser Denken erweitern und neue Sichtweisen zu Problemlösungen gewinnen.

4 – Bewusstsein schärfen

Stell dir vor, du fährst am Wochenende mit deinem Fahrrad zu einem gemütlichen Treffen im Biergarten mit deinen Freunden und siehst plötzlich aufgeplatzte Müllsäcke und verstreute Abfälle am Waldrand, die dort hingeworfen wurden, offensichtlich ohne Sinn und Verständnis für die Notwendigkeit einer intakten Umwelt. In diesem Moment wird dir bewusst, wie viel Müll wir produzieren, welches Standardverhalten viele Menschen zu Müll entwickelt haben und welche Auswirkungen das auf unsere Umwelt hat. Das ist ein Moment der Bewusstwerdung.

Bewusstseinsbildung ist gerade am Anfang ein wichtiger Schritt zu einem nachhaltigeren Lebensstil. Indem wir unsere Gedanken, Gefühle, Beobachtungen und Handlungen überdenken, können wir erkennen, wo wir im Alltag unseren Beitrag für mehr Nachhaltigkeit leisten können.

Sei deshalb aufmerksam gegenüber deinen Gedanken, deinem Verhalten, deinen Gewohnheiten und Konsumentscheidungen (siehe *Konsum und Ernährung*), um bewusstere und nachhaltigere Entscheidungen treffen zu können.

Tipps:

- Frage dich regelmäßig, wie du zu einem nachhaltigeren Lebensstil beitragen kannst:
  - Denke über deine täglichen Aktivitäten und Entscheidungen nach und hinterfrage, ob sie nachhaltig sind. Wenn nein, versuche sie zu ändern oder anzupassen.
  - Wie ist dein Konsumverhalten? Welche Produkte kaufst du regelmäßig? Sind diese Produkte nachhaltig produziert und fair gehandelt (siehe auch Tipp 68 – *Fairness und Gerechtigkeit*)?

- Erkenne und verstehe die Auswirkungen deines Handelns auf andere Menschen, die Umwelt und zukünftige Generationen:
  - Versetze dich in die Lage anderer. Denk darüber nach, welche Auswirkungen deine Entscheidungen auf andere Menschen, die Umwelt und zukünftige Generationen haben.
  - Informiere dich über globale Herausforderungen (siehe Tipp *11 – Fakten checken und bewerten*) wie beispielsweise die Energiewende oder den Klimawandel und seine Folgen. Kannst du in deiner unmittelbaren Umgebung, in deinem Alltag vielleicht einen kleinen Beitrag zur Lösung dieser großen Herausforderungen leisten?
- Sei kritisch und hinterfrage bestehende Systeme, Praktiken und Denkweisen, die der Nachhaltigkeit im Wege stehen könnten:
  - **Hinterfrage Informationen**: Sei kritisch gegenüber Informationen, die du aus den Medien oder von anderen Personen erhältst. Versuche zum gleichen Thema mindestens zwei weitere Artikel aus anderen Quellen zu finden. Ich meine dabei jedoch nicht, dass du zum Verschwörungstheoretiker werden sollst. Vorsicht!
  - **Hintergründe verstehen**: Informiere dich über verschiedene Standpunkte und Meinungen deiner Mitmenschen zu Nachhaltigkeitsthemen. Nimm in Diskussionen mit Familienmitgliedern und Freunden auch mal bewusst die Position der Gegenseite ein und kläre diese geistige Übung anschließend im Diskussionskreis auf. Erkläre, dass du auch die Gegenseite verstehen möchtest, bevor

du dich im Thema festlegst (siehe auch Tipp *15 – Viele Köpfe, viele Meinungen, eine Lösung*).
- **Eigene Meinung bilden**: Bilde dir deine eigene Meinung und entscheide selbst, wie du leben möchtest. Gib nicht so schnell der Verlockung nach, Streit aus dem Weg zu gehen. Stehe für deine Meinung ein, auch wenn du dafür aus deiner Komfortzone etwas herausgehen musst.

> **Tipp: Selbstgewahrsein**
>
> Nobody is perfect! Von Zeit zu Zeit werden wir in alte Verhaltensweisen zurückfallen und weniger nachhaltig leben als zu Zeiten, in denen wir uns auf unser Verhalten konzentrieren und unseren Alltag so weit wie möglich nachhaltig gestalten. Mir geht das genauso wie jedem anderen Menschen auch. Dafür müssen wir uns auch nicht geißeln oder uns schämen. Wir sollten uns nur immer wieder unsere Werte vor Augen führen und dann wieder bewusst entlang dieser Werte handeln.

Dabei hilft ein kleiner Trick: Erweitere dein Frage-Antwort-Tagebuch zu einem **Nachhaltigkeitstagebuch**, um deine Fortschritte zu dokumentieren und dich selbst zu motivieren. Trage dir einen wöchentlichen Termin für einen Nachhaltigkeitscheck in deinen Kalender ein. Als Termindauer plane dafür 10 Minuten ein. Das reicht völlig! In dieser Zeit liest du auch deine Werte durch, die du für dich herausgefunden hast (siehe Tipp *1 – Meine Nachhaltigkeitswerte*). Denke bewusst über deine Werte nach und was sie dir bedeuten. Lies dir deine zentrale(n) Frage(n) und die Antwort(en) darauf zu Nachhaltigkeit in deinem Alltag bei dieser Gelegenheit wieder durch. Danach ist dein Bewusstsein erneut geschärft und aufmerksam für mehr Nachhaltigkeit im Leben.

> **Tipp Nachhaltigkeitscheck**
>
> Ich habe meinen persönlichen Nachhaltigkeitscheck als Serientermin am Montagvormittag in meinem Laptop eingestellt und werde so zuverlässig an ihn erinnert. Dieser wöchentliche Check am Wochenbeginn reicht bei mir, mich eine Woche einigermaßen stabil auf dem Pfad der Nachhaltigkeit zu halten. Größer dürfte der zeitliche Abstand allerdings auch nicht sein, denn sonst wäre die Gefahr groß, dass ich wieder mal von der Spur abkomme, was mir auch schon öfter passiert ist. Das ist auch nicht schlimm. Spätestens eine Woche darauf klappt es wieder!

Weitere Tipps zur Bewusstseinsschärfung:

- Umgib dich mit Menschen, die deine Werte teilen, vernetze dich mit ihnen und diskutiere die Bedeutung von Nachhaltigkeit für uns Menschen (siehe auch Tipp *72 – Vernetzen und verändern*).
- Besuche Workshops und Seminare zu Nachhaltigkeitsthemen (siehe Tipp *13 – Nachhaltigkeitsevents besuchen*), die zu deinen Werten passen.
- Nimm dir jeden Abend einige Minuten Zeit, um bewusst über deinen Tag nachzudenken. Was habe ich heute getan, das nachhaltig war? Welche Entscheidungen könnte ich verbessern? Welche Verhaltensweise sollte ich besser ändern?

Bewusstseinsbildung ist ein wichtiger Schritt zu einem nachhaltigeren Lebensstil. Indem wir unsere eigenen Gewohnheiten hinterfragen, Verständnis für andere Menschen entwickeln und kritisch denken, können wir positive Veränderungen in unserem alltäglichen Verhalten bewirken. Unsere Gewohnheiten machen einen großen Teil unseres Alltags aus. Um nachhaltiger zu leben, sollten wir so manche unsere Gewohnheiten ändern (siehe auch Tipp *74 – Die Macht der Gewohnheiten*). Da gibt es sicherlich auch für dich etliche Stellschrauben, einige davon werden wir in den folgenden Kapiteln besprechen.

Bewusstseinsbildung für Nachhaltigkeit erfordert Zeit und Geduld. Sei nicht zu streng mit dir, selbst wenn dir das nicht sofort gelingt. Aller Anfang ist schwer.

5 – Achtsamkeit im Alltag

Stell dir vor, du sitzt an einem sonnigen und warmen Nachmittag auf einer Wiese und beobachtest eine Hummel, die mit einem summenden Geräusch heranfliegt und sich auf eine Blüte setzt. Die Blüte neigt sich durch das Gewicht der Hummel und wippt durch deren Bewegungen hin und her. In diesem Moment bist du ganz bei dir und der Natur. Du spürst die warme Sonne auf deiner Haut, riechst den Duft der Blumen, siehst der Hummel beim Nektarsammeln zu und hörst das Brummen ihrer Flügel. *Du bist achtsam.*

Achtsamkeit bedeutet, bewusst im Hier und Jetzt zu sein, ohne von Gedanken an die Vergangenheit oder Sorgen um die Zukunft abgelenkt zu werden. Es geht darum, all deine Sinne zu öffnen und dich auf das zu konzentrieren, was gerade geschieht. Denk daran, Achtsamkeit ist mehr als nur Aufmerksamkeit und geschärftes Bewusstsein. Achtsamkeit bedeutet, dass du mit all deinen Sinnen bewusst im gegenwärtigen Moment bist. Dabei nimmst du deine Gedanken und Gefühle, aber auch deine Köpersignale ohne Bewertung wahr. Achtsamkeit ist ein geistiger Zustand, in dem wir uns bewusst und mit allen Sinnen voll und ganz einer bestimmten Sache widmen und in diesem mentalen Zustand dann Erstaunliches wahrnehmen und auch erbringen können. Auch bei Nachhaltigkeit geht es zum guten Teil darum, wie du mehr bewusste Achtsamkeit in deinen Alltag bringst.

Wir bekommen von allen Seiten zu hören, dass wir multitaskingfähig handeln oder werden sollen. Multitasking, also mehrere Dinge gleichzeitig tun und dies mit sehr guten Ergebnissen. Ich funktioniere ganz sicher nicht so und du wahrscheinlich auch nicht. Wenn ich versuche mehrere Dinge gleichzeitig zu tun, dann kommt entweder ein schlechtes Ergebnis, öfters noch einfach nur Nonsens dabei heraus. In meinem Verwandtschaftskreis, bei meinen Freunden, bei meinen Bekannten und Kollegen ist das ebenso. Das liegt in der menschlichen Natur.

Wir sind immer dann gut und sogar zu Spitzenleistungen fähig, wenn wir uns nur auf ein Problem, auf eine Herausforderung konzentrieren. Das bedeutet, die volle Aufmerksamkeit gezielt auf die Gegenwart und eine Handlung zu richten, egal ob wir uns dabei gut fühlen oder nicht. Das gilt für jedes Thema, mit dem wir uns beschäftigen und es gilt in besonderem Maße auch beim Thema Nachhaltigkeit. Denn Nachhaltigkeit ist ein mehrdimensionales und vielschichtiges (jedoch nicht kompliziertes) System, das unsere ganze Aufmerksamkeit braucht, damit wir es sinnvoll und wirksam anwenden können. Der Trick dabei ist, sich nicht durch wenig hilfreiche Dinge und Verhaltensweisen ablenken zu lassen.

Ich möchte das mit einem kleinen Beispiel erläutern. Du kennst die folgende Situation bestimmt auch aus einem Krimi: Ein Kommissar verhört einen Verdächtigen, den er nach viel mühsamer Ermittlungsarbeit endlich festnageln konnte. Im Verhör ist er nun ganz kurz davor ein Geständnis zu erhalten, das er mit klugen Fragen (!) und einer super Verhandlungstechnik vorbereitet hat. Dann läutet sein Mobiltelefon. Was macht er?

Sofort zuckt seine Hand zum Gerät, er steht hastig auf, nimmt das Gespräch an, geht vom Tisch weg. Der Moment, auf den er so lange hingearbeitet, den er so lange vorbereitet hat, ist vorbei. Der Verdächtige lehnt sich sichtlich erleichtert zurück und denkt sich „Glück gehabt". Wird er danach, wenn der Kommissar zurück ist, noch seine Tat gestehen? Wohl kaum. Der richtige Augenblick ist unwiderruflich vorbei.

Mich nervt so eine Szene ganz enorm, weil sie in unserem Alltag genau so passiert und typisch für unsere (meine) Unachtsamkeit ist. Wir lassen uns so leicht von unwichtigen Dingen ablenken und verlieren dann die Aufmerksamkeit für wirklich Wichtiges. Warum das Telefon in diesem so wichtigen Augenblick nicht einfach ignorieren oder – noch besser – überhaupt nicht eingeschaltet zu haben?

> **Tipp**
> Achte darauf, deine Aufmerksamkeit ausschließlich auf die aktuelle Tätigkeit zu richten und dich nicht ablenken zu lassen. Dann bist du mit dem was du tust meist auch erfolgreich und zufrieden.

Die Vorteile von Achtsamkeit:

- Achtsamkeit kann dir helfen, Stress und Angst abzubauen. Indem du dich ganz bewusst auf den gegenwärtigen Moment konzentrierst, ohne zu urteilen, lernst du, deine Gedanken und Gefühle besser zu verstehen und zu meistern.
- Sie kann deine Konzentration und Leistungsfähigkeit verbessern. Indem du deine Aufmerksamkeit gezielt auf den gegenwärtigen Moment lenkst, ohne zu urteilen, trainierst du deinen Geist, sich besser auf das Hier und Jetzt zu konzentrieren und Ablenkungen zu widerstehen. Du wirst zunehmend erfolgreicher in dem, was du tust.

- Achtsamkeit kann ein mächtiges Werkzeug sein, um dein Selbstwertgefühl zu stärken und eine größere Selbstakzeptanz zu entwickeln. Indem du deine Aufmerksamkeit gezielt auf dich selbst richtest ohne zu urteilen, lernst du, dich selbst besser kennenzulernen und zu schätzen. Sie kann dir helfen, deine Gedanken und Gefühle besser zu verstehen und zu akzeptieren.
- Achtsamkeit kann dir dabei helfen, ein erfüllteres und zufriedeneres, sprich nachhaltiges Leben zu führen. Sie hilft uns, aus dem alltäglichen Autopilotmodus auszusteigen und bewusster zu leben. Denk doch einfach mal, bevor du am Morgen aufstehst „diesen Tag lebe ich ohne Autopiloten".

Achtsamkeit im Alltag ist wie ein Anker, der uns besonders in stürmischen Zeiten Halt gibt. Indem wir bewusst im Hier und Jetzt ankommen, reduzieren wir Stress und stärken unsere Konzentration.

Stell dir doch mal vor, du sitzt bei einem leckeren Essen und lässt dich voll und ganz auf den Geschmack, den Geruch und das Aussehen des Gerichts ein. Statt nebenbei Nachrichten auf deinem Mobiltelefon zu checken oder über deine nächsten Termine nachzudenken, genießt du achtsam jeden Bissen. Diese kleine Auszeit tut nicht nur deinem Gemüt gut, sondern hilft dir auch, bewusster mit Lebensmitteln (siehe Tipp *32 – Genuss ohne Verschwendung*) umzugehen, weniger zu verschwenden und gesünder zu leben.

Tipps für mehr Achtsamkeit im Alltag:

- **Achtsame Atmung:** Eine einfache Übung, die du überall und jederzeit machen kannst. Sie besteht lediglich darin, dich auf deinen Atem zu konzentrieren, langsam ein- und

auszuatmen und dabei deine Gedanken und Gefühle ohne Wertung an dir vorbeiziehen zu lassen.
- **Achtsames Gehen:** Eine Übung, bei der du dich auf die Empfindungen beim Gehen konzentrierst. Du achtest auf die Bewegung deiner Füße, das Gefühl des Bodens unter deinen Füßen und die Empfindungen in deinen Beinen.
- **Spazierengehen:** Achte bewusst auf die Natur. Welche Vögel hörst du zwitschern? Welche Tiere siehst du? Hörst du das Rauschen der Bäume und das Knirschen des Kieses unter deinen Füßen? Leg mal deine Hand auf die Borke eines Baums. Was fühlst du?
- **Achtsames Essen:** Dies ist eine Übung, bei der du dich voll und ganz auf deine Empfindungen beim Essen konzentrierst (siehe obiges Beispiel).
- **Angst:** Lass dich völlig auf die Aufgabe ein, die du gerade erledigen möchtest. Egal wie viel Angst du gerade hast zu versagen, schenke der Aufgabe deine volle Aufmerksamkeit. Du wirst sehen, deine Angst wird kein Hindernis für dich sein, sondern ein Energielieferant. Beispiel: Nimm dir vor einer wichtigen Präsentation oder einem schwierigen Meeting ein paar Minuten Zeit, um bewusst und langsam zu atmen. Dies hilft, den Stress abzubauen, die völlig normale Angst in diesem Moment zu akzeptieren und die Konzentration auf das Folgende zu verbessern.
- **Konzentration:** Wenn du kleinere Reparaturen in deinem Haushalt durchführst (siehe Tipp *38 – Reparieren statt wegwerfen*), dann widme dich ganz dieser Tätigkeit und lass dich dabei nicht ablenken. Dies führt wahrscheinlich zu einem guten Ergebnis deiner Bemühungen und ist ganz sicher die Methode mit den wenigsten Unfällen im Haushalt, denn du bist hochkonzentriert und voll bei der Sache.

- **Generell:** Es gibt viele verschiedene Möglichkeiten, Achtsamkeit zu üben, und du kannst die Methode finden, die zu dir passt. Wichtig dabei ist jedoch immer: Schau genau hin und konzentriere dich auf das, was du gerade tust!

Achtsamkeit und Nachhaltigkeit sind ein mächtiges und erfolgreiches Team. Wenn du achtsam durchs Leben gehst, dann fällt es dir leichter, bewusste und nachhaltige Entscheidungen zu treffen. Du achtest mehr auf dich und deine Bedürfnisse, deine Mitmenschen und auch auf die Umwelt, in der du lebst.

6 – Gedanken entschärfen

Nachhaltigkeit für mich bedeutet auch meinen ständigen Versuch, achtsam und sehr aufmerksam im Leben zu sein. Aufmerksam was meine Umgebung angeht. Aufmerksam und achtsam, was meine Handlungen und Verhaltensweisen angeht und aufmerksam, was meine Gedanken angeht.

Unser Geist produziert ununterbrochen Gedanken, die leider oft auch negativ und alles andere als hilfreich sind. Wir werfen uns vor, Versager zu sein, hässlich auszusehen, eine lächerliche Stimme zu haben, nicht intelligent genug und nicht wohlhabend zu sein. Uns selbst herunterzumachen, darin sind wir wirklich sehr gut. Das Ganze wird noch von Gedanken zu diversen alltäglichen Ängsten angereichert. Angst vor schlimmen Krankheiten, vor anderen Menschen, vor dem Inhalt des Briefkastens, vor der Autofahrt in eine fremde Stadt, vor der nächsten Präsentation, vor dem nächsten Vortrag, vor Spinnen und vor vielen anderen Ängsten.

Diese Gedanken können uns nahezu völlig lähmen und handlungsunfähig machen. Wir verschmelzen mit unseren Gedanken und Ängsten und halten sie in diesem Augenblick für absolut war. Doch das ist zum Glück nicht so, es sind nur Gedanken und nicht die Wirklichkeit.

Wenn du dich durch dieses Buch das erste Mal mit Nachhaltigkeit auseinandersetzt, hast du vielleicht Angst, das Thema wäre zu kompliziert, um es verstehen zu können. Die Angst vor Neuem ist völlig okay, das geht mir genauso. Dinge, die wir noch nicht kennen, machen uns Angst, weil wir noch nicht wissen, wie wir mit ihnen umgehen sollen. Auch das liegt in unserer Natur. Für einen Menschen in der Steinzeit stellte Neues meist auch etwas Gefährliches dar (z. B. ein Säbelzahntiger) und es blieb nur die Flucht oder der Kampf als mögliche Reaktion. Beides macht jedoch Angst und bringt uns in den Flucht- oder Kampfmodus, was nicht angenehm ist. Darum möchten wir Neues oft vermeiden. Dabei gilt es eigentlich nur genau hinzusehen und sofort schrumpft die Angst, wenn wir den Dingen auf den Grund gehen. Sieh also genau hin!

In der wissenschaftlichen ACT-Methode[4] gibt es den höchst wirksamen Mechanismus des Entschärfens. Dabei erkennen wir, dass Gedanken nur Gedanken sind und sie uns nicht steuern können, wenn wir dies nicht wollen. In dem Moment, in dem wir uns bewusst machen, dass Gedanken nicht die Wirklichkeit sind, verlieren sie sofort an Kraft und werden in ihrer Wirkung auf uns entschärft.

> **Tipp**
>
> Es gibt gute und hilfreiche Literatur zur Technik des Entschärfens und der ACT-Technik. Ein Buch, dass ich dir hier empfehlen kann, ist „Wer dem Glück hinterherrennt, läuft daran vorbei – Ein Umdenkbuch" von Russ Harris.

---

[4] ACT – die Akzeptanz- und Commitmenttherapie setzt auf die Akzeptanz von Gedanken und Gefühlen.

Entschärfung ist eine wirksame Methode, um mit schwierigen Gedanken und Gefühlen umzugehen. Dabei wird die lähmende Wirkung negativer Gedanken allein dadurch stark vermindert, indem wir uns dieser Gedanken bewusst werden.

Beispiel: Wenn du kurz vor dem Vortrag zu deinem Nachhaltigkeitsprojekt in der Bürgerhalle deiner Gemeinde merkst, dass du davor Angst hast, Angst zu versagen, zu stottern oder einfach unmöglich zu wirken, könntest du dir in Gedanken sagen: „Ich bemerke, dass ich Angst vor diesem Vortrag habe. Das ist völlig okay, die meisten Menschen haben in einer solchen Situation Angst. Es ist aber nur ein Gedanke, dass ich versage, nicht die Wirklichkeit, und die Angst wird mich nicht davon abhalten, meinen Vortrag zu halten." Damit brichst du die Kraft und die Lähmung dieses bedrohlichen Gedankens, du kannst deinen Vortrag halten und deine Angst einfach nicht weiter beachten. Du hast den Gedanken an Versagen nicht verdrängt, sondern entschärft.

Tipps zur Entschärfung von Gedanken:

- Übe Achtsamkeit (siehe Tipp 5 – *Achtsamkeit im Alltag*), um im Hier und Jetzt zu bleiben, dich von negativen Gedanken zu lösen und sie nicht weiter zu beachten. Lass diese Gedanken kommen und gehen wie sie wollen und schenke ihnen nicht mehr Beachtung als dem Straßenlärm oder der Berieselungsmusik im Supermarkt. Denke dir dabei bewusst etwas wie „das sind nur Gedanken, nicht die Wirklichkeit, ...".
- Löse dich von nicht hilfreichen Glaubenssätzen aus deiner Vergangenheit. Das ist Schnee von gestern und Kielwasser auf deinem Weg zur Nachhaltigkeit. Wenn wieder einer davon auftaucht wie „Ich glaube nicht, dass ich ... jemals

schaffen werde", stell dir vor, du packst diesen schädlichen Glaubenssatz von dir in einen Sack mit schweren Steinen darin und wirfst ihn dann in das Kielwasser deines Schiffs, das dich gerade in Richtung Nachhaltigkeit bringt.
- Akzeptiere deine Gedanken, auch die nicht hilfreichen und die verstörenden, als das, was sie sind. Sie sind nur Worte in deinem Geist, sie sind nicht die Wirklichkeit. Du hast immer die völlige Kontrolle. Du kannst dich trotz aller Gedanken und Ängste immer dafür entscheiden, nachhaltig und in Übereinstimmung mit deinen Werten zu handeln.
- Lebe so gesund wie möglich. Eine ausgewogene Ernährung, ausreichend Schlaf und regelmäßige Bewegung können dazu beitragen, nicht hilfreiche Gedanken zu reduzieren. Damit ersparst du dir, manchen Gedanken entschärfen zu müssen.

7 – Gesundheit und Nachhaltigkeit

Ein nachhaltiges Leben zu führen, ist verhältnismäßig einfach möglich, wenn wir einigermaßen gesund und damit auch handlungsfähig sind und unsere Gedanken nicht unaufhörlich um Themen wie Krankheit und Tod kreisen. Wir brauchen einen frohgemuten und hoffnungsvollen Geist, um Nachhaltigkeit in unser eigenes Leben zu integrieren, aber auch um an der Transformation unserer Gesellschaft in die gleiche Richtung teilnehmen zu können. Wenn wir gesund sind, dann haben wir auch die notwendige Energie und Motivation, uns für eine bessere Welt einzusetzen (siehe auch Tipp 75 – *Motivation und innere Einstellung für Nachhaltigkeit*).

Nachstehend habe ich einige Tipps aufgeführt, wie du deine Gesundheit stärken und dadurch ein nachhaltigeres Leben führen kannst. Natürlich findest du diese Tipps auch in vielen anderen Artikeln, Büchern und Publikationen ohne Bezug zur Nachhaltigkeit. Im Zusammenhang mit Nachhaltigkeit in deinem Alltag gibt es jedoch wichtige Berührungspunkte zwischen Gesundheit und Nachhaltigkeitsthemen.

Tipps für einen gesunden Alltag:

- Ernährung (siehe *Konsum und Ernährung*):
  - Iss viel frisches, saisonales und regionales Obst, Gemüse und Blattsalate.
  - Koch selbst und ernähre dich gesund (siehe Tipp *25 – Nachhaltige Ernährungspläne*).
  - Ernähre dich überwiegend pflanzlich, soweit dies für dich möglich und sinnvoll ist (siehe Tipp *23 – Vegan, vegetarisch, flexitarisch*).
- Bewegung, Bewegung und nochmal Bewegung (siehe Tipp *47 – Zu Rad und zu Fuß*):
  - Versuche an 2 Tagen pro Woche eine Sportart zu betreiben, die dir Spaß macht.
  - Bring Bewegung in deinen Alltag: Treppensteigen statt Aufzug, Fahrrad fahren statt Auto.
  - Such nach Aktivitäten, die dir Spaß machen und bei denen du dich ein wenig anstrengen musst, beispielsweise beim Gärtnern.
- Passe deinen Lebensstil an die sich verändernden klimatischen Bedingungen an:
  - Trinke viel Wasser (das ist immer gut), ungesüßte Tees oder Saftschorlen.
  - Bevorzuge leichte Kleidung, leichte Kost und Nahrungsmittel mit hohem Wassergehalt.

- Schaffe dir im Sommer eine möglichst kühle Umgebung und halte dich im Freien möglichst an schattigen Orten auf. Du kannst deinen Körper mit feuchten Tüchern kühlen, Fußbäder nehmen oder kalt duschen (falls du das schaffst, ich ganz sicher nicht).
- Wenn du zu einer Risikogruppe gehörst (z. B. Allergien, Hitze), stell einen Notfallplan (siehe auch Tipp 56 – *Anpassung an den Klimawandel*) auf und informiere deine Familie und Freunde.

- Schlaf dich gesund:
  - Sieh zu, dass du 7–8 h pro Nacht schlafen kannst.
  - Achte auf eine gute und ungestörte Schlafumgebung.
  - Leg dein Smartphone nicht neben deinen Kopf aufs Nachttischchen.

- Reduziere Stress, dann kommst du auch zu einem bewussteren Konsumverhalten (siehe *Konsum und Ernährung*):
  - Pflege deine Hobbys.
  - Verbringe Zeit mit deiner Familie und deinen Freunden.
  - Pflege deine sozialen Kontakte (siehe Tipp 72 – *Vernetzen und verändern*).
  - Sei achtsam und bleibe im Hier und Jetzt (siehe Tipp 5 – *Achtsamkeit im Alltag*).
  - Achte auf ein ausgewogenes Gleichgewicht zwischen Arbeit und Freizeit, um Stress und Burn-out zu vermeiden. Pausen und Erholung sind wichtig für deine langfristige Leistungsfähigkeit.

- Achte auf deine mentale Gesundheit. Entschärfe nicht hilfreiche Gedanken und handle entsprechend deiner Werte.

Die mentale Gesundheit trägt zu einem nachhaltigeren Lebensstil bei und umgekehrt.

- Nimm regelmäßig an Vorsorgeuntersuchungen teil, um Krankheiten frühzeitig zu erkennen und behandeln zu können.
- Achte auf die Inhaltsstoffe von Produkten, z. B. mit der App ToxFox:
  - Die App wurde vom BUND[5] entwickelt und prüft Produkte auf Schadstoffe. So kam bei meinem Mundwasser leider heraus, dass es die hormonellen Schadstoffe Propylparaben und Sodium enthält und ich mir deshalb ein anderes Produkt gesucht habe. Ich checke jetzt gleich beim Einkaufen auf Schadstoffe, das erspart mir so manche Enttäuschung.
  - Wenn die App das Produkt noch nicht erkennt, kannst du bei der Erfassung unterstützen (siehe auch Tipp *17 – Multiplikator für Nachhaltigkeit*). Zunächst musst du eine von derzeit 10 Produktkategorien – von Kosmetik, über Kleidung bis zu Lebensmitteln – auswählen. Dann kannst du eine sogenannte Giftanfrage beim Hersteller auslösen und erhältst eine entsprechende Nachricht. Damit unterstützt du den weiteren Aufbau einer Datenbank, deren Informationen auch anderen Menschen nützen.
- Der letzte Tipp zum Thema Gesundheit ist einfach, aber wirksam und nachhaltig: Suche Hilfe, wenn du sie brauchst! Es gibt viele Menschen, die dir helfen können, gesund zu bleiben oder wieder gesund zu werden. Vertraue dich bei ernsthaften gesundheitlichen Problemen einer fachärztlichen Behandlung an. Das ist meiner Überzeugung nach die

---

[5] BUND: Bund für Umwelt und Naturschutz Deutschland e. V.

einzige nachhaltige Methode, deine Gesundheit wiederherzustellen. Glaube nicht den zahlreichen Kurpfuschern, die dir nur dein Geld aus der Tasche ziehen wollen. Es gibt natürlich auch viele seriöse Selbsthilfegruppen und hilfreiche Onlineplattformen, die dir Unterstützung bieten können. Hier musst du sorgfältig prüfen!

Leider haben wir unsere Gesundheit nur zum Teil in unserer eigenen Hand. Wir können einen Unfall haben, wir können an einer unangenehmen bis tödlichen Krankheit leiden, wir können depressiv und traurig werden. An dieser Stelle sind meine Ratschläge und Tipps auch nur begrenzt hilfreich, darüber bin ich mir im Klaren. Aber ein wenig können wir durch eine bewusste Lebensweise schon zu unserer Gesundheit beitragen.

> **Tipp**
> Ein nachhaltiges Leben bedeutet für mich vor allem ein werteorientiertes Leben. Das beinhaltet auch eine bewusste Fokussierung auf meine Gesundheit. Bestimmte Verhaltensweisen kann ich anpassen oder ändern, um einen Beitrag für meine Gesundheit zu leisten. Höre auf deinen Körper und achte aufmerksam auf seine Bedürfnisse! Unser Körper ist ein hochkomplexes System, das uns ständig Hinweise gibt. Wenn wir lernen, diese Hinweise zu verstehen und zu beachten, können wir viel für unsere Gesundheit tun.

Gesundheit ist ein Geschenk, das wir jedoch pflegen müssen, solange wir es haben. Mit ein paar einfachen Veränderungen in unserem Lebensstil können wir zur Erhaltung unserer Gesundheit und so zu einem nachhaltigen Leben beitragen.

8 – Eigene Nachhaltigkeitskonzepte entwickeln

Jeder Mensch kann mit eigenen Ideen, Konzepten und Projekten für mehr Nachhaltigkeit beitragen und sie allein oder mit gleichgesinnten Menschen umsetzen. Ich rate dir, deine Ideen gleich zu Papier oder in eine Textdatei zu bringen, denn sonst verflüchtigen sie sich sehr schnell (siehe Tipp *2 – Die Kraft der Fragen für mehr Nachhaltigkeit*) wie ein Traum.

Wie alle Menschen neigen auch wir beide dazu, unsere eigenen Ideen für unnütz, dumm und nicht realisierbar zu halten. Das liegt in der menschlichen Natur und in dem gesellschaftlichen Umfeld, in dem wir aufgewachsen sind. Lass dich von solchen negativen Gedanken nicht verunsichern und entwickle eigene Konzepte für ein nachhaltiges Leben auf der Grundlage deiner Visionen, Träume und Ideen. Gib nicht gleich auf, wenn nicht alles sofort funktioniert und dein Geist wieder alles negativ sieht und beurteilt (schau vielleicht noch mal zurück zum Tipp *6 – Gedanken entschärfen*). Nachhaltigkeit bedeutet für alle Beteiligten einen langen Atem und Experimentierfreudigkeit.

Warum eigene Konzepte?

Wenn wir nur darauf warten, dass andere die Ideen für uns entwickeln, wird es noch lange dauern, bis sich Nachhaltigkeit in unserer Gesellschaft durchgesetzt hat. Deshalb empfehle ich dir, deine eigene Nachhaltigkeitsvision zu entwerfen und ein Konzept daraus zu entwickeln, das für dich stimmig und machbar ist und das du vielleicht auch an andere Menschen weitergeben kannst (siehe Tipp *17 – Multiplikator für Nachhaltigkeit*).

Tipps zur Konzept- und Projektentwicklung

- Analysiere deinen bisherigen Lebensstil, beobachte dich aufmerksam in deinem Alltag und suche nach Bereichen, in denen du etwas verbessern kannst. Vielleicht entdeckst du ein besseres System für dich zur Mülltrennung oder du suchst und findest einen Hofladen in deiner Region, den du in deine neue Einkaufsstrategie einbauen kannst?
- Suche nach Handlungsfeldern, die deinen Werten entsprechen (siehe auch Tipp *1 – Meine Nachhaltigkeitswerte*). Beispiel: Du weißt, dass einer meiner Werte die weitere Selbstentwicklung ist. Ein Handlungsfeld daraus ist, dass ich meinen Schreibstil weiter verbessern will, sodass meine Texte leichter lesbar werden. Gerade in diesem Augenblick arbeite ich daran (ich hoffe mit Erfolg).
- Entwickle greifbare Ziele und machbare Maßnahmen für dich und andere Menschen. Nimm dir nicht zu viel vor, kleine Schritte haben oft große Wirkung. Vielleicht wäre die Gründung einer Social-Media-Seite zu einem bestimmten Gesichtspunkt der Nachhaltigkeit für dich eines deiner ersten Nachhaltigkeitsprojekte? So könntest du Erfahrung im Layout von Webseiten sammeln und eine Gruppe Gleichgesinnter aufbauen (siehe auch Tipp *73 – Deine Nachhaltigkeitswebsite*). Oder du machst eine Aufstellung deiner Lebensmittelvorräte und erstellst daraus deinen ersten nachhaltigen Ernährungsplanung für die nächste Woche, der auf regionalen und saisonalen Produkten beruht? (siehe Tipp *25 – Nachhaltige Ernährungspläne*).
- Setze deine Ziele Schritt für Schritt um und sei nicht entmutigt, wenn du sie nicht (sofort) erreichst. Lerne aus deinen Fehlern und verändere deine Ziele, falls nötig.

- Teile mit anderen Menschen deine Ideen und Konzepte und ermuntere sie zur Mitarbeit (siehe auch Tipp 72 – *Vernetzen und verändern*).
- Lass dich von anderen begeistern, die bereits erfolgreich Nachhaltigkeitsprojekte umgesetzt haben (siehe auch Tipp 13 – *Nachhaltigkeitsevents besuchen*).
- Glaube an deine Fähigkeiten, etwas bewirken zu können, und fang einfach an. Nimm dir eine Stunde Zeit (Tipp: Timer auf deinem Smartphone stellen) und arbeite in dieser Zeit konzentriert an deiner Idee. Nimm dir ein Blatt Papier und schreibe in die Mitte dick und fett das Wort Nachhaltigkeit. Ziehe von diesem Wort Linien und schreibe an deren Ende alles auf, was dir zu einem bestimmten Aspekt der Nachhaltigkeit (z. B. Müllvermeidung) einfällt. Lass dabei deiner Fantasie freien Lauf und schreibe alles auf, auch wenn es dir vielleicht zunächst absurd vorkommt. Nutze dabei die Frage- und Antworttechniken, die wir in den ersten Kapiteln besprochen haben (siehe Tipp 2 – *Die Kraft der Fragen für mehr Nachhaltigkeit* und den darauffolgenden Tipp 3 – *Antworten als Werkzeug für Veränderung*).

Mit dem Wissen zu Nachhaltigkeit, das du dir im Laufe der Zeit erarbeitest (siehe *Wissen teilen, Zukunft gestalten*), kannst du eigene Konzepte für ein nachhaltigeres Leben entwickeln und diese dann – wenn möglich mit Gleichgesinnten – in die Tat umsetzen.

Tipps zur Umsetzung deiner Konzepte und Projekte:

- Entwickle einen Plan für einen nachhaltigeren Lebensstil in deinem Alltag. Wenn du die empfohlene Analyse deines Alltags bereits durchgeführt hast, kannst du nun an die Umsetzung gehen (wenn nicht, geh noch mal an den Anfang dieses Kapitels zurück und hole es nach). Definiere dann für Themen wie Energie, Abfall, Konsum usw. konkrete Ziele für dich und deinen Haushalt und versuche sie umzusetzen.

- Wenn du deinen nachhaltigen Ernährungsplan (siehe Tipp *25 – Nachhaltige Ernährungspläne*) bereits erstellt hast, schreibe einen Artikel dazu in deinem Blog[6] und informiere deine Follower über deinen eigenen Newsletter (siehe auch Tipp *73 – Deine Nachhaltigkeitswebsite*).
- Entwickle ein Konzept für einen nachhaltigen Urlaub (siehe Tipp *50 – Unterwegs zu einem nachhaltigen Urlaub*) und teste es gleich bei nächster Gelegenheit.
- Gründe eine Gruppe in einem sozialen Netzwerk zum Ideenaustausch mit Gleichgesinnten (siehe Tipp *72 – Vernetzen und verändern*) zu einem Nachhaltigkeitsthema, das dich besonders interessiert.
- Unterstütze eine Tafel in deiner Region oder gründe mit Gleichgesinnten eine eigene Tafel in deiner Gemeinde. Wenn du nicht selbst in einer Tafel aktiv werden kannst, so ist eine finanzielle Unterstützung auch immer willkommen. Dazu bieten ja auch etliche Supermärkte spezielle Sammelboxen an, wo du direkt eine Unterstützung für eine regionale Tafel leisten kannst. Ich habe mir das so angewöhnt, dass ich von einem Artikel auf meiner Einkaufsliste, den ich für mich brauche, zwei Stück nehme, eines davon gebe ich dann in die Box.
- Tritt einer Bürgerenergiegenossenschaft in deiner Region bei und arbeite dort aktiv mit. Wenn es die Genossenschaft

---

[6] Ein Blog (kurz für Weblog) ist eine Art elektronisches Tagebuch oder Journal, das online auf einer Website geführt wird und in der Regel öffentlich einsehbar ist.

noch nicht gibt, warum gründest du nicht selbst eine? (siehe Tipp *66 – Tipps für Gründer*)
- Eröffne mit Gleichgesinnten einen (genossenschaftlichen) Laden für Regionalprodukte und fair gehandelte Produkte (Beispiel: https://www.fair-grafing.de/, dort bin ich Mitglied).
- Erkundige dich nach Finanzierungsmöglichkeiten für deine Projekte, beispielsweise Crowdfunding oder staatliche Förderprogramme, in Deutschland z. B. bei https://www.foerderdatenbank.de/ (siehe Tipp *63 – Ethisches Investieren*).
- Organisiere eine Müllsammelaktion auf öffentlichen Flächen in deiner Gemeinde (es gibt unendlich viel Müll, ganz sicher auch in deiner Gemeinde).
- Gründe ein Unternehmen, das nachhaltige Produkte (siehe Tipp *62 – Siegel für Nachhaltigkeit*) oder nachhaltige Dienstleistungen (siehe Tipp *61 – Nachhaltige Dienstleistungen*) anbietet. Zum Beispiel eine Fahrradwerkstatt, ein Grafik-Design-Studio oder vielleicht ein Repair-Café?
- Starte ein Projekt, um Nachhaltigkeit in deiner Gemeinde zu fördern (siehe Tipp *57 – Mitmachen und gestalten*). Vielleicht eine Photovoltaikanlage auf dem Dach eines Gebäudes der Kommune mit einem Bürgerbeteiligungsmodell?

Ich bin sicher, dass dein Wertesystem und deine Kreativität dich zu eigenen und begeisternden Nachhaltigkeitskonzepten und -projekten befähigen. Und vergiss nicht, aller Anfang ist schwer! Auch wenn es manchmal mühsam ist, den ersten Schritt zu machen, du solltest ihn unbedingt tun. Theoretisierung bringt uns als Gesellschaft nicht weiter in Richtung Nachhaltigkeit. Gehe also aus deiner Komfortzone heraus und fang einfach an! Lass dir Konzepte, Projekte und Ideen für mehr Nachhaltigkeit in unserem Alltag einfallen und setze sie in die Tat um. Warte nicht auf andere, sondern entwickle eigene Konzepte und Ideen für eine nachhaltige Zukunft und informiere dein Netzwerk (siehe Tipp *72 – Vernetzen und verändern*) darüber.

9 – Der Schlüssel zu einem nachhaltigen Leben

Wie sieht denn nun der Schlüssel für ein nachhaltiges Leben aus?

Ich muss zugeben, dass ich die endgültige Form des „Schlüssels zum Erfolg" auch noch nicht kenne, vielleicht auch nie kennen werde. Ich kann aber aus eigenem Erleben und aus vielen Diskussionen in meinem Netzwerk Schlüsselelemente erkennen, die auf dem Weg zu einem nachhaltigen Leben notwendig sind. Damit meine ich vor allem zwischenmenschliche Schlüsselelemente, ohne die eine gemeinsame Entwicklung des Systems Nachhaltigkeit nicht möglich ist. Gerade die menschliche Komponente wird bei (Nachhaltigkeits-)Projekten oft nicht gleichwertig beachtet, was dann häufig zu einem Misserfolg führt.

Denk immer daran: Nachhaltigkeit ist mehr als nur das Recycling von Plastikflaschen oder der Umstieg auf pflanzliche Ernährung. **Der Schlüssel liegt in uns selbst und in unserem Verhalten gegenüber anderen Menschen.** Denn nur als Gemeinschaft können wir eine nachhaltige Zukunft gestalten.

Tipps für menschlicher Schlüsselelemente:

- Zeige Verständnis und Respekt gegenüber den Gefühlen, Bedürfnissen, Meinungen und insbesondere den Ängsten

anderer Menschen. Versuche dich in die Lage anderer Menschen hineinzuversetzen und ihre Perspektive einzunehmen.
- Führe offene und ehrliche Gespräche, um Missverständnisse zu vermeiden und Beziehungen zu stärken. Du musst nicht alles aussprechen, was für dich die Wahrheit ist, aber das, was du sagst, sollte wahr sein.
- Höre aufmerksam zu, wenn andere sprechen, und zeige Interesse an ihren Anliegen. Nimm dir Zeit, um andere Menschen wirklich zu verstehen. Stelle offene Fragen und lass die andere Person ausreden.
- Biete deine Hilfe an, wenn jemand Unterstützung braucht, sei es bei persönlichen Angelegenheiten oder bei deinen Nachhaltigkeitsprojekten.
- Suche nach gemeinsamen Lösungen durch Kooperation und Kompromisse, anstatt in Konflikte zu geraten. Vermeide es, andere abzuwerten. Wenn wir Nachhaltigkeit als einen unserer wichtigsten Werte betrachten, werden wir eher bereit sein, Kompromisse einzugehen und auf kurzfristige Vorteile zu verzichten.
- Verstehen bedeutet nicht unbedingt einverstanden zu sein. Vertritt deine eigene Meinung, bleibe standhaft und gib wertschätzendes Feedback.
- Zeige Wertschätzung für die Menschen um dich herum, sei es durch Worte, Gesten oder kleine Aufmerksamkeiten.
- Akzeptiere und schätze die Vielfalt in Meinungen, Kulturen und Hintergründen deiner Mitmenschen.
- Investiere Zeit und Energie in langfristige Beziehungen, die auf Vertrauen, Unterstützung und gemeinsamen Werten beruhen (siehe auch Tipp *72 – Vernetzen und verändern*).

Ein nachhaltiges Leben ist nicht nur eine Frage der Methoden und der Technik, sondern vor allem auch eine Frage der menschlichen Beziehungen. Indem wir auf Verständnis, Kommunikation und Kooperation setzen, benutzen wir einen Schlüssel, der uns viele Türen zu einem nachhaltigen Leben öffnet.

10 – Mein Weg zur Nachhaltigkeit

An dieser Stelle könntest du sagen: „Das ist ja alles schön und gut, aber das sind doch alles nur allgemeingültige ethische Werte und Verhaltensweisen. Was hat das mit Nachhaltigkeit zu tun?"

Viel. Für mich bedeutet Nachhaltigkeit nicht, das Rad neu zu erfinden. Nachhaltigkeit verkörpert für mich das fast magische Konzept, vorhandene Wertesysteme, Methoden und Konzepte zusammen mit neuen Ideen und neuen Ansätzen in einem umfassenden System zusammenzubringen. In einem System, das der menschlichen Natur und den Werten jedes ehrbaren Menschen entspricht. Ein System, das frei ist von Gewalt und Machstreben. Ein System, das geeignet ist, die Menschheit zur nächsten zivilisatorischen Stufe zu führen.

Nachhaltigkeit beinhaltet für mich zudem, ganz bewusst aus drei verschiedenen Blickwinkeln – wirtschaftlich, sozial, umweltfreundlich – auf mein Leben und das Leben um mich herum zu blicken. Im Ergebnis bedeutet das für mich, mir darüber im Klaren zu sein, wie meine Handlungen und Entscheidungen die Umwelt, die Gesellschaft und die Zukunft beeinflussen. Dabei geht es mir darum, achtsam und verantwortungsbewusst zu handeln, um damit vorteilhafte Veränderungen bei mir und anderen Menschen zu bewirken.

Durch die Anwendung der Methodik Nachhaltigkeit kannst du gezielter konsumieren, nachhaltige Entscheidungen treffen, Ressourcen sparen, Mitmenschen unterstützen und dazu beitragen, eine bessere Welt für dich selbst und kommende Generationen zu schaffen.

Deine eigenen Handlungen und ihre Auswirkungen in deinem Alltag sind Schlüsselelemente zu einem nachhaltigen Leben, das im Einklang mit unseren natürlichen Ressourcen und unseren sozialen Werten steht.

Tipps für die eigene Reise zur Nachhaltigkeit:

Persönliche Auseinandersetzung

- Frage dich, welche Entscheidungen du täglich triffst (z. B. beim Einkaufen, bei der Freizeitgestaltung, in der Arbeit), die sich auf eine oder mehrere Dimensionen der Nachhaltigkeit auswirken (siehe auch Tipp 2 – *Die Kraft der Fragen für mehr Nachhaltigkeit*).
- Beschäftige dich bewusst und regelmäßig mit der Thematik Nachhaltigkeit, auch wenn du mal nicht motiviert oder sogar frustriert bist. Führe dir die Struktur der Nachhaltigkeit immer wieder vor Augen und die Notwendigkeit, alle drei Dimensionen der Nachhaltigkeit gleichwertig zu betrachten.
- Dein Weg zur Nachhaltigkeit ist einzigartig und persönlich. Indem du dich auf deine Werte besinnst, kleine Schritte unternimmst und dich mit anderen austauschst, wirst du einen positiven Beitrag zu einer nachhaltigen Zukunft leisten. Zunächst für dich und dann auch für andere Menschen.
- Es ist normal, Zweifel zu haben oder sich überfordert zu fühlen. Jeder fängt klein an. Wichtig ist, dass du dranbleibst und dich nicht entmutigen lässt. Feiere deine Erfolge, egal wie klein sie auch sein mögen.

Umgang mit Bedenken

- Erkenne an, dass zwar viele Menschen bereits von Nachhaltigkeit gehört haben, aber oft Schwierigkeiten oder Bedenken vortragen, die sie daran hindern, selbst den ersten Schritt zu tun. Biete konkrete Handlungsempfehlungen an und zeige, dass Nachhaltigkeit für jeden Menschen im Alltag möglich ist.
- Entkräfte mit Beispielen aus deinem Alltag den Einwand, dass ein nachhaltiger Lebensstil zu viel Zeit und Aufwand erfordert. Erkläre, dass es oft nur kleine Veränderungen sind, die einen großen Schritt in Richtung Nachhaltigkeit darstellen. Oftmals genügt dazu eine kleine Verhaltensänderung in unserem Alltag. Nehmen wir z. B. die Wahl unserer Kleidung. Indem wir uns für fair gehandelte und umweltfreundlich produzierte Kleidung entscheiden (siehe auch Tipp *68 – Fairness und Gerechtigkeit*), unterstützen wir nicht nur die Menschen, die sie herstellen, sondern schonen auch wertvolle Ressourcen wie Wasser und Boden. Das mag zunächst wie ein kleiner Schritt erscheinen, doch wenn viele Menschen so handeln, hat das eine große Wirkung und bedeutet keinerlei Mehraufwand für uns.
- Glaubensbekenntnisse zu entkräften ist schwierig und gegen die Aussage „Das glaube ich nicht." gibt es oft keine hilfreiche Antwort. Stell lieber die Gegenfrage „Wie könnte es deiner Meinung nach funktionieren?" (siehe auch Tipp *2 – Die Kraft der Fragen für mehr Nachhaltigkeit*) du wirst wahrscheinlich Antworten bekommen, die dich und dein Projekt weiterbringen.

Unsere Gedanken und Ideen für ein nachhaltiges Leben sind Ausgangsbasis und Schlüsselelemente für den Erfolg. Dies bedeutet jedoch nicht, dass wir uns nur im gedanklichen Bereich bewegen sollten, wenn wir Nachhaltigkeit leben wollen. Ganz im Gegenteil, wir müssen nun sehr schnell in die Praxis kommen und unsere Ideen und Konzepte für mehr Nachhaltigkeit im realen Leben umsetzen.

Doch vergiss bei aller Praxis dabei nicht, dich immer wieder an die Struktur und die übergeordneten Schlüsselelemente des Systems Nachhaltigkeit zu erinnern. Verliere dich nicht in durchaus populären Mosaiksteinen der Nachhaltigkeit, wie beispielsweise der notwendigen CO_2-Reduzierung[7], so wichtig sie auch sein mag!

---

[7] Mit CO_2 ist in diesem Buch der Einfachheit wegen die Summe alle Treibhausgase gemeint, die gemäß den Berechnungsmethoden des Kyoto-Protokolls in CO_2-Äquivalente (CO_{2eq}) umgerechnet wurden.

Wissen teilen, Zukunft gestalten

Wissen teilen, Zukunft gestalten

Wissen ist die Voraussetzung, um die Zukunft sinnvoll gestalten zu können. Wissen ist Macht. Im Umgang mit Nachhaltigkeit ist diese Aussage besonders wichtig. Wie viele andere Methoden und Systeme ist Nachhaltigkeit nicht frei von Missverständnissen und Missdeutungen. Nachhaltigkeit ist jedoch keine rätselhafte Wissenschaft, die nur Experten zugänglich ist. Ganz im Gegenteil, Nachhaltigkeit ist ein System für alle Menschen, die sich für die Zusammenhänge von wirtschaftlichen, menschlichen und umweltbezogenen Herausforderungen in unserem Leben interessieren und an Lösungen dazu mitwirken möchten.

Unser Wissen zu den Eigenschaften und Verfahren der Nachhaltigkeit ist das Fundament, auf dem wir unsere Konzepte aufbauen und in die Praxis umsetzen. Konzepte, die uns und kommenden Generationen die Sicherung einer lebenswerten Zukunft ermöglichen. Indem wir uns mit den Zusammenhängen zwischen Wirtschaft, Umwelt und unserer Gesellschaft aus dem Blickwinkel der Nachhaltigkeit auseinandersetzen, können wir gezielte Entscheidungen für unser Leben treffen und damit in unserem Alltag tatkräftig zu einer nachhaltigeren Welt beitragen.

Doch leider wird Nachhaltigkeit häufig falsch verstanden und auch vielfach falsch ausgelegt. Daran sind die Medien nicht ganz unschuldig, denn sie verknüpfen nicht selten Nachhaltigkeit einseitig mit Umwelt- oder Klimaschutz. Nachhaltigkeit ist dann meist irgendwas „Grünes" und wenn sich ein Unternehmen, ein Staat, eine Person um „grüne" Dinge kümmert, dann wird das als nachhaltig dargestellt. So wird die notwendige Verringerung von Treibhausgasen in der Atmosphäre, insbesondere die zweifellos enorm wichtige CO_2-Reduzierung immer wieder mit Nachhaltigkeit gleichgestellt, was so einfach nicht stimmt.

Ich habe unlängst auf einer Konferenz erlebt, wie der Vorstand eines großen Unternehmens voller Stolz verkündet hat: „... wir haben im letzten Jahr 500 t CO_2 eingespart und sind damit nun nachhaltig! ..." Es fehlte hier ganz einfach das grundlegende Wissen und das Verständnis, dass Nachhaltigkeit *immer* das ausgeglichene Miteinander aller drei Säulen der Nachhaltigkeit ist. Nur wenn dies der Fall ist, dann können wir eine Maßnahme, einen Prozess, ein Produkt, ein Unternehmen, eine Regierung nachhaltig nennen. Bei dem genannten Beispiel drängten sich mir noch während des Vortrags sofort wichtige Fragen auf:

- Ist die Maßnahme wirtschaftlich verträglich? Was hat die Reduzierung gekostet?
- Ist die Einsparung einmalig oder dauerhaft?
- Hat die Maßnahme vielleicht zu anderen Umweltbeeinträchtigungen geführt oder wurden dafür andere Ressourcen mehr verbraucht?
- War die Belegschaft beteiligt und hat sie vielleicht sogar von der Maßnahme profitiert?

Diese und viele weitere Fragen müssen beantwortet und ganzheitliche Lösungen gefunden werden, bevor die Bezeichnung „nachhaltig" angebracht ist.

Ich gerate selbst oft genug in die Falle solch einer falschen Auslegung des Begriffs Nachhaltigkeit. Deshalb führe ich mir vor einer Kaufentscheidung und auch vor der Durchführung von Projekten die möglichen Fallen vor Augen und versuche, allen Säulen der Nachhaltigkeit gerecht zu werden. Ich mache das aus Überzeugung und aus der praktischen Erfahrung heraus, dass anderenfalls ein Scheitern des Projekts wahrscheinlich ist, oder ich ein Produkt kaufe, das sich später als wenig nachhaltig herausstellt. Pass also auf, dass du insbesondere folgenden Fallen ausweichst:

- **Grünes Mäntelchen** (Greenwashing):
  - Oft werden oberflächliche Maßnahmen (z. B. Verwendung von Recyclingpapier) als Beleg für umfassende Nachhaltigkeit präsentiert, während andere Bereiche des Unternehmens weiterhin umweltschädlich agieren (siehe auch Tipp *60 – Nachhaltige Unternehmen*).
  - Produkte werden mit Begriffen wie „natürlich", „bio", „nachhaltig" oder „öko" beworben, obwohl sie nicht den entsprechenden Kriterien entsprechen oder nur einen Teilaspekt der Nachhaltigkeit berücksichtigen (siehe auch Tipp *62 – Siegel für Nachhaltigkeit*).
- **Verengung auf Umweltaspekte:**
  - Nachhaltigkeit wird oft nur auf ökologische Gesichtspunkte begrenzt, während soziale Gerechtigkeit, faire Arbeitsbedingungen und sehr oft auch die Wirtschaftlichkeit außer Acht gelassen werden. Da werden dann Begriffe wie „ökologische Nachhaltigkeit" verwendet, die uns mit einem eingeschränkten Verständnis von Nachhaltigkeit in die Irre führen und von unserem Weg abbringen.
- **Falsche Prioritäten:**
  - Nachhaltigkeit wird oft mit einem bestimmten Konsumverhalten gleichgesetzt (z. B. Kauf von Bioprodukten), ohne die strukturellen Ursachen von Umweltproblemen anzugehen. Nehmen wir beispielsweise den Kauf von Biomilch und Bioeiern. Zunächst sieht alles nach Nachhaltigkeit aus, insbesondere was das Tierwohl an-

geht. Doch schau mal genau hin, wo das Produkt herkommt. Da entstehen oft lange Transportwege, was das Produkt dann nicht mehr sehr nachhaltig macht. Ich habe selbst schon Milchtransporter aus Bayern in Berlin gesehen!
- Es wird oft angenommen, dass technologische Lösungen alle Umweltprobleme lösen können, ohne dass grundlegende Veränderungen im Lebensstil oder der Wirtschaftsweise erforderlich sind. Nehmen wir das CCS-Verfahren[1] als Beispiel. Dabei wird das CO_2, das bei der Verbrennung fossiler Brennstoffe wie Erdgas oder Kohle entstanden ist, aus der Atmosphäre wieder zurückgewonnen und unterirdisch gespeichert. Was auf den ersten Blick als gute Nachhaltigkeitsmaßnahme aussieht, ist meiner Meinung ein Ansatz an falscher Stelle. Es lenkt nur von den Ursachen der CO_2-Emissionen und den wirklich nachhaltigen Lösungen dafür – hier Energiewende mit erneuerbaren Energien – ab.

- **Fehlende ganzheitliche Betrachtung:**
  - Die Umweltauswirkungen eines Produkts wird oft nur entlang des Lebenszyklus betrachtet, ohne die sozialen und wirtschaftlichen Auswirkungen einzubeziehen. Es wird oft vergessen, dass Umweltprobleme meist eng mit sozialen und wirtschaftlichen Ungleichheiten verbunden sind.
  - Beispiel Textilindustrie: Die Produktion von Kleidung ist mit einem hohen Wasserverbrauch, dem Einsatz von Pflanzenschutzmitteln und dem Problem von Mikro-

---
[1] CCS: Carbon Capture and Storage.

plastik (siehe Tipp *30 – Plastik reduzieren*) verbunden. Gleichzeitig arbeiten viele Menschen in der Textilindustrie unter problematischen Bedingungen (siehe Tipp *68 – Fairness und Gerechtigkeit*).

Um diesen Fallstricken zu entgehen, ist meiner Überzeugung nach ein handfestes Wissen zum Thema Nachhaltigkeit der einzige Ausweg. Dies bedeutet nicht, dass wir alle zu Nachhaltigkeitsexperten werden müssen. Es genügt völlig, sich zum jeweiligen Nachhaltigkeitsaspekt zu informieren.

Wissen schafft Handlungsfähigkeit.
Es ermöglicht uns, die Zusammenhänge zwischen unseren Entscheidungen und ihren Auswirkungen auf die Umwelt und die Gesellschaft zu verstehen. Es befähigt uns, Entscheidungen auf Basis sachlicher Informationen zu treffen und verantwortungsvoll zu handeln.

Wissen fördert Innovation.
Es eröffnet neue Möglichkeiten, nachhaltige Produkte und Dienstleistungen zu entwickeln (siehe *Wirtschaft mit Verantwortung*). Es regt uns zu kreativen Lösungen und neuem Denken an.

Wissen verbindet Menschen.
Es ermöglicht den Austausch von Informationen und Erfahrungen zwischen gleichgesinnten Menschen. So entsteht ein gemeinsames Verständnis der Herausforderungen und möglicher Lösungsansätze.

Wissen ist der Schlüssel zu einer nachhaltigen Zukunft.
Es ist die Grundlage für verantwortungsvolles Handeln, innovative Lösungen und eine starke Gemeinschaft.

Mit den nachfolgenden Tipps kannst du die Macht des Wissens nutzen, um dein Leben nachhaltiger zu gestalten und gleichzeitig einen Beitrag für alle zu erbringen.

11 – Fakten checken und bewerten

Du möchtest einen Beitrag für eine nachhaltigere Zukunft leisten? Dann ist Wissen ein wichtiges Schlüsselelement dazu. Erforsche und entdecke so die faszinierende Welt der Nachhaltigkeit!

Der erste Schritt dazu ist für dich Wissen aufzubauen, das auf sachlichen Informationen beruht und nicht weltanschaulich gefärbt oder meinungsgetrieben ist. Informiere dich also zunächst über die verschiedenen Aspekte und Handlungsfelder der Nachhaltigkeit, wie beispielsweise Lieferketten, Mobilität, Klimawandel, Ressourcenverbrauch, soziale Gerechtigkeit und globale Verantwortung. Informiere dich so umfassend wie möglich über das System Nachhaltigkeit, seine Definition und seine verschiedenen Ausprägungen. Vergiss dabei nicht die bereits vorhandenen nationalen und weltweit geltenden Gesetze und Richtlinien zum Thema Nachhaltigkeit, auch wenn diese oft schwer lesbar sind.

Warum?
Damit du sichere Entscheidungen für dich und andere treffen und aktiv werden kannst, ist es nötig, zunächst das System und die Handlungsfelder der Nachhaltigkeit geistig zu durchdringen. Nachhaltigkeit ist ein vielschichtiges, ein dreidimensionales System mit einer besonderen Methodik zur Umsetzung, die erst einmal gelernt und verinnerlicht werden muss, bevor wir sie anwenden können.

Stell dir vor, du möchtest ein neues Auto kaufen (siehe auch *Mobilität neu gedacht*). Als nachhaltig denkender Mensch stellst du dir bestimmte Fragen wie:

- Wie hoch ist der Verbrauch?
- Welcher Antrieb ist verbaut?
- Was kostet es?
- Welche Materialien wurden verwendet?
- Wie hoch sind die voraussichtlichen Betriebskosten?
- Wo wurde es produziert und wie steht es dort mit der Einhaltung von Arbeitsnormen?
- Wie hoch sind die Treibhausgasemissionen bei Herstellung und Betrieb?

Fragen dieser Art zu stellen und Antworten darauf zu erhalten, ist in einem Nachhaltigkeitsprozess sehr wichtig, darüber haben wir schon gesprochen. Die Antworten allein reichen dir jedoch vielleicht nicht ganz, um eine sichere Entscheidung zu treffen, die deinen Anforderungen zur Nachhaltigkeit des Autos entspricht. Du brauchst spezielles Wissen zu den hinter den Fragen liegenden Themen.

Wie?
Die Welt der Informationen ist riesig. Wie findest du den richtigen Weg durch den Dschungel der Daten?

- Nutze Suchmaschinen, um konkrete Fragen zu beantworten. Gib Stichwörter wie „nachhaltige Ernährung", „ökologischer Fußabdruck" oder „faire Mode" ein.
- Lies Bücher, Artikel und Blogbeiträge von angesehenen Autoren und Wissenschaftlern.
- Nicht alles, was im Internet oder in Büchern steht, ist wahr. Prüfe kritisch die Quellen und vergleiche verschiedene Informationen aus unterschiedlichen Quellen.

Wissen teilen, Zukunft gestalten 57

- Sprich mit Freunden, Familie oder Experten über das Thema Nachhaltigkeit und tausche dich aus.
- Viele Internetplattformen bieten kostenlose oder kostengünstige Kurse an, die dir helfen, dein Wissen zur Nachhaltigkeit zu vertiefen.

Wo kannst du starten?

- Schau dir Dokumentationen wie „Planet Erde" an, die dir die Schönheit und Verletzlichkeit unseres Planeten zeigen.
- Höre Podcasts zum Thema Nachhaltigkeit, wie z. B. von Utopia.de, um dir Anregungen zu holen.
- Besuche (kostenlose) Onlinekurse auf Plattformen wie Coursera, edX oder FutureLearn und weitere Angebote mit Bezug zur Nachhaltigkeit.
- Lies mein Buch „Nachhaltigkeit messbar machen"[2].

Indem du dich umfassend zum Thema Nachhaltigkeit informierst, kannst du aktiv werden:

- Du kannst bewusstere Entscheidungen treffen und Produkte sowie Dienstleistungen auswählen, die ethisch, ökologisch und wirtschaftlich für dich vertretbar sind.
- Du kannst tatkräftig in Initiativen mitarbeiten und deine Mitmenschen für das Thema empfänglich machen und begeistern (siehe Tipp *72 – Vernetzen und verändern*).
- Mit deinem Wissen trägst du dazu bei, eine nachhaltige Zukunft für uns alle zu gestalten (siehe Tipp *17 – Multiplikator für Nachhaltigkeit*).

Egal wo und wie du dich zum Thema Nachhaltigkeit informierst, bleibe dabei immer aufmerksam und kritisch! Es

---

[2] https://link.springer.com/book/10.1007/978-3-662-66047-8.

wird viel Unsinn veröffentlicht, auch zu unserem Thema. Verwende immer mehrere Quellen und vergleiche die verschiedenen Meinungen und Kommentare, bevor du dich selbst festlegst.

12 – Wissen vertiefen und Kompetenzen stärken

Du möchtest noch tiefer in die Welt der Nachhaltigkeit eintauchen? Super! Denn je mehr Wissen du aufbaust, desto gezielter kannst du handeln. Investiere daher Zeit, wenn nötig auch etwas Geld und vertiefe dein Nachhaltigkeitswissen.

Warum?
Stell dir vor, du möchtest eine neue Sprache lernen. Am Anfang lernst du die Grundlagen, aber um wirklich fließend zu sprechen, musst du regelmäßig üben und dein Wissen vertiefen. Genauso ist es mit der Nachhaltigkeit. Je mehr du weißt, je breiter deine Wissensbasis dazu ist, je mehr du dich mit anderen Menschen austauscht, desto sicherer kannst du dich in der komplexen Welt der Nachhaltigkeit bewegen und eigene Lösungsansätze entwickeln.

Tipps zur Vertiefung deines Wissens:

- **Führe Selbstlernprojekte durch.** Setze dir eigene Lernziele und arbeite daran. Erstelle beispielsweise eine Präsentation zu einem bestimmten Nachhaltigkeitsthema oder schreibe einen Blogbeitrag. Bei dieser Arbeit musst du recherchieren, Daten sammeln, Informationen vergleichen und dann Aussagen und Thesen daraus ableiten, die nicht nur du, sondern auch andere Menschen verstehen können.

- **Sei neugierig** und lies Fachzeitschriften, wissenschaftliche Studien, Fachbücher, Artikel und Blogs zu Nachhaltigkeitsthemen. Nutze Onlinebibliotheken. Abonniere Newsletter von Organisationen, die dich interessieren.
  - Beispiel: Der *PwC Sustainability Reporting Newsletter* ist ein quartalsweise erscheinender Newsletter, der aktuelle Entwicklungen im Bereich der Nachhaltigkeitsberichterstattung in Deutschland und Europa zusammenfasst. Es werden auch Gesetzesänderungen, EU-Initiativen und internationale Entwicklungen vorgestellt.
  - Beispiel: Der *Newsletter „Nachhaltigkeit aktuell"* der Deutschen Bundesregierung informiert regelmäßig über Aktuelles, Best-Practice-Beispiele[3], Wettbewerbe/Förderungen und Veranstaltungen rund um das Thema Nachhaltigkeit.
  - Vergleiche die Nachhaltigkeitsberichte verschiedener Unternehmen aus der gleichen Branche und analysiere deren Unterschiede und Gemeinsamkeiten. Sind die Angaben in den Berichten deiner Einschätzung nach wahrheitsgemäß und transparent, oder liest du gerade einen Greenwashingbericht?
- **Besuche nachhaltige Unternehmen** (siehe auch Tipp 60 – *Nachhaltige Unternehmen*). Mache Führungen mit und informiere dich dabei über deren Geschäftsmodelle und Best Practices. Schreibe dazu eine E-Mail an die Unternehmensleitung oder die Nachhaltigkeitsabteilung von Unternehmen, die dich interessieren und frage nach Möglichkeiten an einer Führung im Unternehmen teilzunehmen. Oder du nutzt dein Netzwerk und fragst dort nach ent-

---

[3] Optimale Lösung: Eine Methode, die als die effizienteste und effektivste gilt und sich in der Praxis bewährt hat.

sprechenden Kontakten (siehe auch Tipp *72 – Vernetzen und verändern*).
- **Erstelle deine persönliche Nachhaltigkeitsbilanz.** Analysiere dazu deine eigene Energiebilanz (siehe Tipp *40 – Dein Zuhause, Deine Energie*) und deinen ökologischen Fußabdruck (siehe auch Tipp *53 – Treibhausgase reduzieren*) und entwickle Maßnahmen zur Verbesserung (siehe Tipp *8 – Eigene Nachhaltigkeitskonzepte entwickeln*).
- **Arbeite an deiner persönlichen Entwicklung.** Überprüfe von Zeit zu Zeit deinen bisherigen Wissensaufbau. Wo hast du noch große Lücken? Suche nach neuen Herausforderungen und trau dich, auch unbekannte und neue Themenbereiche anzugehen.

Warum lohnt sich deine Mühe?
Indem du lernst, erforschst, ausprobierst und damit dein Nachhaltigkeitswissen vertiefst, wirst du mit der Zeit mühelos im Ozean der Nachhaltigkeit schwimmen:

- Du wirst kompetent im Themenbereich. Du kannst auf der Grundlage des erworbenen Wissens bewusstere Entscheidungen zu Nachhaltigkeit in deinem Alltag treffen und dich auch in Diskussionen und Projektmeetings sicherer bewegen.
- Du wirst kreativer und entwickelst neue Ideen, Konzepte und Lösungsansätze für eine nachhaltigere Zukunft in deinem persönlichen Umfeld.
- Mit dem Lernprozess erweitert sich automatisch auch dein Netzwerk (siehe auch Tipp *72 – Vernetzen und verändern*). Du knüpfst Kontakte zu Gleichgesinnten und kannst gemeinsam etwas bewegen.
- Du leistest einen Beitrag zu einer besseren Welt, bist dir dessen bewusst, was du tust und wirst dadurch zufriedener in deinem Alltag.

13 – Nachhaltigkeitsevents besuchen

Eine andere gute Möglichkeit, dein Nachhaltigkeitswissen weiter auszubauen, ist der Besuch von Nachhaltigkeitsevents, vorzugsweise in deiner Region. Zunächst ist es wie der Sprung ins kalte Wasser, denn die meisten anderen Teilnehmer werden dir anfangs unbekannt sein. Doch damit tauchst du noch tiefer ein in die Welt der Nachhaltigkeit. Daher solltest du es unbedingt machen.

Tipp:
Veranstaltungen wie Vorträge, Konferenzen und Messen bieten dir die Möglichkeit, dich zu informieren, mit anderen Menschen in Kontakt zu kommen und neue Ideen zu entdecken. Dabei kannst du dich mit Gleichgesinnten austauschen und neue Blickwinkel für deine Konzepte und Projekte gewinnen. Nutze diese Chance, um dein Wissen zu vertiefen und aktiv zu werden. Es besteht auch die Möglichkeit, dass du so DEINE Gruppe für Nachhaltigkeit findest (siehe auch Tipp *72 – Vernetzen und verändern*).

Wie und wo?
- Suche nach Veranstaltungen in deiner Nähe auf Eventplattformen wie Eventbrite, Meetup oder über lokale Veranstaltungskalender in deiner Region. Beispiele:
  - Nimm an einer „Zukunftskonferenz Nachhaltigkeit" teil. Über eine kleine Internetrecherche zu diesem oder einem ähnlichen Begriff findest du die entsprechenden Veranstaltungen.
  - Sieh dir das Ideenlabor der DGNB[4] an und hilf mit bei der Suche nach den weißen Flecken des nachhaltigen Bauens.

---
[4] DGNB: Deutsche Gesellschaft für nachhaltiges Bauen.

- Besuche Vorträge, Workshops und Seminare zu Nachhaltigkeitsthemen. Tausch dich mit anderen Menschen aus und knüpfe neue Kontakte. Nimm an Onlinediskussionen und Foren teil, lerne und erweitere dein Wissen:
  - Besuche den Vortrag „Nachhaltige Ernährung" oder so ähnlich in deiner Stadt (falls bei dir so etwas angeboten wird).
  - Nimm an einem Workshop zum Thema „Upcycling" oder „Regionalmarketing" teil.
  - Diskutiere in Nachhaltigkeitsforen mit anderen Menschen, z. B. im „Forum für Verantwortung". Das ist ein interdisziplinäres Diskussionsforum, das sich mit Themen wie Klimawandel, Nachhaltigkeit und systemischen Zusammenhängen auseinandersetzt.
- Besuche Messen und Konferenzen zum Thema Nachhaltigkeit in deiner Region und nimm an Exkursionen und Führungen teil. Messebesuche sind sicherlich anstrengend, jedoch findest du Gleichgesinnte in einer einmaligen Dichte und hast viele Möglichkeiten, neue themenbezogene Kontakte zu gewinnen. Vielleicht bekommst du dort im Gespräch am Messestand auch eine Einladung zu einer Führung in einem nachhaltigen Unternehmen? Meistens finden neben einer Messe auch Konferenzen statt, wo du dich über die neuesten Entwicklungen informieren kannst. Einige von vielen Messebeispielen:
  - **Heldenmarkt**: „Nachhaltigkeit im Alltag" ist das Motto dieser Messe in wechselnden Städten in Deutschland. Die Themenbereiche schlagen einen sehr großen Bogen über nachhaltige Alltagslösungen.
  - **Autarkia – Green World Tour**: Eine Nachhaltigkeitsmesse mit Ausstellung, Vorträgen und Mitmachaktionen. Themen sind Ernährung, Mode, Freizeit, Geld und

Versicherung, Gewerbe und CSR, Bauen und Sanieren, Strom und Wärme, Mobilität und Logistik sowie Innovationen und Wissenschaft.

- **ÖkoFair Innsbruck**: Widmet sich dem Thema Nachhaltigkeit und ökologische Fairness (nicht nur) in Tirol in sehr praxisnaher Art und Weise.
- **Fair Handeln**: Internationale Messe für Fair Trade und global verantwortungsvolles Handeln in Stuttgart.
- **Veggienale**: Messe für pflanzlichen Lebensstil, Gesundheit und Nachhaltigkeit in wechselnden Städten in Deutschland.
- **Grünes Geld**: Messe für nachhaltige Geldanlagen in Stuttgart.
- **Biogartenmesse**: „Biogarten für alle" ist das Motto dieser Messe in wechselnden Städten in Deutschland.
- **INNATEX**: Fachmesse für nachhaltige Textilien in Hofheim am Taunus (Messecenter Rhein-Main).
- **BIOFACH**: Messe für Biolebensmittel, Bio- und Naturkosmetik in Nürnberg.

• Besuche einen Vortrag eines Experten zum Thema Nachhaltigkeit.
• Gehe zu Veranstaltungen, auf der nachhaltige Produkte und Dienstleistungen präsentiert werden. Oft findest du dazu die Gelegenheit auf Regionalmessen und Märkten, auch wenn die Veranstaltung offiziell nicht unter dem Motto Nachhaltigkeit läuft.
• Erstelle eine Liste von Organisationen in deiner Region, die regelmäßig Veranstaltungen zum Thema Nachhaltigkeit anbieten.
• Nutze soziale Medien, um dich über lokale Events zu informieren (siehe auch Tipp 72 – *Vernetzen und verändern*).
• Setze einen automatischen Alarm über google.de/alerts zu Veranstaltungen, die du auf dem Radar haben möchtest.

Der direkte Austausch mit Gleichgesinnten im Rahmen eines Nachhaltigkeitsevents liefert dir neue Ideen, neue Konzepte und informiert dich über aktuelle Entwicklungen. Darüber hinaus bieten Nachhaltigkeitsevents meist auch die Möglichkeit, in Projekte einzusteigen und mitzuarbeiten. Du erhältst dort wichtige Informationen, wie du Nachhaltigkeit besser in deinem Alltag umsetzen kannst. Und vergiss nicht: So ein Event mit Gleichgesinnten macht auch eine Menge Spaß!

14 – Dein aktiver Beitrag zur Nachhaltigkeit

Du möchtest nicht nur zuschauen, sondern tatkräftig etwas verändern? Dann ist jetzt der richtige Zeitpunkt zum Handeln! Arbeite in Organisationen und Initiativen mit, die du magst und deren Absichten du teilst. Die aktive Mitarbeit ist eine hervorragende Möglichkeit, sich mit Gleichgesinnten für mehr Nachhaltigkeit einzusetzen und Veränderungen zu bewirken. Hier kannst du und hier solltest du dein Wissen bereitwillig teilen und deine Fähigkeiten einbringen!

Dazu musst du aber zwangsläufig aus deiner Wohlfühlzone herauszutreten. Nerve ich dich schon langsam mit diesem Satz? Das tut mir leid, aber so ein kleiner Tritt in den Hintern ist manchmal notwendig, um nach einem langen Arbeitstag wieder den Antrieb zu bekommen, etwas für die Nachhaltigkeit in unserem Leben zu tun. Glaub mir, ich muss mich selbst oft mit viel Energie von der bequemen Couch verjagen.

Natürlich ist die Mitarbeit vor Ort, in einer Genossenschaft oder in einem Verein die direkteste Art und Weise, sich zu beteiligen und Wissen zu teilen, da wir hier unsere Erfolge, aber auch unsere Niederlagen sichtbar und anfassbar vor uns ha-

Wissen teilen, Zukunft gestalten 65

ben. Das ist jedoch nicht unbedingt jedermanns Sache. Doch auch ein Einsatz von dir in (sozialen) Netzwerken kann zu großartigen Erfolgen führen (siehe auch Tipp *72 – Vernetzen und verändern*).

Wenn du selbst einen tatkräftigen Beitrag zur Nachhaltigkeit leisten willst, rate ich dir, in deiner Region zu beginnen. Es ist zugegeben nicht immer einfach, an einem Nachhaltigkeitsprojekt anzudocken oder eine Gruppe Gleichgesinnter zu treffen, um sich dort einzubringen. Wenn du jedoch nur darauf wartest, dass andere den ersten Schritt gehen und dich suchen, dann läufst du Gefahr, deinen eigenen Nachhaltigkeitszielen nicht näher zu kommen und deine Werte nicht leben zu können. Deshalb gehe mutig und hoffnungsvoll den ersten Schritt in eine zunächst noch unbekannte Welt!

Tipps für den ersten Schritt:

- Informiere dich über Organisationen und Initiativen in deiner Nähe, die sich dem Thema Nachhaltigkeit verschrieben haben und biete deine ehrenamtliche Mitarbeit an. Damit meine ich jetzt nicht unbedingt die großen Umweltorganisationen, auf die du sofort stoßen wirst, sondern vor allem regionale Initiativen und Vereine in deiner Nähe. Beispiele:
  - In vielen Gemeinden gibt es Bürgerinitiativen, die sich für Nachhaltigkeit (Energieversorgung, Landwirtschaft, Verkehr, Naturschutz usw.) einsetzen (siehe auch Tipp *57 – Mitmachen und gestalten*).
  - Manche Gärtnereien und Landwirtschaftsbetriebe bieten Workshops oder Praktika für nachhaltigen Gartenbau (auch im Kleinen) an.
  - Auf Regionalmärkten kannst du dich mit Produzenten nachhaltiger Lebensmittel austauschen und Tipps bekommen, wo deine Mitarbeit gefragt und willkommen ist.

- Du kannst Mitglied in einer Organisation oder Initiative werden, die du gefunden hast und die dich anspricht und dort aktiv mitarbeiten. Hast du keine gefunden? Dann erkundige dich in deiner Gemeindeverwaltung und der vielleicht noch vorhandenen Gemeindebücherei. Oft liegen dort Informationen zu lokalen Initiativen aus.
- Findest du nichts Ansprechendes oder Passendes für dich? Dann gründe doch selbst eine Initiative, Gruppe oder Organisation (z. B. eine Genossenschaft), die sich für Nachhaltigkeit in deiner Region einsetzt (siehe auch Tipp *66 – Tipps für Gründer*) und in der du Gleichgesinnte um dich scharen kannst.

Denk daran, du bist nicht allein! Millionen Menschen auf der ganzen Welt setzen sich täglich für eine nachhaltige Zukunft ein. Indem du dich einbringst, wirst du Teil einer globalen Gemeinschaft für Nachhaltigkeit, die sich für eine gerechtere Welt und den Schutz unserer Umwelt einsetzt. Lass uns also gemeinsam die große Herausforderung unserer Zeit meistern und einer Zukunft den Weg ebnen, die von Respekt, Verantwortung und Nachhaltigkeit geprägt ist. Es fängt ganz einfach mit dem Inhalt deines Kühlschranks an und endet im Schutz unseres gemeinsamen Zuhauses, unserer Erde.

15 – Viele Köpfe, viele Meinungen, eine Lösung

Tausche dich so oft es geht mit anderen Menschen über Nachhaltigkeit aus. Diesen Tipp kann ich gar nicht oft genug wiederholen. Ein ständiger Informationsaustausch ist wichtig, um Wissen zu teilen, voneinander zu lernen und neue Ideen und Sichtweisen zu entwickeln. Der Austausch verhindert auch, dass du dich in irgendwelchen Nischen verirrst (beispielweise in der Falle CO_2-Reduzierung) und damit den Gesamtüberblick über die drei Säulen der Nachhaltigkeit verlierst.

Die Gespräche mit anderen Menschen zum Thema Nachhaltigkeit werden zudem deinen Horizont erweitern und dir neue Blickwinkel eröffnen. Gerade beim Thema Nachhaltigkeit entwickeln wir leicht einen Tunnelblick in die ökologische Richtung. Dagegen helfen die – durchaus auch völlig entgegengesetzten – Meinungen und Ansichten anderer Menschen. Die unbefangene Informationsbeschaffung über das Internet, Printmedien, Vorträge usw. (siehe Tipp *11 – Fakten checken und bewerten*) bleibt natürlich unsere Wissensbasis. Es ersetzt aber nicht das Gespräch und den Meinungsaustausch mit anderen Menschen.

Nehmen wir z. B. das Thema Plastik (siehe Tipp *30 – Plastik reduzieren*). Du hast ganz sicher eine Meinung dazu, die du auch in einer Diskussion vertreten würdest. So ist beispielsweise mein Standpunkt zum Thema Plastik: So weit wie möglich vermeiden, oft wiederbenutzen, recyceln, wenn es geht, aber nicht völlig darauf verzichten, weil Plastik halt so unheimlich praktisch sein kann. Wenngleich meine Meinung zum Thema relativ weit verbreitet ist (zumindest in meinem Bekanntenkreis), so gibt es in einer Diskussion über das Thema sicher auch Positionen von „auf Plastik ganz verzichten" bis „keinerlei Einschränkungen beim Gebrauch". Auch wenn ich mir meiner Position sicher bin und sie meinen Werten entspricht (siehe Tipp *1 – Meine Nachhaltigkeitswerte*), höre ich mir die anderen Meinungen aufmerksam an und versuche neue Sichtweisen zu lernen. Tipps, die in einer solchen Gesprächsrunde genannt werden, probiere ich gerne aus und teste, ob sie für mich passen und anwendbar sind. Dinge, die für mich funktionieren, übernehme ich dann in meinen

Alltag. Auf diese Weise haben auch einige Tipps den Weg in dieses Buch gefunden.

Wie näherst du dich der Lösung?

- Diskutiere mit Freunden, Familie und Kollegen über beliebige Nachhaltigkeitsthemen. Nimm dabei ruhig mal Positionen ein, die du eigentlich nicht vertrittst, um herauszufinden wie belastbar deine Argumente zum Thema sind.
- Tausche dich in Onlineforen und sozialen Netzwerken mit anderen Interessierten aus. Lies dabei die Beiträge anderer „quer", d. h., lies nicht nur die Beiträge, die dich positiv ansprechen, sondern insbesondere auch die mit gegensätzlichen Meinungen zu dir. Versuche, daraus neue Ideen und Ansätze für dich abzuleiten.
- Besuche Stammtische und Diskussionsrunden zu Nachhaltigkeitsthemen und beteilige dich aktiv an den dortigen Gesprächen. Es wird dort viele Meinungen zum gleichen Thema geben. Dadurch kommst du leichter zu der für dich geeigneten Lösung.
- Nimm an Nachhaltigkeitsprojekten und Aktionen zum Thema teil, die den Austausch mit anderen Menschen – nicht nur mit Gleichgesinnten – fördern.
- Wenn Bedenkenträger ihre Glaubensbekenntnisse vortragen (und das werden sie tun, verlass dich darauf) und ihrer Meinung nach Nachhaltigkeit in unserem Alltag nicht möglich ist, setze die Fragetechnik (siehe Tipp 2 – *Die Kraft der Fragen für mehr Nachhaltigkeit*) ein.

Es ist absolut normal, unterschiedliche Meinungen zu haben. Doch Glaubensbekenntnisse haben in der Diskussion um Nachhaltigkeit nichts verloren. Stattdessen brauchen wir einen offenen Dialog, in dem wir unsere Meinungen austauschen und voneinander lernen. Nur so können wir gemeinsam an einer Zukunft bauen, in der Mensch und Natur im Einklang leben. Trag du deinen Teil dazu bei, indem du deine Meinung einbringst und an gemeinsamen Lösungen mitarbeitest. Denk daran, dass ein möglichst umfangreiches Wissen zur Nachhaltigkeit ein Schlüsselelement für den Erfolg deiner Tätigkeit ist.

16 – Bildung für nachhaltige Entwicklung fördern

Fördere nachhaltige Bildung, soweit es dir in deinem Umfeld möglich ist. Nachhaltigkeit muss in allen Bildungsbereichen verankert werden, um insbesondere die nächste Generation zu sensibilisieren und zu motivieren. Wissen über Nachhaltigkeit ist nicht nur für Erwachsene wichtig, sondern auch und gerade für Kinder und Jugendliche.

Bildung für nachhaltige Entwicklung (BNE) ist ein weiteres Schlüsselelement zu einer nachhaltigen Zukunft. Indem wir jungen Menschen die Notwendigkeit von Nachhaltigkeit in das Bewusstsein rücken (siehe Tipp 4 – *Bewusstsein schärfen*), ermuntern wir sie, selbst tatkräftig an der Gestaltung einer besseren Welt mitzuwirken.

Tipps:

- Unterstütze nachhaltige Bildungsprojekte in deiner Gemeinde (siehe auch Tipp 57 – *Mitmachen und gestalten*):
  - Setze dich als Förderer für Kinder und Jugendliche ein. Halte Vorträge in Schulen zur Methode und Anwendung von Nachhaltigkeit im Alltag.

- Stelle offene Fragen zum Thema Nachhaltigkeit in deinen Vorträgen und Diskussionsbeiträgen, um deine Zuhörer zum vertieften Nachdenken über Nachhaltigkeit anzuregen (siehe auch Tipp 2 – *Die Kraft der Fragen für mehr Nachhaltigkeit*).

- Beteilige dich an der Bildungsarbeit von regionalen Organisationen und Initiativen im Bereich Nachhaltigkeit:
  - Spende an eine Organisation, die Bildungsprojekte im Bereich Nachhaltigkeit unterstützt.
  - Beteilige dich an der Erwachsenenbildung in deiner Kommune, um Wissen über Nachhaltigkeit zu verbreiten. Beispielsweise durch Vorträge und Präsentationen zur Notwendigkeit von Nachhaltigkeit in Volkshochschulen oder dem Gemeinderat.

- Sprich mit Politikern und Entscheidungsträgern in deiner Region über die Bedeutung von nachhaltiger Bildung (siehe auch Tipp 71 – *Politisches Engagement für Nachhaltigkeit*):
  - Schreibe einen Brief an deinen Abgeordneten und fordere mehr Engagement für nachhaltige Bildung. Fordere insbesondere nachhaltige Bildung bereits in der Grundschule.

- Du könntest einen Workshop zum Thema Upcycling (siehe auch Tipp 39 – *Aus Alt mach Neu*) oder einem anderen wichtigen Nachhaltigkeitsthema in deiner Nachbarschaft anbieten.

Bringe deiner Familie und deinen Freunden die Bedeutung von Nachhaltigkeit anhand von hilfreichen Anwendungen im Alltag näher. Das kannst du ganz praktisch mit deinen Projekten und Verhaltensänderungen in deinem Haushalt deutlich machen (siehe auch *Kreislaufwirtschaft leben*).

Jeder Mensch (auch du) hat die Fähigkeit, Bildung für nachhaltige Entwicklung zu fördern. Beachte vorhandene Ängste vor öffentlichen Auftritten nicht und nutze stattdessen die Kraft der Überzeugung auf Grundlage des erarbeiteten Wissens zu Nachhaltigkeit (siehe Tipp 6 – *Gedanken entschärfen*). Indem wir unser Wissen teilen und andere mit unserem Beispiel begeistern, tragen wir dazu bei, dass Bildung für eine nachhaltige Entwicklung in den Köpfen und Herzen unserer Mitmenschen verankert wird.

17 – Multiplikator für Nachhaltigkeit

Teile dein Wissen mit anderen Menschen, um ein Multiplikator zu werden und eine nachhaltige Zukunft mitzugestalten. Gib dein erworbenes Wissen zur Nachhaltigkeit weiter und rege damit Menschen in deinem Umfeld zu einem nachhaltigeren Lebensstil an. Dabei helfen dir auch kleine psychologische Tricks wie die neurolinguistische Programmierung (siehe Tipp 2 – *Die Kraft der Fragen für mehr Nachhaltigkeit*). Du musst dabei auch nicht perfekt sein und kannst verschiedene Dinge einfach ausprobieren und solange verändern, bis sie für dich passen.

Wie werde ich Multiplikator für Nachhaltigkeit?

- Gib dein Wissen und deine Fähigkeiten zur Nachhaltigkeit an Freunde, Familie und Kollegen weiter, ohne aufdringlich zu sein und ohne eine Gegenleistung zu erwarten. Ausnahme davon ist, wenn du wie ich im Bereich Nachhaltigkeit beruflich tätig bist. Dann musst du von deinen Geschäftskunden natürlich ein auskömmliches Honorar einfordern, sonst wäre dein Einsatz nicht nachhaltig (denke an die wirtschaftliche Säule der Nachhaltigkeit). Natürlich kannst du in diesem Fall auch daneben dein Wissen ehrenamtlich weitergeben.

- Beteilige dich an der Bildungsarbeit zu Nachhaltigkeitsthemen. Auch du kannst als Dozent und Coach andere Menschen an das Thema heranführen. Vielleicht wäre das sogar eine neue berufliche Herausforderung und Chance für dich? (siehe Tipp 66 – *Tipps für Gründer*)
- Teile bereitwillig deine praktischen Erfahrungen zur Nachhaltigkeit aus deinem Alltag in Onlineplattformen und sozialen Netzwerken (siehe auch Tipp 72 – *Vernetzen und verändern*).
- Unterstütze Initiativen, die Wissen über Nachhaltigkeit verbreiten. Es gibt beispielsweise verschiedene Wikis zum Thema Nachhaltigkeit (z. B. weltladen.de, HOCH-N-Wiki, Lexikon der Nachhaltigkeit), an denen du mitarbeiten kannst.
- Schreibe einen Blog über deine Erfahrungen mit Nachhaltigkeit und / oder gib einen Newsletter dazu heraus. Wenn du eine eigene Website aufbaust (siehe Tipp 73 – *Deine Nachhaltigkeitswebsite*) kannst du den Blog dort öffentlichkeitswirksam einbinden und dein (mit der Zeit immer größer werdendes) Netzwerk regelmäßig über deine Wissenszuwächse informieren.
- Halte Vorträge, Seminare, Webinare und Workshops zu Nachhaltigkeitsthemen (Seminare von und mit mir findest du u. a. beim GIH-Bayern e. V.).
- Erstelle selbst Videos, Tutorials[5] und Präsentationen, um deine Ideen zu verbreiten. Das funktioniert mit jedem gängigen Office-Programm. Tutorials dazu findest du im Inter-

---

[5] Tutorials sind Gebrauchsanweisungen (meist in digitaler Form). Sie vermitteln Wissen, erklären ein Konzept oder zeigen einem, wie man etwas bestimmtes macht.

Wissen teilen, Zukunft gestalten 73

net, z. B. bei YouTube. Stelle diese Medien zum kostenlosen Download auf eine spezielle Seite deiner Website und informiere dein Netzwerk mit Beiträgen aus deinem Blog.
- Schaffe Aufmerksamkeit für die Notwendigkeit von Nachhaltigkeit in deinem Netzwerk, beispielsweise für nachhaltige Ressourceneffizienz, um ein Bewusstsein für den verantwortungsvollen Umgang mit Ressourcen zu schaffen (siehe Tipp *4 – Bewusstsein schärfen*).
- Schreibe selbst ein Buch zum Thema oder zu einem speziellen Gesichtspunkt der Nachhaltigkeit, für den du dich besonders interessierst. Anleitungen zum Schreiben von Büchern und wie du sie dann (kostenlos) publizieren kannst, findest du über jede Suchmaschine.

Wir sind alle Vorbilder für unser persönliches Umfeld. Indem wir selbst versuchen, nachhaltig zu leben, regen wir andere dazu an, es uns gleichzutun und setzen damit eine Kettenreaktion in Gang. Das funktioniert unabhängig davon, ob wir es beabsichtigen oder nicht. Es ist erstaunlich, wie viel Einfluss wir auf unser Umfeld haben. Jeder Mensch kann zum Multiplikator für Nachhaltigkeit werden. Es braucht keine großen Taten, sondern oft nur kleine Veränderungen in unseren Gewohnheiten und die Verbreitung von erprobtem Wissen und Fähigkeiten. Mit der Veränderung unseres Konsumverhaltens haben wir dazu einen idealen Einstiegspunkt.

Konsum und Ernährung

Es ist für uns alle eine tägliche Herausforderung, mit den Auswirkungen unseres üblichen Konsumverhaltens klarzukommen. Immer wieder hält es uns davon ab, das wirklich Wichtige in unserem Leben bewusst zu tun. Wir verwechseln Glück mit Besitz und kaufen viele Produkte, die in keiner Weise unseren Werten entsprechen.

In einer Welt, die von einem schier endlosen Überfluss an Produkten und deren Anwendung in unserem Alltag geprägt ist, gewinnt das Sprichwort „Weniger ist mehr" eine besondere Bedeutung. Unser Konsumverhalten hat direkten Einfluss auf die Umwelt, das Klima, die Gesellschaft und letztlich auch auf unser eigenes Wohlbefinden. Die Vorstellung, dass Qualität, Zufriedenheit und Nachhaltigkeit mit einem verringerten Konsum in Verbindung stehen, findet bei immer mehr Menschen wie dir und mir Zustimmung. Dagegen steht die schon fast zwanghafte Forderung vieler Politiker nach immer mehr wirtschaftlichem Wachstum. Immer mehr produzieren, immer mehr verbrauchen, immer mehr wegwerfen. Wohin soll dies führen? Sicher nicht auf den Pfad zur Nachhaltigkeit.

Doch der ständige Drang nach Neuem, Billigerem, Schnellerem – nicht zuletzt getrieben von Werbung und Influencern – hinterlässt bei jedem von uns deutliche und unübersehbare Spuren. Berge von Müll, schwindende Ressourcen und eine Umwelt, deren Belastungsfähigkeit an ihre Grenzen gekommen ist, sind die traurige Bilanz. Der Earth Overshoot Day, der Tag, an dem wir die Ressourcen für ein Jahr aufgebraucht haben, liegt jedes Jahr etwas früher. Ein ausferndes Konsumverhalten belastet nicht nur unsere Ressourcen und die Umwelt, sondern kann auch zu finanzieller Not, Unsicherheit und Stress bei uns führen. Das Streben nach immer neuem Besitz lenkt uns von den wahren Werten des Lebens ab, von den zwischenmenschlichen Beziehungen, dem persönlichen Wachstum und der Selbsterkenntnis.

Das Sprichwort „Weniger ist mehr" ruft uns aus dem Blickwinkel der Nachhaltigkeit zu einer bewussteren und werteorientierten Art des Konsums auf. Anstatt uns von kurzfristigen Strömungen und der Werbung leiten zu lassen, sollten wir uns also ernsthaft fragen, was für uns wirklich wichtig ist. Die Verringerung von materiellem Überfluss eröffnet Raum für Kreativität, Achtsamkeit und Entdeckungen jenseits des Konsums. Es ermutigt uns, bewusster und gezielter auszuwählen, was wir besitzen und wie wir unsere Ressourcen einsetzen.

Wenn wir uns von der Vorstellung lösen können, dass unser Glück und unsere Persönlichkeit von materiellem Besitz abhängen, können wir ein erfüllteres und nachhaltigeres Leben führen. Denn „Weniger ist mehr" bedeutet nicht Verzicht, sondern eine bewusste Wahl. Es geht darum, Wert auf Beständigkeit statt auf Menge zu legen, nachhaltige Produkte zu bevorzugen und immer wieder bewusst zu hinterfragen, was wir wirklich benötigen und was nicht.

18 – Weniger ist mehr

Als ich mit den ersten Entwürfen für diesen Themenbereich begann, entstand bei mir die Ahnung, dass ich eigentlich viel weniger brauche, als ich bisher dachte und es gewohnt bin. Viele Kaufwünsche von mir entstanden (und entstehen immer noch) durch die allgegenwärtige Werbung, durch Vergleiche mit anderen Menschen und deren Konsum nach dem Motto: „mein Haus, mein Pferd, mein Auto, ..."

Manchmal denke ich, wir alle sind Sklaven der Konsumgesellschaft und haben keinen eigenen Willen mehr, uns gegen die ununterbrochenen Kaufaufforderungen zu behaupten.

Doch das ist nicht so. Wir sind immer noch Herr unserer Entscheidungen, wenn wir das wollen. Wenn wir erst überlegen, ob wir ein Produkt oder eine Dienstleistung wirklich brauchen, bevor wir reflexartig einen Kauf tätigen, würde diese Entscheidung bewusster gefällt werden.

Sieh dich doch mal in deiner Wohnung, deinem Büro oder in deinem Haus um. Brauchst du wirklich alles, was da so rumliegt, dir im Weg steht, viel Energie verbraucht, oft geputzt werden muss und dir den Blick auf das Wesentliche verstellt?

> **Tipp**
>
> Leg das Buch mal kurz zur Seite und gehe bewusst und aufmerksam durch deine Räume (Wohnung, Haus, Büro). Sieh dich dabei neugierig und interessiert um, so als wärst du das erste Mal dort. Mach das so lange, bis du drei Dinge gefunden hast, die du nie oder nur sehr selten verwendest.

Ich bin sicher, du findest diese ersten drei Dinge, die du gar nicht brauchst in recht kurzer Zeit. Gibt es vielleicht jemand, dem du diese für dich unnützen Dinge schenken kannst? (siehe Tipp 26 – *Nachhaltige Geschenke*) Kannst du die Sachen vielleicht für etwas anderes brauchen? (siehe Tipp 39 – *Aus Alt mach Neu*) Das wäre nicht nur nützlich für dich, sondern damit hättest du bereits auch einen ersten Beitrag zur Abfallvermeidung und Nachhaltigkeit in deinem Haushalt geleistet.

Ausleihen ist eine gute Alternative zum Besitzen. Insbesondere Werkzeuge musst du dir nicht immer selbst kaufen (siehe Tipp 37 – *Die richtigen Werkzeuge*). Viele Spezialwerkzeuge, die du nur selten brauchst, kannst du dir auch ausleihen. Von deinen Nachbarn vielleicht sogar umsonst, ansonsten gegen eine meist kleine Gebühr bei entsprechenden Verleihunternehmen.

Konsum und Ernährung 79

> **Tipp**
> Übe Einfachheit. Verringere deine Besitztümer auf das Wesentliche. Mach dir eine Einkaufsliste und kaufe wirklich nur das, was auf der Liste steht. Frage dich vor jedem Kauf: „Brauche ich das wirklich, oder will ich das nur?" Weniger Konsum bedeutet weniger Ressourcenverbrauch und weniger Abfall. Weniger Konsum macht dein Leben zudem übersichtlicher, zufriedener und nachhaltiger.

Oftmals werden zur Umstellung zwischen den Jahreszeiten, sei es von Sommer zu Winter oder umgekehrt, im Haushalt eine Menge Kleidungsstücke ausrangiert und entsorgt, um Platz für neue Produkte zu schaffen. Ein bewusster Ansatz kann hier zu erheblichen Vorteilen führen. Nehmen wir z. B. den Kauf von neuen Winterstiefeln im April oder Mai anstatt im September oder Oktober. Durch solch einen antizyklischen[1] Kauf kannst du häufig mehr als die Hälfte des normalen Kaufpreises sparen und vermeidest unüberlegte Spontankäufe.

Dabei wird nicht nur dein Geldbeutel entlastet, sondern auch die Ressourcen geschont und unnötige Abfälle vermieden. Diese Strategie eröffnet dir die Möglichkeit, hochwertige Produkte zu einem Bruchteil des ursprünglichen Preises zu erwerben und gleichzeitig einen Beitrag zur Müllvermeidung zu leisten (siehe Tipp *28 – Müll vermeiden*). Noch vorhandene und nicht verkaufte Schuhe wären wahrscheinlich im Müll gelandet, um Platz für die Sommerkollektion zu schaffen. Die Massenproduktion von Kleidung und anderen Waren verursacht oft erhebliche Mengen an Treibhausgasen und Ressourcenverbrauch. Durch den gezielten antizyklischen Kauf trägst

---

[1] Antizyklisches Kaufverhalten bedeutet, dass du gegen den Konsumstrom schwimmst und Produkte oder auch Dienstleistungen kaufst, wenn sie nicht besonders gefragt sind.

du dazu bei, den Druck auf die Produktions- und Lieferketten zu mindern – wahrlich nachhaltig.

Ein bewussteres Konsumverhalten zeigt nicht nur deine finanzielle Klugheit, sondern auch deinen Einsatz für eine nachhaltigere Welt. Wenn viele so handeln, ermutigt es Händler, ihre Überproduktion zu verringern und nachhaltigere Produktionspraktiken einzuführen. Also, bevor du deine Garderobe oder deinen Haushalt aufrüstest, denk daran, die Vorteile der antizyklischen Schnäppchen zu nutzen und bewusst auf deren langfristige Wirkung zu setzen.

Tipp Capsule Wardrobe: Eine sogenannte Kapselgarderobe ist ein bewusst einfaches Konzept für den Kleiderschrank. Dabei wird die Anzahl der Kleidungsstücke so weit wie möglich verringert, um einen Kleidungsbestand zu schaffen, der aus wenigen, aber vielseitig kombinierbaren Teilen besteht:

- Anstatt einen überfüllten Kleiderschrank zu haben, konzentrierst du dich auf eine kleine Auswahl an Kleidungsstücken, die miteinander harmonieren (Farben, Outfit).
- Die ausgewählten Stücke sollten hochwertig sein und lange halten, umso weniger oft aussortiert und nachgekauft werden zu müssen.
- Jedes Teil sollte sich mit mehreren anderen Teilen kombinieren lassen, um eine Vielzahl an Outfits gestalten zu können.
- Der Schwerpunkt deiner Kleidungsstücke liegt auf zeitlosen Stücken, die über mehrere Jahre hinweg getragen werden können.

Dein Kleiderschrank wird übersichtlicher, die tägliche Auswahl der Kleidungsstücke wird einfacher und du sparst dir eine Menge Geld sowie Ressourcen. Die aussortierten Kleidungsstücke kannst du als Kleiderspende weitergeben. Andere Teile kannst du vielleicht einem anderen Zweck zuführen und damit das Rad des nachhaltigen Kreislaufs weiterdrehen (siehe Tipp *39 – Aus Alt mach Neu*).

Weniger ist mehr. Ein bewusster Konsum macht dich nicht nur glücklicher, sondern schont auch die Umwelt und deinen Geldbeutel. Indem du dich von unnötigen Dingen trennst und auf Qualität setzt, lebst du nachhaltiger und freier.

19 – Gebraucht ist das neue Neu

Es kommt vor, dass wir etwas wirklich (dringend) brauchen, das aber nicht unbedingt neu sein muss. Das fängt bei Werkzeugen an und hört bei Mobiltelefonen, Computern und Kleidung auf. Oft sind gebrauchte Dinge auch hochwertiger als die übliche neue Billigware aus Asien. Gebrauchte Artikel findest du in Secondhandshops, auf Onlineplattformen wie eBay und natürlich auch auf Flohmärkten. Auf Letzteren kannst du auch noch mit den Händlern ratschen und nach Kräften feilschen, was dir Spaß machen wird. Natürlich kannst du dort auch die Sachen verkaufen, die du vorhin in deiner Wohnung gefunden hast und die dir eigentlich nur im Weg rumstehen. Probiere es doch mal aus, sie nutzbringend weiterzugeben.

Stichwort *refurbished*[2]: Seien wir ehrlich, viele von uns – mich eingeschlossen – haben eine gewisse Abneigung zum Kauf gebrauchter Waren. Sind sie wirklich einwandfrei? Wurden sie gereinigt und desinfiziert? Es gibt sicherlich auch schwarze Schafe im Gebrauchtwarenmarkt. Auch hier gilt es

---

[2] *Refurbished* ist ein englischer Begriff, der in etwa mit generalüberholt oder wiederaufbereitet übersetzt werden kann.

genau hinzusehen. Dann aber spricht nichts gegen gebrauchte Artikel und denk auch daran, dass du damit auch einen Beitrag zur Müllvermeidung leistest. Natürlich kannst du deine gebrauchten Dinge, die du nicht mehr brauchst (z. B. die Kleider, die du vorhin aussortiert hast) und die in einem guten Zustand sind, auch verkaufen.

Tipps für den Verkauf:

- Mach hochwertige Fotos von allen Seiten des Produkts, das du verkaufen möchtest. So kannst du es ansprechend auf deinen Social-Media-Seiten oder deiner Website vorstellen (siehe auch Tipp 73 – *Deine Nachhaltigkeitswebsite*).
- Beschreibe den Zustand des Produkts ehrlich und umfassend.
- Setze einen marktüblichen und fairen Preis fest, indem du dich an ähnlichen Angeboten orientierst.
- Verpacke deine Produkte sorgfältig und versende sie versichert.
- Nutze Plattformen wie die Kleinanzeigen bei eBay, Facebook Marketplace oder spezielle Secondhandplattformen (siehe auch Tipp 62 – *Siegel für Nachhaltigkeit*), die deine gebrauchten Produkte gerne kaufen.

Wenn du so vorgehst, sparst du dir eine Menge Ärger, verdienst etwas Geld dabei und hast ein gutes Gefühl beim Verkauf.

Tipps für den Kauf:

- Recherchiere und informiere dich über den Verkäufer und das Produkt (z. B. über Bewertungen oder Gütesiegel).
- Achte auf eine Garantie oder ein Rückgaberecht.
- Überprüfe das Produkt sofort nach dem Kauf sorgfältig auf Mängel.

Nachfolgend liste ich eine kleine und höchst unvollständige Auswahl an Anbietern von gebrauchten Waren auf, die offensichtlich Wert auf die Qualität ihrer Produkte legen. Bei den meisten der Anbieter kannst du deine gebrauchten Sachen auch verkaufen.

- **Elektronik**
  - Back Market
    - Schwerpunkt: Elektronik (Smartphones, Laptops, Tablets).
    - Besonderheit: Back Market garantiert, dass jedes Gerät überprüft wird und hundertprozentig funktioniert. Bietet eine große Auswahl an Refurbished-Geräten an.
  - Rebuy
    - Schwerpunkt: Elektronik, Smartphones, Tablets, Bücher, Konsolen, Kameras und MacBooks.
    - Besonderheit: Rebuy möchte zur Kreislaufwirtschaft beitragen und übernimmt selbst das Refurbishment. Dazu bieten sie eine extra lange Garantie von 3 Jahren.
  - Certified Refurbished (Refurbishedstore)
    - Schwerpunkt: Apple-Produkte, Laptops, Tablet, Computer.
    - Besonderheit: Die Produkte werden in die Klassen A–C einsortiert und mit 3–5 Sternen ausgezeichnet. Die Garantie beträgt beachtliche 3 Jahre.
- **Bücher und Medien**
  - Momox
    - Schwerpunkt: Bücher, Filme, Musik, Games, Kleidung.

- Besonderheit: einfache Abgabe von alten Medien über App und Kauf von gebrauchten Artikeln. Momox ist eine gute Option für alle, die ihre Bücher- und Mediensammlung verkleinern möchten.
- Booklooker
  - Antiquarische und gebrauchte Bücher kaufen und verkaufen. Dort habe ich auch schon etliche Science-Fiction-Romane gefunden, die neu nicht mehr zum Kaufen waren.
- Rebuy (siehe Elektronik).

- **Mode & Accessoires**
  - Vinted (früher Kleiderkreisel),
  - Second Life Fashion,
  - Momox: siehe „Bücher und Medien",
  - Vestiaire Collective: sieht sich als Teil der Circular-Fashion-Bewegung[3].

- **Diverses**
  - eBay
    - Schwerpunkt: vielfältige Produkte von Privatpersonen und Händlern.
    - Besonderheit: große Auswahl, lokale Abholung möglich. Achte jedoch darauf, die Verkäufer sorgfältig auszuwählen.

Diese kleine Auswahl von Anbietern und Ankäufern gebrauchter und wiederaufbereiteter Produkte zeigt, wie groß

---

[3] Wiederverwendungskultur in der Mode. Konzentriert sich auf die Verlängerung der Lebensdauer von Modeprodukten und die Wiederverwendung von Materialien.

dieser Markt inzwischen geworden ist. Du findest mit einer kleinen Stichwortsuche sicherlich weitere für dich geeignete Anbieter und kannst meine kleine Liste dann ergänzen. Verlass dich also nicht auf meine Liste, sie soll dir nur als Orientierung dienen, sondern prüfe selbst und kritisch! Manche Plattformen bezeichnen Produkte mit deutlichen Gebrauchsspuren als „wie neu". Informiere dich also vor dem Kauf eingehend. Was bei mir funktioniert hat, kann bei dir ein Flopp werden.

Der Kauf und Verkauf von gebrauchten Produkten ist alles in allem eine großartige Möglichkeit, um nachhaltiger zu leben und eine Menge Geld zu sparen. Indem du gebrauchte Produkte kaufst und eigene, die du nicht mehr brauchst, verkaufst, förderst du eine Kreislaufwirtschaft und trägst damit dazu bei, Ressourcen und die Umwelt zu schonen.

20 – Regional und saisonal einkaufen

Deine bestimmt schon vorhandene Leidenschaft für den Kauf von Produkten aus deiner Region – neu oder gebraucht – trägt zur Förderung der Nachhaltigkeit in unserem Konsumverhalten bei. Viele Menschen neigen bereits heute grundsätzlich dazu, Regionalprodukte zu wählen. Sei es aus Verbundenheit zu ihrer Heimat, sei es aus Tradition oder aus dem Bewusstsein durch geringe Transportwege die Umweltbelastung gering zu halten. Dieses Verhalten können wir als Multiplikatoren für Nachhaltigkeit gezielt unterstützen (siehe Tipp *17 – Multiplikator für Nachhaltigkeit*). Es gibt viele Gründe, die für den Bezug von Regionalprodukten im Zusammenhang mit Nachhaltigkeit sprechen und die wir in unserem Netzwerk bekannt machen können.

Vorteile von regionalem und saisonalem Konsum:

- Frisches und reifes Obst und Gemüse schmeckt einfach besser. Eine Tomate, die am Strauch rot werden darf und nicht als grüne und unreife Frucht um die halbe Welt geschickt wird, hat einen unvergleichlich fruchtigen, süßen und aromatischen Geschmack. Dazu kommt noch, dass natürlich gereiftes Obst und Gemüse nährstoffreicher ist.
- Kürzere Transportwege bedeuten natürlich auch weniger Treibhausgasemissionen und weniger Verpackungsmüll.
- Mit unserem gezielten Konsum von Produkten aus der Region stärken wir die lokale Wirtschaft, Handwerk und Landwirtschaft nachhaltig (siehe auch Tipp *67 – Regionale Wertschöpfung*). Mit steigender Nachfrage werden diese Unternehmen in unserer Region auch widerstandsfähiger und stabiler. Dies wiederum führt zu zusätzlichen Arbeitsplätzen und zu einer erhöhten Wertschöpfung in der Region.
- Die Auswirkungen von nachhaltigen Regionalkonzepten liegen auf der Hand. Ein solcher Ansatz verlangsamt die Abwanderung von Menschen aus ländlichen Regionen. Junge Familien fühlen sich eher dazu ermutigt, sich auf dem Land anzusiedeln, und tragen somit dazu bei, dass die Gemeinden die notwendige Infrastruktur bereitstellen und aufrechterhalten können. Davon haben alle Menschen der jeweiligen Region einen Vorteil.
- Bei regionalen Produkten hast du oft mehr Klarheit zur Art der Tierhaltung. Du kannst bei dem Landwirt, in dessen Hofladen du Gemüse, Obst und auch Fleisch kaufst, direkt nachfragen und oft auch einen Blick in den Stall werfen (siehe auch Tipp *24 – Tierwohl am Teller*).

So findest du regionale Produkte:

- Wochenmärkte: Hier findest du eine große Vielfalt an frischen Produkten direkt vom Erzeuger.

Konsum und Ernährung 87

- Hofläden: Viele Bauernhöfe bieten ihre Produkte direkt zum Verkauf an.
- Supermärkte: Auch Supermärkte bieten zunehmend Regionalprodukte an. Hier hilft auch mal eine gezielte Nachfrage.
- Nutze spezielle Nachhaltigkeits-Apps, die dir zeigen, wo du bestimmte Regionalprodukte in deiner Umgebung kaufen kannst (siehe Tipp 43 – *Digitalisierung und Nachhaltigkeit*).
- Gemeinschaftsgärten: Beteilige dich an einem Gemeinschaftsgarten und ernte dein eigenes Gemüse (siehe auch Tipp 55 – *Mehr als nur Konsument*).
- Onlineplattformen: Nutze regionale Onlinemarktplätze, um Produkte direkt vom Erzeuger zu beziehen.

Kürzere Lieferketten, die durch die Direktvermarktung landwirtschaftlicher Erzeugnisse über Hofläden und Märkte entstehen, ermöglichen kostengünstige Preise und verringern gleichzeitig den Energie- und Treibstoffverbrauch. Neben diesen praktischen Vorteilen erfüllen insbesondere die vielfältigen Wochenmärkte auch eine soziale Funktion. Sie schaffen Begegnungsräume, ermöglichen den Austausch zwischen Menschen und fördern soziale Kontakte. Wir kommen wieder mehr in Kontakt!

Vor diesem Hintergrund empfehle ich dir, verstärkt auf Regionalprodukte zu setzen und diese im eigenen Netzwerk, bei Verwandten und Bekannten aktiv zu bewerben (siehe auch Tipp 72 – *Vernetzen und verändern*). Dadurch werden alle drei Säulen der Nachhaltigkeit in deiner unmittelbaren Umgebung unterstützt. Deine Kaufentscheidungen tragen so nicht nur zu einer wirtschaftlich stabilen Region bei, sondern haben auch positive Auswirkungen auf die Umwelt und das gegenseitige Verständnis innerhalb der Gemeinschaft.

Tipps für Regionalprodukte:

- **Frisches Obst und Gemüse:**
  - Äpfel von Streuobstwiesen als gesunder Snack, für Apfelkuchen und selbstgemachten Apfelsaft (siehe Tipp 36 – *Selbermachen statt kaufen*). Dadurch wird auch die Artenvielfalt in der Region gestärkt (siehe auch Tipp 67 – *Regionale Wertschöpfung*).
  - Obst- und Gemüsesäfte: Viele, auch kleine Betriebe stellen leckere Säfte aus regionalem Obst her. Frag in deiner Gemeindeverwaltung nach, oft liegen dort entsprechende Angebote aus.
  - Besorge dir einen *Saisonkalender für Obst und Gemüse* aus deiner Region. Unter diesem Stichwort wirst du im Internet schnell fündig.
- **Brot und Backwaren:** Viele Bäcker bieten regionales Brot und Brötchen aus heimischem Getreide an. Oft bekommst du dort auch Backwaren vom Vortag zu einem deutlich geringeren Preis. Vieles davon schmeckt genauso lecker wie am Vortag und gerade Brötchen (bayerisch Semmeln) müssen sogar altbacken sein, um sie zu Knödelbrot oder Semmelbröseln (Paniermehl) verarbeiten zu können (siehe auch Tipp 32 – *Genuss ohne Verschwendung*) oder in die leckere bayerische Spezialität Semmelnudeln (Arme Ritter) umgewandelt zu werden.
- **Milch und Milchprodukte:** Regional erzeugte Milchprodukte sind oft hochwertiger, geschmackvoller und unterstützen zudem die lokale Landwirtschaft. Es gibt auch bei dir sicher etliche regionale Gütesiegel, auf die du achten könntest.
- **Eier:** Frische Eier von Hühnern aus Freiland- oder Biohaltung erhältst du sicher auch in deiner Region.

- **Fleisch und Wurstwaren:** Regionales Fleisch und Wurstwaren stammen oft von landwirtschaftlichen Betrieben, deren Tieren unter artgerechten Bedingungen aufgewachsen sind (siehe auch Tipp *24 – Tierwohl am Teller*). Auch hier gilt: genau hinsehen und nachfragen!
- **Honig:** Regionaler Honig ist nicht nur lecker, sondern unterstützt auch die heimische Bienenhaltung und damit auch die Pflanzenvielfalt.
- **Wein und Bier:** Regionale Weine und Biere kleiner Landbrauereien sind einzigartig im Geschmack und unterstützen die lokale Brau- und Weinkultur mit vielen Arbeitsplätzen.
- **Handwerkliche Produkte:** Regionale Handwerker bieten selten gewordene und hochwertige Produkte wie Keramik, Holzwaren, Kleidung, Werkzeuge oder Schmuck an.

Indem du dich für regionale und saisonale Produkte entscheidest, trägst du zu einer nachhaltigeren Zukunft bei. Du unterstützt lokale Landwirte und Betriebe, schützt die Umwelt und genießt gleichzeitig köstliche Lebensmittel.

21 – Nachhaltige Lebensmittel

Was macht ein Lebensmittel nachhaltig? Neben regionaler Herkunft und saisonaler Verfügbarkeit spielen viele weitere Faktoren eine Rolle. Ich mache das für mich daran fest, ob die Lebensmittel mit geringem Energieaufwand, wenig Abfällen, wenig Treibhausgasemissionen und unter fairen Arbeits- und Produktionsmethoden erzeugt und mit wenig oder noch besser gar keiner Verpackung verkauft werden.

Du wendest jetzt wahrscheinlich ein, dass ich diese Nachhaltigkeitskriterien normalerweise gar nicht feststellen oder überprüfen kann. Das ist grundsätzlich schon richtig. Auch wenn ich den einen oder anderen Produzent von Lebensmitteln aus meiner Region kenne, habe ich doch weder die Fachkenntnisse noch die Zeit für diese Überprüfungen. Hier verlasse ich mich auf (regionale) Gütesiegel, denen ich (nicht bedingungslos) vertraue (siehe Tipp 62 – *Siegel für Nachhaltigkeit*).

In Summe kann nach meinem Verständnis ein Lebensmittel dann als nachhaltig bezeichnet werden, wenn es die folgenden Merkmale bei Produktion und Verarbeitung erfüllt:

Produktion

- Weitgehender Verzicht auf Pflanzenschutzmittel und künstlichen Dünger, schonende Bodenbearbeitung, Förderung der Artenvielfalt (Biodiversität).
- Geringer Wasserverbrauch bei Herstellung und Produktion.
- Artgerechte Haltung von Nutztieren, insbesondere Verzicht auf Anbinde- und Käfighaltung und Verzicht auf Massentierhaltung.
- Faire Arbeitsbedingungen und Löhne für die Landwirte und die Beschäftigten der verarbeitenden Betriebe.
- Bevorzugt regionale Herstellung mit kurzen Transportwegen, um CO_2-Emissionen zu reduzieren.

Verarbeitung

- Ressourcenschonende Verarbeitung mit Schwerpunkt auf einem möglichst geringen Energie- und Wasserverbrauch sowie Abfallvermeidung.
- Zusatzstoffe wie Konservierungsstoffe, Aromen und Farbstoffe sollten weitgehendst nicht enthalten sein.
- Verwendung von wiederverwendbaren Materialien und Vermeidung von unnötigem Verpackungsmaterial.
- Weitgehender Verzicht auf Plastikverpackungen.

Konsum und Ernährung

> **Tipp**
>
> Mach dir doch selbst eine Liste von Merkmalen, die für dich erfüllt sein müssen, um ein nachhaltiges Lebensmittel zu erkennen. Du kannst ja meine Liste als Vorlage verwenden.

Unter Berücksichtigung der genannten Merkmale erfüllen die folgenden Lebensmittel für mich dann die Anforderungen, um als nachhaltig zu gelten, wobei dies nur meine persönliche Auswahl ist.

Obst und Gemüse

- Äpfel, Birnen, Beeren, Kartoffeln, Karotten, Blattgemüse, Kohl, Kräuter und immer mehr auch Tomaten und Paprika aus regionaler Erzeugung. Durch die steigenden Temperaturen aufgrund des fortschreitenden Klimawandels ist nun auch in Mitteleuropa die Produktion mediterraner Gemüse- und Obstsorten wirtschaftlich möglich. Sollen wir uns darüber freuen?
- **Tipp:** Nach Möglichkeit auf Bioqualität achten, um Pflanzenschutzmittel und Düngemittel zu vermeiden, die ebenfalls CO_2-Emissionen verursachen und gesundheitlich bedenklich sind.

Hülsenfrüchte und Getreide

Sowohl Hülsenfrüchte als auch Getreide sind gute Eiweißlieferanten und haben eine gute CO_2-Bilanz.

- Beispiele: Linsen, Bohnen, Erbsen, Reis, Nudeln.
- **Tipp:** Koche die Hülsenfrüchte und das Getreide selbst, anstatt sie fertig zu kaufen. Damit vermeidest du Verpackungsmüll. Übrigens, die alte Getreidesorte Emmer wird auch wieder angebaut, sie ist sehr gesund und lecker.

Nüsse und Samen

- Nüsse und Samen sind eine gute Quelle für Energie und gesunde Fette.
- Beispiele: Walnüsse, Haselnüsse, Sonnenblumenkerne, Kürbiskerne, Leinsamen, Hanfsamen.
- **Tipp:** Ungesalzene Nüsse verwenden, das ist wesentlich gesünder und besser für die schlanke Linie. Röste Samen ohne Fett und streue sie über Salate und Suppen.

Fisch

- Fisch aus nachhaltiger Fischerei hat eine bessere CO_2-Bilanz als Fisch aus konventioneller Fischerei, ist dem Tierwohl verpflichtet und Süßwasserfische sind meist auch regional erhältlich.
- Beispiele: Forelle, Renke (Felche), Karpfen, Hecht, Hering, Makrele.
- **Tipp:** Achte auf das MSC-Siegel (siehe Tipp *62 – Siegel für Nachhaltigkeit*), das eine nachhaltige Fischerei auszeichnet.

Milchprodukte

- Milchprodukte haben einen hohen CO_2-Fußabdruck, insbesondere durch die Methanemissionen der Kühe (ca. 5 t CO_2-Äquivalente pro Jahr und Kuh) und den relativ hohen Energiebedarf für das Melken, die Stallwirtschaft und die ganze Folgeproduktion sowie die Transporte oft quer durchs ganze Land.
- **Tipp:** Milchprodukte nur in Maßen konsumieren und dabei nach Möglichkeit Bioprodukte aus der Region wählen. Alternativen sind Pflanzendrinks wie Hafermilch, Sojamilch oder Mandeldrink.

Fleisch

- Fleisch hat einen sehr hohen CO_2-Fußabdruck (analog Milchprodukte) und ist auch in puncto Tierwohl oft kritisch zu hinterfragen.
- **Tipp:** Den Fleischkonsum reduzieren und stattdessen mehr vegetarische und vegane Gerichte (siehe Tipp 23 – *Vegan, vegetarisch, flexitarisch*) essen. Wenn es Fleisch sein soll, dann nach Möglichkeit Biofleisch aus der Region. Alternativen sind Fleischersatzprodukte aus Tofu oder Seitan

Weitere Tipps:

- Du kannst dir bei der Auswahl von nachhaltigen Lebensmitteln auch von einer App helfen lassen (siehe auch Tipp 43 – *Digitalisierung und Nachhaltigkeit*). Hier gibt es inzwischen ein relativ großes Angebot, wobei du darauf achten solltest, ob Nachhaltigkeit von der App absolut transparent dargestellt wird und (so weit wie möglich) umfänglich ist.
  - Neben kritischen Zutaten, dem Grad der Verarbeitung und der bei der Herstellung verursachten CO_2-Emissionen sollte auch ein Saisonkalender für Obst und Gemüse enthalten sein.
  - Die Herkunft, Transportwege und Verpackung sollten von der App thematisch behandelt und auch bewertet werden. Solche Apps können hilfreich sein, dein kritischer und aufmerksamer Blick darf jedoch auch hier nicht fehlen (siehe auch Tipp 5 – *Achtsamkeit im Alltag*).
- Lieferservices bieten zweifellos Vorteile, insbesondere für bestimmte Personengruppen. Allerdings werfen sie auch Fragen bezüglich Nachhaltigkeit auf. Themen wie Regio-

nalkonzept, Verpackungsmüll und Energieverbrauch durch Lieferdienste sollten zufriedenstellend vom Lieferanten gelöst sein, bevor der Service in Anspruch genommen wird. Ist dies für dich zufriedenstellend geklärt, spricht nichts dagegen einen Lieferservice zu beauftragen.

- Lieferservices sparen Zeit und ermöglichen es besonders in der Mobilität eingeschränkten und älteren Menschen, auch ohne weitere Unterstützung ihre Einkäufe zu tätigen und weitgehend selbstständig zu bleiben.
- Einige Lieferservices setzen auf regionale Produkte und kurze Lieferwege. Hier gilt es einfach sorgfältig auszuwählen.

22 – Einmachen und Einwecken wie bei Oma

Bei dem Wort „Einwecken" kommt bei mir eine Erinnerung aus Kindheitstagen zurück. Wenn wir zu Besuch bei meiner Oma waren, gab es zum Abschied immer Geschenke in Form von eingemachtem Obst und Gemüse und das zu jeder Jahreszeit. Da gab es Leckereien, auf die wir als Kinder ganz wild waren, wie die Erdbeermarmelade und das Johannisbeergelee. Das war so ein starker, fruchtiger und süßer Geschmack (Oma hat mit dem Zucker nicht gespart), dass wir es kaum erwarten konnten, uns damit die Brote zu streichen. Die Krönung war, wenn ich am Samstagmorgen vom Bäcker frische Semmeln geholt habe und wir daraus mit Butter und Marmelade von Oma ein Frühstück gemacht haben, das einfach sensationell war.

Es gab allerdings auch Einmachprodukte meiner Oma wie „grüne Tomaten" oder „Rhabarber-Erdbeer-Marmelade", die für uns Kinder schlicht ungenießbar waren und die wir standhaft verweigerten. Was meine Eltern daraus gemacht haben, kann ich nicht sagen, ich habe aber eine starke Vermutung.

Neben den selbst gemachten Marmeladen gab es auch eingemachtes Gemüse in fermentierter Form. Gewürzgurken, Mixed Pickles, besagte grüne Tomaten und viele andere Gläser mit selbst eingemachtem Gemüse stapelten sich jeden Herbst in unserer Speisekammer. Bis zum Frühjahr konnten wir von der haltbar gemachten Ernte des letzten Jahres kosten und uns auf den nächsten Sommer freuen. Eine Brotzeit (Vesper, Imbiss) im Winter mit eingelegtem Gemüse ist ein geschmacklicher Hochgenuss!

Als Erwachsener sind diese kindlichen Freuden (wie manche andere) bei mir schnell in den Hintergrund gerückt bzw. waren für viele Jahre völlig verschwunden. Doch seit ich mich mit dem Thema Nachhaltigkeit beruflich und zunehmend auch privat beschäftige, kommen diese Dinge wieder zurück in mein Bewusstsein (schau vielleicht noch mal zurück zu Tipp 4 – *Bewusstsein schärfen*).

Selbst eingewecktes, fermentiertes oder sonst wie haltbar gemachtes Obst und Gemüse enthält nur die Zutaten, die ich hineingebe und keinerlei Geschmacksverstärker, Farbstoffe, künstliche Aromen oder chemische Konservierungsstoffe. Gegenüber den vielen Zusatzstoffen in den meisten verarbeiteten Produkten, die ich im Supermarkt kaufe, ist hier die Zutatenliste absolut überschaubar und von mir kontrollierbar. Für fermentierten Rotkohl beispielsweise benötigst du neben dem Rotkohl nur Wasser und Salz! Ich erhalte ein weitgehend natürliches Lebensmittel, das für meine Gesundheit gut ist und absolut lecker schmeckt. So ist unser selbst gemachter Saft aus Holunder- und Aroniabeeren aus dem eigenen Garten und dem nahe gelegenen Wald unschlagbar lecker und eine wahre Vitaminbombe.

Dazu kommt, dass die Herstellung selbst Spaß macht und du viel über Lebensmittel lernst. Nahrung herzustellen, die noch dazu gesund ist, stellt doch eine der grundlegendsten Tätigkeiten unserer menschlichen Natur dar. Dieses Verhalten wird von unserem Bewusstsein entsprechend positiv bewertet und löst bei uns Glücksgefühle aus. Wir tun das Richtige, das spüren wir dabei ganz bewusst.

Tipp: Spaß und Genuss beim Konservieren
Das Konservieren wird in ein Erlebnis verwandelt, das Spaß macht. Lade Freunde und Familie ein, gemeinsam leckere Marmeladen zu kochen oder Gemüse einzulegen. Wann hast du das letzte Mal mit Familienmitgliedern oder Freunden zusammengesessen und dabei Obst oder Pilze geputzt oder Beeren von den Stielen gezupft? Dabei wird geratscht und Späßchen gemacht, manchmal sitzt auch eine stillschweigende Gemeinschaft beieinander und ist zufrieden, so wie es gerade ist. Danach werden die Ergebnisse der diesjährigen Ernte im Rahmen eines leckeren Essens verkostet und ihr könnt Pläne für die nächste Saison schmieden.

Warum also nicht selbst (wieder) zum Einmachglas greifen? Obst und Gemüse, das in unseren Breiten nur saisonal verfügbar ist, gibt es zur richtigen Jahreszeit in Hülle und Fülle und zu kleinem Preis. Dafür ist auch kein eigener Garten notwendig.

Tipps zum Konservieren von saisonalem Obst und Gemüse:
Es gibt sehr viele Methoden und mit entsprechenden Nachforschungen im Internet wirst du bestimmt die jeweils richtige Variante für dich herausfinden. Einige gängige Konservierungsmethoden habe ich – ohne Anspruch auf Vollständigkeit – nachstehend aufgeführt.

- **Einkochen:** Marmeladen, Gelees und Chutneys sind Klassiker unter den Konserven. Mit etwas Zucker, Zitronensaft und Gewürzen werden im Handumdrehen fruchtige Leckereien gezaubert, die das ganze Jahr über Freude bereiten.
- **Tiefkühlen:** Ob knackiges Gemüse, reifes Obst oder frische Kräuter – das Tiefkühlfach ist ideal, um saisonale Produkte haltbar zu machen. So genießen wir auch im Winter sonnenverwöhnte Johannisbeeren oder Brombeeren aus dem eigenen Garten oder selbstgepflückte Erdbeeren von einem regionalen Erdbeerfeld. Bei Gemüse ist meist ein kurzes Blanchieren und anschließendes Abschrecken in kaltem Wasser vor dem Einfrieren empfehlenswert.
- **Fermentieren:** Sauerkraut, Gurken und Kimchi (eigentlich auch Sauerkraut, nur etwas anders gewürzt) – fermentierte Lebensmittel sind nicht nur lecker, sondern auch gesund. Die Milchsäuregärung sorgt für eine natürliche Konservierung und bringt gleichzeitig probiotische[4] Kulturen hervor, die gut für die Darmflora sind. Wichtig ist hier, auf zwei Dinge zu achten:
    - Die richtige Salzkonzentration: 2 g Salz auf 1 l Wasser, dann funktioniert es!
    - Das Gemüse muss vollständig unter Flüssigkeit sein, sonst fängt es an zu schimmeln. Es gibt spezielle (Glas-)Gewichte, die auf das Gemüse gelegt werden und es sicher unter die Oberfläche drücken.
- **Trocknen:** für Früchte, Gemüse und Kräuter.
    - Lufttrocknung: Schneide Obst und Gemüse in dünne Scheiben oder Streifen. Lege es auf ein Backblech und

---

[4] Probiotische Lebensmittel enthalten lebende Mikroorganismen wie Bakterien und Hefen, die im Darm eine positive gesundheitliche Wirkung erzielen können.

stell es an einem warmen, trockenen und gut belüfteten Ort auf. Schütze es vor Staub und Insekten (und wenn nötig auch vor deiner Katze) und wende es regelmäßig, bis alles gleichmäßig getrocknet ist.
- Backofentrocknung: Im Prinzip die gleiche Vorgehensweise, geht aber schneller. Den Backofen auf etwa 50 °C Umluft vorheizen. Dies dauert ca. 12 h und benötigt Energie. Hast du eine Photovoltaikanlage, trockne erst dann, wenn die Sonne scheint und du die benötigte Energie selbst erzeugst.
- Dörrautomat: gleiche Vorgehensweise, ist energieeffizienter als der Backofen. Nachteil ist, dass du dir ein weiteres Gerät zulegen muss, das seinen Platz in deiner Küche benötigt und Energie braucht.
• **Vakuumieren:** Damit kann die Haltbarkeit vieler Lebensmittel erhöht werden, produziert allerdings auch Plastikmüll.

> **Tipp zur Schimmelvermeidung**
>
> Es ist wichtig, die Gläser und deren Deckel vor dem Einfüllen ca. 10 min in kochendem Wasser zu sterilisieren. Damit wird sichergestellt, dass wir keinen Schimmel feststellen werden, wenn wir nach einigen Wochen oder Monaten das Glas öffnen.

Tipp: Experimentieren und kreativ sein
Mal wieder ausgetretene Pfade verlassen und neue Rezepte ausprobieren: Wie wäre es mit einer exotischen Mango-Chili-Marmelade oder einem pikanten Feigen-Chutney? Wollen wir vielleicht doch mal Omas „grüne Tomaten" ausprobieren oder die „furchtbare" Rhabarber-Erdbeer-Mischung so auf-

peppen, dass sie lecker schmeckt? Deiner Kreativität sind keine Grenzen gesetzt. Ist „neu" dabei nicht ein super motivierendes Wort? Ob das Rezept erfolgreich ist oder nicht, es ist auf jeden Fall eine neue und anregende Erfahrung.

Selbst konservieren ist nicht nur eine sinnvolle Möglichkeit, Lebensmittelverschwendung zu vermeiden, sondern auch ein großartiges Hobby, das Freude und Genuss in die Küche bringt. Also, ran an die Töpfe und Gläser – Omas Einmachkünste warten darauf, wiederbelebt zu werden! Nicht vergessen, die Gläser und Dosen nach dem Befüllen sorgfältig zu beschriften (was/wann). So behalten wir den Überblick und wissen immer, was sich im Vorratsschrank befindet. Das gilt vor allem für Kräuter wie Petersilie und Liebstöckel, die nach dem Einfrieren sehr ähnlich aussehen. Wenn du mal eine Handvoll Liebstöckel anstatt Petersilie für ein Gericht benutzt hast, weißt du, wovon ich rede.

23 – Vegan, vegetarisch, flexitarisch

„Nicht immer, aber immer öfter!"

Manche werden sich noch an diesen Werbeslogan für alkoholfreies Bier erinnern. In dieser Werbung wird ein Mann gezeigt, der einen Hund an der Leine hat und am Tresen einer Kneipe steht. Er hat ein Glas Bier in der Hand und trinkt mit Genuss davon. Dann wird er von einem unsichtbaren Reporter gefragt, ob er denn immer alkoholfreies Bier trinkt. Er schaut seinen Hund an, sieht dann in die Kamera und sagt mit einem Lächeln: „Nicht immer, aber immer öfter."

Dies war der Beginn eines neuen Zeitalters des Biergenusses und ist heute bereits mehr als ein Trend geworden. Ich erinnere mich noch gut daran, wie dieser Spot im Fernsehen das erste Mal lief. Ich habe zu meiner Frau gesagt „… das wäre ja noch schöner. Lieber trinke ich überhaupt kein Bier mehr." Inzwischen ist viel Zeit vergangen und auch ich habe das alkoholfreie Bier (na ja, nicht alle Sorten) schätzen gelernt und trinke es gerne.

Eine ähnliche Verhaltensänderung habe ich bei mir und in meinem Bekanntenkreis beim Thema vegetarische und vegane Ernährung festgestellt. Die Entwicklung ist schwungvoll, und die fleischlosen Produkte werden geschmacklich immer besser und tierischen Produkten immer ähnlicher. Wobei Letzteres für den überzeugten Veganer nicht entscheidend ist, ganz im Gegenteil. Vegane Produkte sollen nach strenger Auslegung weder im Namen noch im Geschmack an tierische Produkte erinnern, sondern für sich alleinstehen.

Doch wie gesagt, hier findet gerade (auch bei mir) ein Übergang statt. Wir begreifen eine vegane oder vegetarische Ernährung als eine Form der Nachhaltigkeit, die wir bewusst leben können. Anfangs ist hier jedoch so manches verwirrend. Begriffe wie vegan, vegetarisch und flexitarisch geistern durch die Medien und verwirren uns. Was genau verbirgt sich hinter diesen Begriffen? Und welche Ernährungsweise passt am besten zu mir?

Vegan – ohne tierische Produkte leben

Veganer verzichten auf alle tierischen Produkte, also nicht nur auf Fleisch, sondern auch auf Milch, Eier und Honig, Kleider und sonstige Gebrauchsgegenstände mit Bestandteilen aus Tieren (beispielsweise Schafswolle oder Leder). Die Gründe dafür sind vielfältig, aber Tierwohl (siehe Tipp *24 – Tierwohl am Teller*), Umweltschutz und die eigene Gesundheit stehen dabei meist im Vordergrund. Das Label „vegan" kennzeichnet Produkte, die keinerlei tierische Bestandteile enthalten.

Konsum und Ernährung 101

Das gilt auch für die Verpackung. Bei einem Produkt mit dem Vegan-Label dürfen beispielsweise keine Klebstoffe auf tierischer Basis für die Verpackung eingesetzt werden. Überprüfen kannst du das über das Etikett des Produkts, z. B. mithilfe einer Produktcheck-App. Informiere dich auch über Gütesiegel für vegane Produkte, die du konsumieren möchtest, siehe Tipp *62 – Siegel für Nachhaltigkeit*.

Vegetarisch – Genuss ohne Fleisch
Wie Veganer essen Vegetarier kein Fleisch, aber meistens Milchprodukte und Eier. Der Beweggrund ist oft die Ablehnung von Tierleid, aber auch gesundheitliche oder ökologische Gesichtspunkte spielen eine große Rolle. Es gibt vielerlei Abstufungen für vegetarische Ernährung. So gibt es die bisher meistverbreiteten Ovo-Lacto-Vegetarier, die auf Fleisch, Fisch und Geflügel verzichten, aber Eier und Milchprodukte essen. Lacto-Vegetarier verzichten auch auf Eier, essen aber Milchprodukte und Käse weiterhin. Bei Ovo-Vegetariern ist es genau umgekehrt, sie verzichten auf Milchprodukte, essen aber Eier. Darüber hinaus gibt es noch etliche andere Spielarten für vegetarische Ernährung. Verwirrt? Ja, war ich auch. Da musst du deine eigene Variante und Lesart finden.

Flexitarisch – die goldene Mitte?
Flexitarier sind (angeblich) die flexiblen Genießer. Sie essen überwiegend vegan oder vegetarisch, gönnen sich aber gelegentlich auch Fleisch oder Fisch, wobei sie in der Regel dabei auf Regionalität und das Tierwohl achten. So vereinen sie (angeblich) die Vorteile der veganen oder vegetarischen Ernährung mit dem Genuss von Fleisch in Maßen. Ich gehöre zu dieser Sorte Mensch, wobei ich mir im Klaren darüber bin, dass bei mir in erster Linie Gewohnheit dahintersteckt (siehe auch Tipp *74 – Die Macht der Gewohnheiten*).

Achtung bei den Inhaltsstoffen

Auch wenn die Basiszutaten von Fleischalternativen oft gesund sind, die industriell gefertigten Ersatzprodukte sind es manchmal nicht. Umfragen haben gezeigt, dass Verbraucher Lebensmitteln mit Labeln wie „vegetarisch", „vegan" oder „bio" mehr Vertrauen entgegenbringen und damit ein gesundes und nachhaltiges Produkt verbinden. Tatsache ist jedoch, dass es sich bei vielen Ersatzprodukten – egal mit welchem Label – um Fertigprodukte handelt. Besonders kritisch sehen Ernährungsexperten hier die zumeist hohe Kaloriendichte, den hohen Salz- und den Fettgehalt und die enthaltenen Zusatzstoffe. Viele Ersatzprodukte haben dazu noch einen hohen Verarbeitungsgrad und enthalten Allergene wie Soja und Gluten, die ebenfalls kritisch bewertet werden.

Landwirtschaft und Forstwirtschaft

Ein weiterer Gesichtspunkt für unsere persönliche Entscheidung zur Ernährungsweise ist neben dem Tierwohl der Klimawandel und seine Folgen. Die Landwirtschaft inklusive Viehwirtschaft und die Forstwirtschaft tragen nach gängigen Schätzungen[5] mit einem Anteil von 13 % der CO_2-, 44 % der Methan- (CH_4) und 81 % der Lachgasemissionen (N_2O) zur globalen Erwärmung bei.

Die wichtigsten Faktoren sind dabei:

- Methangas: Kühe und andere Wiederkäuer produzieren Methan, ein starkes Treibhausgas, das vielfach klimaschädlicher ist als Kohlendioxid.
- Entwaldung: Für die Viehwirtschaft, für Lebensmittel wie beispielsweise Palmöl oder Soja werden große Flächen an (Regen-)Wald abgeholzt, um Weideland zu gewinnen

---

[5] Zum Beispiel IPCC-Sonderbericht über Landnutzung und Klimawandel (SRCCL), Hauptaussagen.

Konsum und Ernährung 103

sowie Lebens- und Futtermittel anzubauen. Damit verschwinden unersetzliche CO_2-Senken für immer.
- Wasser: Für 1 kg Rindfleisch werden im globalen Durchschnitt insgesamt circa 750 Liter[6] verbraucht. Dieser hohe Wasserverbrauch kann zur Versalzung von Böden führen. Das wiederum verringert die Pflanzenvielfalt und damit auch die CO_2-Aufnahme durch die Pflanzen.
- Gülle: Der Mist aus den Ställen produziert Lachgas, ein weiteres starkes Treibhausgas. Daneben belastet die enormen Mengen von Gülle die Böden und letztendlich auch unser Grundwasser. Das gefährdet auch unsere Gesundheit.

Welche Ernährungsweise ist nun die richtige bzw. die nachhaltigste?

Die Antwort ist für mich ganz einfach: Die richtige Ernährungsweise ist meiner Ansicht nach die, die zu unserem Lebensstil, unseren Bedürfnissen und unseren Überzeugungen passt. Es gibt keine allgemeingültige Antwort!

Wichtig ist, dass du dich mit deiner Ernährung wohlfühlst und deinem Körper alle Nährstoffe lieferst, die er braucht (siehe auch Tipp 7 – *Gesundheit und Nachhaltigkeit*). Dein Ziel sollte sein, eine Ernährung für dich zu finden, die dir schmeckt, dich satt macht und die in deinem Haushalt auch langfristig umsetzbar ist.

Tipps:
- Beginne mit kleinen Schritten. Tausche einmal pro Woche das Fleisch bei einem Gericht durch eine pflanzliche Ausführung des Rezepts aus. Für sehr viele „Klassiker" gibt

---

[6] Reales Wasser, das von den Tieren verbraucht wurd und Wasser, das direkt für die Produktion verwendet wird und mit dem menschlichen Gebrauch konkurriert (z. B. Bewässerung).

es leckere vegetarische und vegane Alternativen. Lass dich nicht davon abschrecken, wenn dir das eine oder andere nicht schmeckt. Da musst du experimentieren und verschiedene Zutaten ausprobieren. Versuche auch neue Gewürze und Kräuter einzusetzen. Damit kannst du deine Gerichte geschmacklich abwechslungsreicher gestalten.

- Versuche mal einige deiner Lieblingsgerichte auf vegetarisch oder vegan umzustellen, beispielsweise Sauce Bolognese oder Chili sine carne mit Veggiehack. Investiere in gute Kochbücher mit vegetarischen und veganen Gerichten. Viele gute Rezepte bekommst du zudem kostenlos im Internet.
- Informiere dich über vegetarische und vegane Restaurants in deiner Umgebung und teste die Gerichte dort vorurteilslos.
- Wenn du deine neue Ernährungsrichtung gefunden hast, mach dir doch einen Ernährungsplan (siehe Tipp *25 – Nachhaltige Ernährungspläne*), an dem du dich im Alltag orientieren kannst.
- Lass dich nicht in eine ideologische Ecke drängen und dir Dinge verbieten, die dir wichtig sind. Dein Leben ist nicht automatisch nachhaltig, nur weil du dich rein pflanzlich oder vegetarisch ernährst. Wenn du nachhaltige Lebensmittel verwendest (nach deiner Liste, siehe Tipp *21 – Nachhaltige Lebensmittel*), kannst du dir deine Currywurst und dein Schnitzel immer noch schmecken lassen.

Tipp

Probiere es einfach aus! Experimentiere mit verschiedenen Ernährungsweisen und finde heraus, was dir am besten schmeckt. Du kannst ein kleines Projekt daraus machen: Ernähre dich eine Woche lang rein vegetarisch und eine Woche lang vegan. Mit den Gerichten, die dir geschmeckt haben, kannst du dann einen Wochenplan machen, wenn du magst auch mit flexitarischen Anteilen.

24 – Tierwohl am Teller

Tierwohl ist ein wichtiger Bestandteil von Nachhaltigkeit in unserem Konsum- und Ernährungsverhalten. Es geht um deinen persönlichen Beitrag, damit Tiere, insbesondere die Nutztiere ein artgerechtes Leben führen können, frei von vermeidbarem Leid und Schmerzen. Als Verbraucher haben wir die Macht, durch unsere Kaufentscheidungen auch Einfluss auf die Tierhaltung zu nehmen. Zu unserer Verbrauchermacht im Zusammenhang mit Nachhaltigkeit haben wir in diesem Themenblock schon viel besprochen. Nachstehend eine etwas andere Zusammenstellung, diesmal aus dem Blickwinkel Tierwohl:

Tipp: Fleisch bewusst konsumieren

- Kaufe das Fleisch aus deiner Region. Kurze Transportwege bedeuten weniger Stress und Angst für die Tiere vor der Schlachtung.
- Wenn du es dir leisten kannst, wähle Biofleisch aus deiner Region. Biozertifizierungen garantieren auch höhere Tierwohlstandards (siehe auch Tipp *62 – Siegel für Nachhaltigkeit*).
- Kaufe Fleisch von Tieren aus artgerechter Haltung. Frage dazu gezielt deinen Metzger und an der Fleischtheke im Supermarkt. Die meisten Supermarktketten haben eigene Gütesiegel entwickelt, um Herkunft und Haltungsbedingungen der Tiere erkennbar zu machen. Da musst du genau hinsehen und dir dein eigenes Bild machen.

Tipp: Milchprodukte und Eier bewusst kaufen

- Stell auf Biomilch und Bioeier um. Biozertifizierungen garantieren höhere Tierwohlstandards. Noch ist dies oft preislich teurer, aber die Abstände verringern sich. Meine

regionale Biobutter kostet inzwischen sogar schon weniger als die Nichtbiovarianten im Regal.
- Verwende bevorzugt Produkte mit Tierschutzsiegeln. Achte dabei auf Siegel wie „ohne Gentechnik", „Weidehaltung" oder „Käfighaltungsverbot" (siehe auch Tipp *62 – Siegel für Nachhaltigkeit*). Informiere dich zuvor über das entsprechende Gütesiegel (siehe Tipp *11 – Fakten checken und bewerten*).

Tipp: Keine Tierprodukte aus Massentierhaltung kaufen

- Achte auf Freilandhaltung: Wähle Produkte von Tieren, die Auslauf auf Wiesen und Weiden haben und so artgerechter leben können.
- Informiere dich über die Herkunft der Produkte, die du kaufst. Hab dabei keine Scheu und sprich deinen Metzger oder die Leitung deines Supermarkts gezielt darauf an.
- Billige Tierprodukte können ein Hinweis auf Massentierhaltung sein, da die Produktion billiger Produkte oft in großen Mengen und unter hohen Druck auf Kosteneffizienz stattfindet.

Tipps: Weitere Möglichkeiten für dich, zum Tierwohl beizutragen

- Tierversuchsfreie Produkte kaufen. Es gibt viele Alternativen zu Kosmetik und Haushaltsprodukten, die an Tieren getestet wurden (siehe auch Tipp *62 – Siegel für Nachhaltigkeit*).
- Pelzgewinnung ist oft mit Tierquälerei verbunden. Du brauchst doch nicht wirklich einen Pelz, oder?
- Spenden an Tierschutzorganisationen. Es gibt viele Organisationen, die sich für das Wohl der Tiere einsetzen.

Konsum und Ernährung

- Informiere dich und sensibilisiere andere. Je mehr Menschen sich für Tierwohl einsetzen, desto größer ist der Einfluss auf die Politik und Wirtschaft.
- Nutze die sozialen Medien (siehe Tipp 72 – *Vernetzen und verändern*), um dich mit anderen Menschen für mehr Tierwohl zu vernetzen und Informationen auszutauschen.

Du siehst, das Thema „Tierwohl" hat wie viele andere Gesichtspunkte der Nachhaltigkeit auch eine Menge Querverbindungen zu anderen Nachhaltigkeitsaspekten, die nicht immer auf den ersten Blick erkennbar sind.

25 – Nachhaltige Ernährungspläne

Was kann ich mir unter einem nachhaltigen Ernährungsplan vorstellen? Es gibt die unterschiedlichsten Versionen und Varianten im Internet zu finden, welche ist denn nun die richtige? Für mich gibt es da kein „richtig" oder „falsch", dazu sind wir alle einfach zu verschieden und auch die regionalen Gegebenheiten bei Lebensmitteln sind sehr unterschiedlich. Es muss für dich passen. Dein nachhaltiger Ernährungsplan sollte daher flexibel sein und sich an deine individuellen Bedürfnisse und Vorlieben anpassen. Ob vegan, vegetarisch oder auch mit Fleisch, deine Ernährung muss für dich stimmen und dein Essen muss dir schmecken. Allgemein aber sollte ein nachhaltiger Ernährungsplan grundsätzlich bestimmte Eigenschaften haben, von denen wir bereits einige in diesem Themenblock besprochen haben.

Tipps für deinen nachhaltigen Ernährungsplan:

- Deine Lebensmittel sollten möglichst aus der Region stammen, in der du lebst und der jeweiligen Jahreszeit entsprechen. Das bedeutet beispielsweise im Herbst und Winter kein Obst und Gemüse aus energieintensiven Gewächshäusern (es gibt inzwischen auch Gärtnereien, die ihre Gewächshäuser mit erneuerbarer Energie heizen, die sind „erlaubt"). Das schränkt dich zwar auf der einen Seite etwas ein, bringt dich auf der anderen Seite aber auch dazu, kreativ zu sein und neue Konzepte und Rezepte für deine Ernährung zu erfinden.

- Möchtest du deine neuen Rezepte nicht alle selbst entwickeln, dann gibt es inzwischen auch eine Menge Kochbücher für nachhaltige Ernährung mit vielen leckeren Rezepten. Suche mal in deiner Buchhandlung danach oder mache eine kleine Internetrecherche dazu.
- Erstelle eine Wochenkarte für planbare Mahlzeiten, kaufe entsprechend und auf Vorrat ein (siehe auch Tipp *32 – Genuss ohne Verschwendung*). Bei einer Planung kannst du dich besser entlang deiner Werte bezüglich Ernährung hangeln, als wenn du deine Mahlzeiten spontan und nach Tageslaune zubereitest. Am Ende des Kapitels findest du ein Beispiel für solch einen Wochenplan. Wenn du dir eine entsprechende Tabelle in einem Textverarbeitungs- oder Tabellenkalkulationsprogramm anlegst, kannst du dir eine kleine Datenbank entwickeln, auf die du immer wieder zurückgreifen kannst (siehe auch Tipp *43 – Digitalisierung und Nachhaltigkeit*).
- Wenn du dich nicht komplett vegan oder vegetarisch ernährst, achte auf eine bewusste Verteilung deiner Ernährungsanteile. Ich versuche mich überwiegend pflanzlich zu ernähren, den Anteil vegetarischer Bestandteile meiner Ernährung mit Butter, Milch, Käse und Eier gering zu halten und Fisch oder Fleisch nur in geringem Umfang zu essen. Der Sonntagsbraten bleibt mir damit erhalten, wobei ich bei der Fleischauswahl darauf achte, dass das Fleisch aus meiner Region kommt und das Tierwohl beachtet wurde.

Konsum und Ernährung 109

- Kaufe nach Möglichkeit und Verfügbarkeit – und wenn du es dir leisten kannst – bevorzugt Bioprodukte und fair gehandelte Lebensmittel (siehe auch Tipp 62 – *Siegel für Nachhaltigkeit*).
- Verwende möglichst gering verarbeitete Produkte. Es ist inzwischen bewiesen, dass es einen direkten Zusammenhang zwischen dem Verarbeitungsgrad von Lebensmitteln und der Gesundheit gibt. Je geringer der Verarbeitungsgrad, desto gesünder ist das Lebensmittel. Das gilt auch für vegane und vegetarische Produkte.
- Kochen soll Spaß machen und Essen muss ein Genuss sein. Sich überwiegend mit veganen oder vegetarischen Gerichten zu ernähren, bedeutet nicht automatisch, dass diese auch immer bekömmlich oder gesund sind. Suche nach Rezepten, die mit wenig Fett auskommen, nicht stark gewürzt sind und verwende Salz sparsam. Ein leckerer Nebeneffekt dabei ist, dass du den Eigengeschmack der Lebensmittel, beispielsweise einer schlichten Pellkartoffel, wieder viel stärker wahrnimmst. Wenn du wie ich gerne frittierte Gerichte magst, verwende besser eine Heißluftfritteuse (siehe auch Tipp 42 – *Internet und smarte Technik*). Damit sparst du Frittieröl und Energie.

Indem du dich auf saisonale Lebensmittel konzentrierst, unterstützt du nicht nur die lokale Landwirtschaft (siehe auch Tipp 67 – *Regionale Wertschöpfung*), sondern entdeckst auch neue Geschmäcker und Aromen. Im Frühling kannst du Spargel und Bärlauch genießen, im Sommer reife Beeren und Tomaten, im Herbst Kürbis und Äpfel auch den ganzen Winter lang. Saisonales Obst und Gemüse kannst du konservieren (siehe Tipp 22 – *Einmachen und Einwecken wie bei Oma*). Nutze die Vielfalt der Jahreszeiten, um deine Ernährung abwechslungsreich zu gestalten. Saisonale Kochbücher und Apps können dir dabei helfen, kreative Rezepte zu finden und deine Einkäufe zu planen.

Beispiel: Nachhaltiger Ernährungsplan für eine Woche

Tag	Frühstück	Mittagessen	Abendessen	Snacks
Montag	Haferflocken mit Obst und Nüssen	Reste vom Sonntag	Gemüsepfanne mit Tofu	Eine Handvoll ungesalzene Nüsse
Dienstag	Joghurt mit frischen Beeren und Haferflocken	Salat mit Vollkornbrot und Hummus	Angemachten Schafskäse mit Dinkelbaguette	Karottenstäbchen mit Dip
Mittwoch	Vollkornbrot mit Spiegelei	Kartoffelsuppe mit Bauernbrot	Porridge mit Birne oder Apfel	Eine Handvoll getrocknete Früchte
Donnerstag	Bauernbrot mit Butter und Honig	Pfannkuchen mit selbst gemachter Marmelade	Gemischter Salat mit Ei und Toast	Naturjoghurt mit Honig
Freitag	Müsli mit Milch und Obst	Pellkartoffeln mit Kräuterquark	Käsebrot mit Tomatenscheiben	Eine Handvoll Mandeln
Samstag	Rührei mit Vollkorntoast und Gemüse	Räucherforelle mit Sahnemeerrettich und Salzkartoffeln	Veggie-Pizza aus selbstgemachtem Teig und viel Gemüse	Apfel
Sonntag	Sonntagsbrötchen mit Blaubeermarmelade	Putenschnitzel „Wiener Art" mit Kartoffelsalat	Tomaten mit Mozzarella und selbst gemachtem Naan-Brot	Haferbrei mit Obst, Mandeln und Agavendicksaft

26 – Nachhaltige Geschenke

Auch Geschenke können wir nach dem Motto „Weniger ist mehr" (siehe Tipp *18 – Weniger ist mehr*) nachhaltig gestalten. Es kann etwas Selbstgemachtes sein (siehe Tipp *36 – Selbermachen statt kaufen*) etwas Dauerhaftes, etwas Sinnbildliches oder ein geistiges Geschenk, beispielsweise dein eigenes Gedicht (siehe Tipp *70 – Kunst für eine nachhaltige Zukunft*).

Erinnern wir uns an Loriots Evergreen „Weihnachten bei Hoppenstedts". Am Ende saß die ganze Familie im Verpackungsmüll herum und niemand war wirklich zufrieden außer Opa, der einen Plattenspieler geschenkt bekommen hat und nun seine Märsche spielen konnte.

> Schenke groß oder klein
> aber immer gediegen,
> wenn die Bedachten die Gaben wiegen,
> sei dein Gewissen rein.
> (Joachim Ringelnatz)

Geschenke sollen Freude bereiten und möglichst nachhaltig sein. Mit ein wenig Kreativität und Planung kannst du nachhaltige Geschenke finden oder selbst gestalten.

Tipps für nachhaltige Geschenke:

- Bäume schenken: Es gibt viele Projekte, bei denen wir die Anpflanzung von Bäumen als Geschenk kaufen können und den Namen des Beschenkten als Baumpaten eintragen lassen können. Mit einem Geschenk dieser Art konnte ich vor einigen Jahren sogar meinen stockkonservativen Onkel vom Wert und Sinnhaftigkeit eines solchen Geschenks und der Maßnahme dahinter überzeugen.

- Erlebnisse statt materieller Güter: Das kann ein Gutschein für ein Konzert oder Theaterstück sein, ein Wochenendtrip in die Natur, ein Wochenende in einem nachhaltigen Wellnesshotel (siehe Tipp *50 – Unterwegs zu einem nachhaltigen Urlaub*) oder ein Kochkurs.
- Selbstgemachtes: Mit etwas Liebe und Kreativität kannst du einzigartige und persönliche Geschenke selbst herstellen. Zum Beispiel Marmelade, Pesto, Kerzen, Gewürze, Seife (siehe Tipp *36 – Selbermachen statt kaufen*).
- Upcycling und Secondhand: Schenke neue Produkte aus recycelten Materialien oder stöbere nach einzigartigen Secondhandschätzen auf Wochen- und Flohmärkten. Oder vielleicht schenkst du einen Gutschein für einen Upcyclingworkshop?
- Bücher zum Thema Nachhaltigkeit sind ein großartiges Geschenk, beispielsweise dieses Buch oder Nachhaltigkeit messbar machen. Letzteres ist auch von mir und geht auf Dinge wie Strategie, Nachhaltigkeitsberichte, Lieferketten und andere Dinge ein, die vor allem für Unternehmen und Organisationen interessant sind, die sich in Richtung Nachhaltigkeit entwickeln wollen.
- Verschenke gemeinsame Aktivitäten, beispielsweise ein Picknick im Park oder am See, ein Besuch auf dem Wochenmarkt, ein Kinobesuch, eine Wanderung u. v. m.
- Pflanzen: Schenke eine Zimmerpflanze oder einen Setzling für Balkon oder Garten, vielleicht sogar aus eigener Nachzucht. Pflanzen bringen Leben in die Wohnung, verbessern die Luftqualität und bleiben uns bei guter Pflege viele Jahre erhalten.
- Gutscheine für nachhaltige Abonnements: Schenke ein Abo für eine Biokiste, einen Streamingdienst mit Doku-

mentarfilmen zum Thema Nachhaltigkeit oder ein Magazin mit nachhaltigen Themen.
- Upcyclingsets: Schenke ein Set zum Upcycling von alten T-Shirts, Flaschen oder anderen Materialien (siehe Tipp 39 – *Aus Alt mach Neu*).
- DIY-Kits: Verschenke ein Set zum Selbermachen von Kosmetik, Kerzen oder anderen Produkten (siehe auch Tipp 36 – *Selbermachen statt kaufen*), beispielsweise Seifensiederset, Kräutergartenset, oder Pflanzenanzuchtset für Speisepilze.
- Reparatursets: Schenke ein Set zum Reparieren von Kleidung, Schuhen oder anderen Gegenständen (siehe auch Tipp 38 – *Reparieren statt wegwerfen*).
- Schenke ein Werkzeug, von dem du vermutest, dass es dauerhaft Verwendung finden wird (siehe auch Tipp 37 – *Die richtigen Werkzeuge*).
- Du kannst Kunst verschenken, beispielsweise mit deinen selbstgefertigten Bildern und Gedichten, oder auch Gutscheine für nachhaltige Kunst- und Kulturveranstaltungen (siehe auch Tipp 70 – *Kunst für eine nachhaltige Zukunft*).
- Verpacke deine Geschenke wenig oder überhaupt nicht, und wenn, dann nur mit wiederverwendbaren Materialien wie Stoffbeuteln, Recyclingpapier oder Glasbehältern, damit es den Beschenkten nicht so geht wie den Hoppenstedts.
- Gemeinsam schenken: Schließ dich mit Freunden oder Familie zusammen und schenke etwas Gemeinsames.

Nachhaltige Geschenke sind nicht nur umweltfreundlich, sondern auch persönlich und einzigartig. Mit ein wenig Kreativität kannst du Freude bereiten und gleichzeitig einen Beitrag zu einer nachhaltigeren Zukunft leisten.

27 – Die Psychologie des Konsums

Zu bestimmten Produkten und Marken haben wir gefühlsmäßige Werte. Wir „mögen" manche Produkte einfach und manche nicht, auch wenn es dafür keine vernünftigen Gründe gibt. Produkte, die wir mögen, kaufen wir manchmal auch dann, wenn wir sie nicht brauchen (siehe auch Tipp *18 – Weniger ist mehr*).

Ich z. B. kaufe seit Jahren Computer, Laptops und Smartphones nur von einer bestimmten Marke, weil ich glaube, dass diese Marke für Innovation und Qualität steht. Noch dazu hat diese Marke dafür gesorgt, dass ihre Geräte untereinander hervorragend kommunizieren, mit anderen Marken aber nur bedingt. Da hänge ich derzeit am Haken und muss daran arbeiten. Es ist eines meiner Projekte zur Verhaltensänderung (siehe auch Tipp *74 – Die Macht der Gewohnheiten*).

Die tägliche Dosis an Werbung, der wir nicht entgehen können, redet uns ununterbrochen ein, was uns angeblich fehlt und was wir unbedingt kaufen sollten, um ein glückliches Leben zu führen. Wir reagieren auf Anreize wie Farben, Gerüche, Verpackungen, Vertrauen und viele weitere Signale. Hast du dir schon mal überlegt, welche Produkte im Supermarkt bequem in Augenhöhe liegen? Richtig, die teuren Produkte mit schöner Optik, aufwendiger Verpackung und höchstem Preis.

Es gibt viele Beweggründe, für den Kauf eines Produkts, auch solche wie der Wunsch nach Statussymbolen – mein Auto, mein Pool, mein Haus. Anlass ist auch oft der mediale Druck, der uns einredet, wir brauchen bestimmte Marken, um glücklich zu sein. Doch Konsumzwang macht wie jeder Zwang nicht glücklich. Unsere Beweggründe und Zwänge nutzen die Hersteller mit geschickter Werbung gnadenlos aus. Dagegen können wir aber etwas tun.

Tipps für nachhaltigen Konsum:

- Triff bewusste Kaufentscheidungen. Mach dir die psychologischen Einflussfaktoren auf dich vor einem Kauf klar: deine Wünsche nach Statussymbolen und Selbstverwirklichung und die auf dich wirkenden Werbestrategien (siehe auch Tipp *4 – Bewusstsein schärfen*).
- Baue keine emotionalen Bindungen zu Produkten auf. Lass dich nicht durch großartig gestaltete Verpackungen täuschen.
- Vermeide Spontankäufe. Wahrscheinlich brauchst du das Ding gar nicht. Schreib dir besser einen Wunschzettel, den du erst mal einige Zeit liegen lässt. Wenn du das Produkt danach immer noch möchtest, belohne dich mit dem Kauf, sobald du wieder einen Erfolg auf deinem Weg zu einem nachhaltigen Leben feiern kannst.
- Onlineshopping ist einfach und geht schnell. Genau diese Falle solltest du vermeiden, was zugegeben nicht einfach ist.
- Versuche der täglichen Berieselung durch Werbung zu entgehen. Du kannst in deinem Browser Ad-Blocker installieren, Newsletter abbestellen und auf deinem Briefkasten ein Schild „keine Werbung" anbringen. Wenn im Fernsehen ein Werbeblock kommt, kannst du den Ton ausschalten und in dieser Zeit etwas anderes machen, beispielsweise deinen Ernährungsplan für nächste Woche entwerfen, in einem Buch lesen oder durch deine Wohnung gehen und nach überflüssigen Dingen suchen.
- Auch Sonderangebote kosten Geld. Das billigste Produkt ist das, welches du nicht kaufst.
- Schau im Supermarkt bewusst auch in Regale unterhalb und oberhalb der Augenhöhe. Oft findest du gleichwertige

Produkte, die weniger kosten, einfacher verarbeitet sind und weniger Verpackungsmüll produzieren.
- Es gibt Alternativen zum Kaufen. Viele Produkte kannst du leihen oder mieten, beispielsweise Spezialwerkzeuge (siehe auch Tipp *37 – Die richtigen Werkzeuge*) und Autos, oder du machst das Produkt gleich selbst (siehe Tipp *36 – Selbermachen statt kaufen*).

Viele unserer Konsumgewohnheiten sind tief in uns und in unserem Alltag verankert (siehe auch Tipp *74 – Die Macht der Gewohnheiten*). Die Werbung ist allgegenwärtig und beeinflusst unser Kaufverhalten auf feinsinnige Art und Weise. Durch gefühlvolle Bilder, eingängige Werbetexte und gezielte Zielgruppenansprache wird versucht, unsere Kaufentscheidungen zu steuern. Und dennoch sind wir unserem erlernten Konsumverhalten nicht hilflos ausgeliefert. Mit ein wenig Achtsamkeit (siehe Tipp *5 – Achtsamkeit im Alltag*) können wir bewusstere Entscheidungen treffen und damit unsere Konsumgewohnheiten nachhaltig gestalten.

Kreislaufwirtschaft leben

Seit meiner Kindheit bin ich Überfluss gewohnt. Dinge, die nicht mehr gebraucht wurden, sind bei uns früher einfach ohne viel Nachdenken in die Abfalltonne gewandert, in die damals jeglicher Art von Müll entsorgt wurde. Ich kann mich noch gut daran erinnern, dass unsere Mülltonne eigentlich ständig voll war. Am Tag der Müllabfuhr quoll die Mülltonne dann regelmäßig über und wir mussten weitere Tüten (natürlich aus Plastik!) auf und neben die Tonne stellen. Das war aber nicht nur bei uns so, sondern in der gesamten Nachbarschaft. Unsere Straße hat am Tag vor der Müllabfuhr an Neapel erinnert, als die Müllabfuhr dort wochenlang gestreikt hatte.

Unser Umgang mit Abfall und natürlichen Ressourcen[1] – auch mein Umgang damit – hat sich seither stark gewandelt. Mülltrennung und Ressourcenschonung sind in unserem Alltag nicht mehr wegzudenken und fast schon selbstverständlich. Doch auch heute stehen bei uns die Mülltonnen noch auf der Straße, wenn auch nicht mehr überquellend. Inzwischen gibt es bei uns zwei Tonnen, eine für den Biomüll, die andere für den Restmüll. Dazu kommt noch der Gelbe Sack, mit dem Wertstoffe wie Kunststoff, Metall oder Verbundmaterialien gesammelt und der Wiederverwertung zugeführt werden.

Ein möglichst hohes Maß an nachhaltiger Ressourcennutzung und Abfallvermeidung ist zweifelsohne ein weiteres Schlüsselelement auf unserem Weg in Richtung Nachhaltigkeit. Wie würde sich unser Leben ändern, wie würden unsere Kommunen aussehen, wenn wir noch weniger Abfall produzieren und noch viel effektiver unsere endlichen Ressourcen schonen würden?

---

[1] Mit Ressourcen sind hier die Mittel gemeint, die benötigt werden, um Produkte des täglichen Lebens herzustellen. Dazu zählen vor allem Rohstoffe und Wasser, aber auch Energie sowie die menschliche Arbeitskraft.

Kreislaufwirtschaft leben 119

Eine funktionierende Kreislaufwirtschaft ist auch ein aktiver Beitrag für den Klimaschutz. Abfall oder Restmüll, wie er oft genannt wird, wandert auf Deponien oder in Müllkraftwerke, wo er verbrannt wird. Die bei der Verbrennung, aber auch bei der Deponierung entstehenden Treibhausgase beschleunigen den globalen Temperaturanstieg. Deponien für Restmüll stellen zudem eine tickende Zeitbombe für unseren Planeten dar. Durch die Zersetzung organischer Bestandteile unter Luftabschluss entstehen in Deponien sogenannte Deponiegase. Diese bestehen hauptsächlich aus Methan (CH_4) und Kohlendioxid (CO_2), beides Treibhausgase mit großer Klimawirkung. Der charakteristische Geruch in der Nähe von Deponien ist häufig auf diese Gase zurückzuführen.

Hast du dich schon einmal gefragt, wohin dein Müll eigentlich verschwindet? Frag doch mal bei dir im Rathaus nach. Ich frage mich, ob und wenn ja, welche Antwort du erhältst.

Neben den klimaschädlichen Emissionen stellen Deponien auch eine erhebliche Gefahr für das Grundwasser dar. Durch die langsame Zersetzung von Abfällen können Schadstoffe wie Schwermetalle, organische Verbindungen und Salze ins Grundwasser gelangen und dieses nachhaltig verunreinigen. Dies hat früher oder später ernsthafte Folgen für die Trinkwasserversorgung.

Im letzten Sommer mussten wir zum ersten Mal unser Trinkwasser abkochen, weil ein Tiefbrunnen verunreinigt war. Es dauerte viele Wochen, bis wir unser Leitungswasser wieder unbedenklich trinken und zum Kochen verwenden konnten. Es war ein sehr seltsames und bedrohliches Gefühl und hat mich an düstere Endzeitfilme erinnert. Wird so etwas in der Art nun öfter bei mir vorkommen?

Die verbrannten oder auf Müllhalden deponierten Wertstoffe müssen wieder ersetzt bzw. neu beschafft werden. Eine

Kreislaufwirtschaft findet hier nicht statt. Der sogenannte Restmüll, der verbrannt wird, enthält noch viele Wertstoffe, die aufgrund von Verunreinigungen oder falscher Mülltrennung nicht recycelt werden können. Auch Bioabfälle werden in Müllkraftwerken oft mitverbrannt, obwohl sie eigentlich kompostiert gehören. *In einer Nachbargemeinde von mir wurde allen Haushalten ein Zettel in den Briefkasten geworfen, man möge doch bitte der Grauen Tonne Zeitungspapier hinzufügen, weil der Abfall in der Müllverbrennungsanlage sonst nicht so richtig brennt.*

Doch gehen wir wieder zurück zu unserem eigenen Haushalt. Ressourceneffizienz und Abfallvermeidung spart uns eine Menge Geld, das ist uns schon klar. Es ist jedoch noch gar nicht so lange her, da musste ich den Inhalt unseres Kühlschranks fast wöchentlich mehr oder weniger entsorgen, weil der Inhalt nicht mehr genießbar war. Insbesondere Wurst, Käse und sonstige Milchprodukte wurden schimmelig, weil ich einfach viel zu viel einkaufte, was dann nicht verbraucht werden konnte (siehe auch Tipp *32 – Genuss ohne Verschwendung*). Über das ganze Jahr gerechnet hat das Mehrkosten von mehreren Hundert Euro pro Jahr verursacht, die aus mehrerlei Hinsicht völlig unnötig waren und hätten vermieden werden können. Dieses Geld spare ich inzwischen nachhaltig, allein durch meine gezielte Verhaltensänderung.

Abfälle und Umweltverschmutzung zu verringern, indem Ressourcen so weit wie möglich wiederverwendet, repariert, recycelt und verwertet werden, ist ein wichtiger Schritt in Richtung Nachhaltigkeit. Die Kreislaufwirtschaft, auch bekannt als *Circular Economy*, ist der Prozess, mit dem dies gelingen kann. Im Idealfall entsteht in einer Kreislaufwirtschaft kein Müll mehr, sondern alle Produkte und Materialien werden in einem geschlossenen Kreislauf gehalten. Dies ist ein sehr ehrgeiziges Ziel, das in der Realität noch nicht vollständig erreicht werden kann.

Doch stell dir für einen Augenblicke eine Welt vor, in der Abfall ein Fremdwort ist! Eine Welt, in der Produkte am Ende ihrer Lebensdauer nicht einfach weggeworfen, sondern zu neuen Produkten weiterverarbeitet werden. Eine Welt, in der wir unsere Ressourcen schonen und unseren Planeten damit wirksam vor Verschmutzung und Überhitzung schützen. Klingt das für dich zu utopisch? Doch das ist es nicht! Jeder einzelne von uns kann dazu beitragen, diese Vision Wirklichkeit werden zu lassen. Indem wir bewusst konsumieren, reparieren statt wegwerfen und auf nachhaltige Produkte setzen, können wir gemeinsam eine funktionierende und wirkungsvolle Kreislaufwirtschaft gestalten. Und das Beste daran ist, wir tun nicht nur der Umwelt etwas Gutes, sondern auch unserem Geldbeutel.

Gehen wir zurück auf Anfang: Kreislaufwirtschaft fängt mit Müllvermeidung an.

28 – Müll vermeiden

Durch nichts entsteht in unserem Haushalt so viel Müll, wie durch das Einkaufen. Zudem kaufen wir meist noch mehr ein, als wir eigentlich brauchen würden (siehe Tipp *18 – Weniger ist mehr*).

Wenn du etwas wirklich brauchst, dann kaufe Produkte mit wenig Verpackung oder in wiederverwendbaren Behältern, um die Menge an Einwegverpackungen zu verringern. Du kannst Müll vermeiden, indem du mehrmals verwendbare Produkte oder Nachfüllpacks verwendest. Suche nach Geschäften, die eine große Auswahl an unverpackten Produkten anbieten. Nimm deinen eigenen Stoffbeutel mit und fülle ihn mit frischem, unverpacktem Gemüse und Obst. Es gibt sehr viele Möglichkeiten für dich, in deinem Alltag Müll zu vermeiden!

Tipp: Papier sparen
Papier zu sparen, gehört sicher zur bereits üblichen Praxis deines nachhaltigen Haushalts:

- Küchenrollen gegen saugfähige und waschbare Stofftücher austauschen. Das klappt bei mir bisher nur zum Teil, dazu sind die Küchenrollen einfach zu praktisch. Bei mir wandern aber gebrauchte Küchenrollenseiten in die Grüne Tonne. Wenn du wie ich nicht ganz auf Küchenrollen verzichten kannst, achte auf die Kennzeichnung „kompostierbar" und entsprechende Zertifizierungen (siehe Tipp *62 – Siegel für Nachhaltigkeit*).
- Desgleichen Papierservietten gegen solche aus Leinen oder Baumwolle tauschen. Das ist nun wirklich nicht schwer, und Stoffservietten sind eine langjährig nutzbare Anschaffung.
- Taschentücher aus Zellstoff (meine große Sünde) gegen waschbare Stofftaschentücher austauschen (daran muss ich weiterarbeiten).
- Nicht vermeidbare Papierabfälle vom Restmüll trennen und über den Altpapiercontainer dem Recycling zuführen.
- Digitalisiere deine Dokumente (siehe Tipp *43 – Digitalisierung und Nachhaltigkeit*) und verzichte auf die übliche Zettelwirtschaft. Das spart nicht nur Papier, sondern auch eine Menge Zeit, die wir sonst beim Suchen wichtiger Dokumente brauchen.
- Wenn du wirklich etwas ausdrucken musst, verwende Recyclingpapier, drucke doppelseitig und in Schwarzweiß.
- Tickets, Karten und Reiseführer kannst du ganz einfach auf dein Mobiltelefon laden. Es hat bei mir eine Weile ge-

Kreislaufwirtschaft leben 123

dauert, bis ich auf Papiertickets verzichten konnte, es war jedoch nur eine bewusste Verhaltensveränderung (siehe Tipp *74 – Die Macht der Gewohnheiten*) bei mir nötig.

- Installiere dir für deinen Lesestoff (siehe auch Tipp *11 – Fakten checken und bewerten*) E-Book-Reader[2] und lese bevorzugt mithilfe dieser Apps. Obwohl ich inzwischen sehr viele E-Books und PDF-Dokumente lese, muss ich zugeben, dass ich auf Bücher aus Papier nicht ganz verzichten will. Manche Bücher möchte ich einfach in der Hand halten und fühlen (siehe NLP in Tipp *2 – Die Kraft der Fragen für mehr Nachhaltigkeit*). In diesem Fall kannst du aber nachsehen, ob es das Buch auch gebraucht gibt (siehe Tipp *19 – Gebraucht ist das neue Neu*).
- Verwende Backpapier mehrfach. Vorhandene Brat- oder Backreste kannst du abschütteln oder abwischen. Erst wenn das Backpapier braun und brüchig wird, kommt es in den Abfall (in diesem Fall in den Restmüll, da es beschichtet ist).
- Anstatt von Backpapier kannst du auch Dauerbackmatten aus Silicon verwenden, die (da aus Kunststoff) nahezu unzerstörbar und einfach zu reinigen sind. Oder du nimmst einen Pizza- bzw. Brotbackstein aus natürlichem Tonmaterial in der Größe eines üblichen Backblechs. Dann brauchst du allerdings auch mehr Energie zum Aufheizen.

Tipp: Nachhaltige Verpackung verwenden
Verpackungen sind aus unserem Alltag kaum wegzudenken. Ob Brezeln und Brötchen in Sichtstreifenbeutel im Supermarkt, Schokoriegel in Plastik oder Getränke in Einwegflaschen – Verpackungen schützen Produkte und erleichtern

---

[2] Ein E-Book ist ein elektronisches Buch, das in einer digitalen Form vorliegt und auf einem elektronischen Gerät wie einem E-Book-Reader, Computer, Smartphone oder Tablet gelesen werden kann.

den Transport. Doch die Kehrseite der Medaille ist der Verpackungsmüll. Jährlich fallen in Deutschland Millionen Tonnen Verpackungsabfälle an, die unsere Umwelt belasten.

Nachhaltige Verpackungen können einen wichtigen Beitrag dazu leisten, den Verpackungsmüll zu reduzieren und Ressourcen zu schonen. Grundsätzlich ist jede wiederverwendbare Verpackung nachhaltiger als eine Einmalverpackung. Auch wenn sie aus (recyceltem) Plastik ist. Wenn Verpackungen notwendig sind, sollten sie vorzugsweise aus nachhaltigen Materialien bestehen:

- Pappe und Papier: Wird aus nachwachsenden Rohstoffen hergestellt und kann recycelt werden.
- Glas: Glasverpackungen sind robust, wiederverwendbar und recycelbar.
- Metall: Metalldosen und -behälter sind langlebig, wiederverwendbar und recycelbar.
- Biokunststoffe: Biokunststoffe werden aus nachwachsenden Rohstoffen hergestellt. Sie sind jedoch nicht automatisch kompostierbar. Aufschriften wie „biologisch abbaubar" auf der Verpackung deutet darauf hin, dass der Kunststoff unter bestimmten Bedingungen biologisch abbaubar ist.
- Boxen aus nachwachsenden Rohstoffen wie Holz oder recycelten Materialien sind gute Alternativen zu Plastikboxen.
- Edelstahldosen können mitunter das ganze Leben halten. Bei Flaschen gilt Ähnliches. Trinkflaschen aus Glas sind jedoch nichts für kleine Kinder.

Tipp: Verpackungsmüll vermeiden
Es ist schon irre, wie viel Müll allein durch Verpackungen entsteht und nicht immer können wir ihn vermeiden. Dennoch gibt es einige Tipps, wie wir dem Verpackungsmüll zumindest etwas Herr werden können:

Kreislaufwirtschaft leben 125

- **Nutze Nachfüllverpackungen und Eigenverpackung:**
  - Nicht immer musst du die Produkte samt Verpackung neu kaufen. Für Seife, Reinigungsmittel, Süßstoff und viele andere Produkte gibt es oft Nachfüllpacks, die dir helfen, unnötige Verpackungen zu vermeiden.
  - In manchen Drogeriemärkten gibt es auch Zapfstationen für Pflegeprodukte. Du bringst deine eigene Verpackung mit, die du dort beispielsweise mit einem umweltfreundlichen Waschmittel auffüllen kannst.
- **Steige auf Unverpacktes um:**
  - Vor allem Obst und Gemüse sind sehr oft mit Papier oder Plastikfolie eingepackt, um sie haltbarer zu machen. Diese Verpackungen landen zuhause jedoch früher oder später im Müll. Dabei bieten viele Supermärkte wiederverwendbare Gemüsenetze an, die du mit Obst und Gemüse füllen kannst. Oder du verzichtest einfach auf jegliche Verpackung und legst deine Einkäufe unverpackt in deinen Einkaufskorb. Vergiss nicht, das Obst und Gemüse zuhause gründlich zu waschen, bevor du es dir schmecken lässt (siehe auch Tipp 7 – *Gesundheit und Nachhaltigkeit*).
  - Auch für Brot und Brötchen gibt es praktische und waschbare Stoffbeutel. Gewöhne dir an, immer einen davon in die Einkaufstasche zu stecken. Dann geht das schnell in deinen Alltag über.
  - An vielen Frischetheken kannst du dir Wurst und Käse in deine eigenen und wiederverwendbaren Verpackungen legen lassen.
- **Verwende Großpackungen:** Kaufe wenn möglich, Großpackungen, beispielsweise bei Spülmaschinentabs, um den Verpackungsmüll pro Einheit zu reduzieren. Als schönen Nebeneffekt sparst du dir so auch noch Geld.

Tipp: Küche
Die Küche ist der Mittelpunkt unseres Haushalts. Hier wird gekocht, gegessen, oft geputzt und abgewaschen. Doch sie kann auch eine wahre Müllfalle sein. Um das zu ändern, gibt es manch einfachen Trick:

- Mache vor jedem Einkauf eine Liste von den Dingen, die du wirklich in den nächsten Tagen benötigst (siehe auch Tipp 25 – *Nachhaltige Ernährungspläne*) und gehe nicht hungrig in den Supermarkt. Kaufe diszipliniert nach dieser Liste ein und tappe nicht in eine der zahlreichen Konsumfallen.
- Lerne, wie du deine Lebensmittel länger frisch hältst und Reste kreativ verwertest (siehe Tipp 32 – *Genuss ohne Verschwendung*).
- Stelle deine Reinigungsmittel selbst her (siehe Tipp 35 – *Umweltfreundliche Reinigungsmittel*).
- Verwerte deine Bioabfälle zu wertvollem Dünger für deine Pflanzen (siehe Tipp 33 – *Biomüll sinnvoll nutzen*).

29 – Wertstoffe trennen

Aus Müll werden Wertstoffe, wenn wir es richtig angehen!

Und das ist auch dringend nötig, denn die Müllberge wachsen unaufhörlich. Anstatt wertvolle Ressourcen zu verschwenden, in dem wir sie in den Mülleimer werfen, können wir mit Wertstofftrennung und Wiederverwertung den Kreislauf von vorne beginnen lassen.

Hast du schon mal darüber nachgedacht, was aus deinem alten Smartphone wird, wenn du es durch ein neues ersetzt? Oder wo dein alter Radiowecker landet? Viele Dinge, die wir täglich nutzen, enthalten wertvolle Rohstoffe. Wenn wir diese sorgsam trennen und damit eine Wiederaufbereitung ermöglichen, schonen wir die Umwelt und leisten einen wichtigen Beitrag zur Kreislaufwirtschaft als Teil der Nachhaltigkeit.

> **Tipp**
>
> Besorge dir den Onlinemüllkalender deiner Gemeinde. So weißt du genau, welche Abfälle und welche Wertstoffe wann und wo gesammelt werden. Trag die Termine in eine Kalender-App ein, und du wirst an die einzelnen Müll- und Wertstofftermine erinnert (siehe auch Tipp *43 – Digitalisierung und Nachhaltigkeit*).

Recycling[3] – nachhaltige Abfallverwertung

Der erste Schritt zum erfolgreichen Recycling ist die richtige Trennung. Papier, Glas, Plastik, Metall, Biomüll und Restmüll gehören in unterschiedliche Behälter. Aber auch Batterien, Elektrogeräte und spezielle Problemstoffe wie Farben oder Medikamente müssen fachgerecht entsorgt werden.

- **Biomüll:** Obst- und Gemüsereste, Kaffeesatz und Eierschalen gehören in die Biotonne. Der daraus gewonnene Kompost ist ein wertvoller Dünger für den Garten (siehe Tipp *33 – Biomüll sinnvoll nutzen*).
- **Papier:** Zeitungen, Zeitschriften, Kartons und Pappe sollten immer gesammelt und ohne Plastikbestandteile dem Altpapierkreislauf zugeführt werden.
- **Glas:** Glasflaschen und -gläser, die du in die Altglascontainer am Bauhof wirfst, werden eingeschmolzen und zu neuen Glasprodukten verarbeitet.

---

[3] Recycling ist die Wiederverwertung oder Wiederaufbereitung von Abfällen, um neue Rohstoffe oder Produkte zu gewinnen. Recycling reduziert die Abhängigkeit von natürlichen Ressourcen, schont die Umwelt und verringert die Emissionen von Treibhausgasen.

- **Metall:** Dosen, Alufolie und andere Metallverpackungen können unendlich oft wiederaufbereitet werden, vorausgesetzt du wirfst sie in den richtigen Container.
- **Plastik:** Viele Plastikverpackungen können ebenfalls recycelt werden. Achte auf die Recyclingkennzeichnung (siehe Tipp 62 – *Siegel für Nachhaltigkeit*).
- **Problemstoffe:** Farben, Lacke, Batterien (Bauhof) und Medikamente (Apotheke) gehören nicht in den Hausmüll, sondern zu speziellen Sammelstellen.
- **Elektro-/Elektronikschrott:** Alte Geräte gehören in den Elektroschrottcontainer deines Bau- oder Recyclinghofs. Von dort werden sie zu Unternehmen gebracht, die Wertstoffe wie Kupfer, Silber und Gold aus den Geräten holen.
- **Textilien:** Gehören in spezielle Altkleidersammelboxen, die auch meist auf Bauhöfen oder am Rathaus aufgestellt sind.

Doch aufgepasst! Auch hier gibt es schwarze Schafe, die den recyclingfähigen Abfall nach Afrika verschicken, wo er dann entweder unkontrolliert auf einer Schrotthalde landet oder wo die Trennung der Wertstoffe durch ungefilterte Verbrennung erfolgt. Es ist also am nachhaltigsten, wenn du recyclingfähige Abfälle zum nächsten Wertstoffhof bringst. Dort ist auch teilweise eine fachliche Beratung möglich.

Tipp: Ich gehe davon aus, dass du deine Dosen und Flaschen in den Rücknahmeautomaten deines Supermarkts gibst, damit erhältst du bereits in vielen Ländern Geld für dein nachhaltiges Verhalten. Achte auf ein Pfandlogo auf der Flasche (in Deutschland ist es ein Logo mit Flasche, Dose und Pfeil). Über das Jahr ergibt sich so ein nettes Sümmchen und deswegen macht das eigentlich jeder. Du kannst das erzielte Pfand jedoch auch einer gemeinnützigen Organisation spenden, in Deutschland beispielsweise einer Tafel in deiner Region. Viele

Rücknahmeautomaten haben einen entsprechenden Knopf für Spenden oder eine Spendenbox, in die du deinen Pfandcoupon einwerfen kannst. Damit bedienst du auch die soziale Säule der Nachhaltigkeit mit deinem Verhalten.

30 – Plastik reduzieren

Plastik zerfällt sehr langsam und in immer kleinere Teile, das sogenannte Mikroplastik[4]. Über die Nahrungskette gelangt es wieder in unseren Körper und kann dort zu ernsthaften gesundheitlichen Problemen führen. Es sind noch nicht alle Auswirkungen von Plastikabfall und insbesondere Mikroplastik und Nanopartikel auf uns und unsere Umwelt bekannt. Dennoch gibt es deutliche Hinweise darauf, dass Mikroplastik- und Nanopartikel beim Menschen zu Schäden im Magen-Darm-Trakt, insbesondere zu Entzündungen dort führen können. Weiterhin ist eine Schädigung unseres Immunsystems möglich, sowie Beeinträchtigungen unseres Herz-Kreislauf-Systems. Auch die Tier- und Pflanzenwelt ist vom Plastikmüll und seinen Abbauprodukten negativ betroffen. Es gilt also, den Gebrauch von Plastik in unserem alltäglichen Leben so weit wie möglich zu verringern und zwingend notwendige Plastikprodukte so lange wie möglich zu nutzen, um sie anschließend der Wiederverwertung zuzuführen.

Ein spezielles Problem mit Mikroplastik sind die Kunststoffe der Kosmetikprodukte. So sind beispielsweise Schleifpartikel in Zahnpasta oder Peelingprodukten oft noch aus Mikroplastik. Das Mikroplastik aus Kosmetikprodukten gelangt über das Abwasser in die Kläranlagen und diese können

---

[4] Mikroplastik sind winzige Plastikteilchen. Sie können bei der Herstellung produziert werden, beispielsweise als Mikrokügelchen in Kosmetika. Sie entstehen aber auch beim Zerfall größerer Plastikteile.

Kunststoffe nur bedingt herausfiltern. Ein Teil davon gelangt deswegen in den Klärschlamm, ein anderer Teil in Ozeane und Flüsse. Einmal im Wasser angekommen, können diese Kunststoffe nicht mehr entfernt werden und landen früher oder später wieder auf unserem Teller. Gesundheitliche Folgen können nicht ausgeschlossen werden.

Woran erkenne ich Produkte mit Mikroplastik?
Wer sichergehen möchte, dass gekaufte Produkte kein Mikroplastik enthalten, schaut am besten auf die Inhaltsstoffe. Findest du dort Beschreibungen wie Polyethylen (PE), Polyamid (PA), Polypropylen (PP) oder Polyethylenterephthalat (PET), dann ist wahrscheinlich Mikroplastik enthalten.

Eine ausführlichere Liste mit Kunststoffen, die in Kosmetik enthalten sein können, findest du auch bei den Krankenkassen. Es ist eine lange Liste, und ich verzichte daher darauf, sie hier aufzuführen. Du findest sie schon.

Noch einfacher geht es mit Produktcheck-Apps. Scanne mit deinem Handy einfach den Barcode des Produkts und lass dir anzeigen, welche schädlichen Stoffe es enthält. Beliebte Apps sind beispielsweise ToxFox (siehe Tipp *7 – Gesundheit und Nachhaltigkeit*) oder CodeCheck. Du findest sie in deinem App Store.

Zudem hast du immer die Möglichkeit, auf Naturkosmetik zurückzugreifen, denn dort darf kein Mikroplastik enthalten sein. Marken wie beispielsweise Weleda (NaTrue), Alterra (NaTrue, BDIH), Lavera (NaTrue), Alverde (NaTrue) sind zertifizierte Naturkosmetikprodukte. Achte darauf, ob das Zertifikat deinen Ansprüchen genügt (siehe auch Tipp *62 – Siegel für Nachhaltigkeit*). Vergiss nicht, dass du bestimmte Körperpflegemittel auch selbst herstellen kannst (siehe Tipp *34 – Natürliche Pflegeprodukte*), da bestimmst du allein, was hineinkommt.

Tipps zur Reduzierung von Plastik im Alltag:

- Verwende beim Einkaufen Stoffbeutel und Körbe, deinen Rucksack und Mehrwegbehälter. Vermeide damit, Plastiktüten nehmen zu müssen. Zeige an der Kasse deinen leeren Rucksack, Korb usw. vor, um Missverständnisse zu vermeiden. Ich bin anfangs öfter von „Kaufhausdetektiven" schnoddrig auf meine Taschen und Behälter angeredet worden.
- Verwende Obst- und Gemüsenetze beim Einkaufen, anstatt Plastik- oder Papiertüten. Das (Tara-)Gewicht des Netzes wird an der Kasse dann wieder abgezogen, und du bezahlst nur die Ware ohne Verpackung. An Selbstbedienungskassen ist dies inzwischen meistens auch möglich.
- Nimm bevorzugt Milchprodukte und andere Lebensmittel in Glasverpackungen mit Pfand.
- Nutze wiederverwendbare Trinkflaschen und Kaffeebecher für unterwegs anstatt Einwegflaschen.
- Verwende (selbst gemachte) Bienenwachstücher (siehe Tipp 36 – *Selbermachen*) oder wiederverwendbare Dosen anstelle von Frischhaltefolien. Wenn du Frischhaltefolie verwendest, nutze sie mehrfach (sie sind abwaschbar) und entsorge sie schließlich im Gelben Sack.
- Verwende keine Produkte, die bereits Mikroplastik oder Nanopartikel enthalten, wie beispielsweise in bestimmten Peelings, Zahnpasta oder Kosmetikartikeln wie Sonnencremes, Make-up-Produkte, Nagellacke und Hautpflegemittel. Sieh dir die Inhaltsstoffe des Produkts/Lebensmittels genau an. Bestandteile in Form von Nanomaterialien müssen gefolgt vom Wort „Nano" in Klammern angeführt werden. Du kannst dir das mit einer App wie ToxFox erleichtern.

- Wasche synthetische Textilien in einem Wäschesack, um den Austritt von Mikroplastik zu reduzieren.
- Probiere es mal mit Plastikfasten. Versuche, für eine bestimmte Zeit so wenig Plastik wie möglich zu verwenden.

31 – Wasser sparen leicht gemacht

Wasser bedeutet Leben und ist gleichzeitig eine kostbare Ressource, die wir mit Bedacht nutzen sollten. Noch haben wir in Mitteleuropa Wasser im Überfluss, das bedeutet jedoch nicht, dass wir damit verschwenderisch umgehen sollen. Ganz im Gegenteil! Frisches Trinkwasser wird wegen der zunehmend wärmeren Sommer auch bei uns eine knapper werdende Ressource, um die wir uns auch in unserem Alltag kümmern müssen.

Wasser sparen: nur ein Tropfen auf dem heißen Stein?
Die Werbung zeigt es uns inzwischen mit Spots wie: „… Warum müssen eure Papas Wasserflaschen schleppen? …" Dahinter steckt das durchaus sinnvolle Ansinnen, Leitungswasser anstelle von Mineralwasser zu verwenden und die Kohlensäure separat hinzuzufügen, wenn dies gewünscht wird.

Du meinst, unser Wasserverbrauch hat mit Nachhaltigkeit nicht so viel zu tun? Gut, dann sehen wir uns doch mal einige Zahlen an, die zeigen, wie wichtig das Thema Wasser auf unserem Weg zur Nachhaltigkeit im Alltag ist.

Im Durchschnitt trinken wir in Deutschland rund 165 l abgefülltes Mineralwasser pro Person und Jahr. Mit durchschnittlich 2,16 € pro Kubikmeter kostet der Liter Leitungswasser beispielsweise bei mir in Bayern 0,22 Cent. In meiner Gemeinde kostet der Liter inklusive aller Gebühren sogar nur 0,14 Cent. Die Literflasche Mineralwasser kostet dagegen bei uns im Durchschnitt 1,05 €, d. h. das 750-Fache von Leitungswasser.

Anders gerechnet geben wir im Schnitt etwa 175 € pro Person im Jahr für abgefülltes Trinkwasser aus, wogegen die gleiche Menge Leitungswasser nur 0,25 € im Jahr kosten würde.

Die Ökobilanz[5] einer Flasche Mineralwasser kann ich hier nicht beziffern, da sie von zu vielen Faktoren abhängig ist. Dennoch ist es auch so einleuchtend, dass die Ökobilanz von Leitungswasser mit minimalen Transportkosten, einmaligen Zuleitungskosten und null Ressourcen für Verpackung deutlich günstiger ist als jede Flasche Mineralwasser, die zudem meistens aus Plastik ist.

Die Qualität von Leitungswasser wird bei uns in Deutschland und auch in vielen anderen Ländern staatlich vorgeschrieben und streng kontrolliert. Aus Sicht der Qualität gibt es also keinen Grund, Leitungswasser nicht anstelle von Mineralwasser zu verwenden. Und wer sein Trinkwasser gern mit Kohlensäure mag (so wie ich), kann die ja auch selbst zusetzen. Entsprechende Gaskartuschen mit Kohlensäure (mit Pfand) bekommst du in fast jedem Getränke- oder Supermarkt. Natürlich sieht die Rechnung bei jedem Haushalt etwas anders aus, die grundsätzlichen Unterschiede bleiben jedoch. Es lohnt sich daher sowohl preislich als auch aus Umweltsicht, zumindest teilweise auf Leitungswasser umzusteigen. Als erfreulicher Nebeneffekt entfällt dann auch das Wasserschleppen der Papas und Mamas, siehe Werbung.

Tipps zum Wassersparen im Alltag:

- Duschen statt baden spart nicht nur viel Wasser, sondern auch Energie zum Erwärmen des Wassers. Es wird gesagt, kalt zu duschen stärkt die Abwehrkräfte (das schaffe ich allerdings nicht, vielleicht im nächsten Leben).

---

[5] Die Ökobilanz eines Produkts ist ein Verfahren zur Analyse der Umweltauswirkungen über dessen gesamten Lebenszyklus hinweg, von der Herstellung der Rohstoffe bis zur Endverwertung oder Entsorgung.

- Beim Duschen die Brause abstellen, während du dich einseifst. Verwende einen wassersparenden Duschkopf. Ein Sparduschkopf reduziert deinen Wasserbrauch um die Hälfte.
- Den Wasserhahn beim Zähneputzen oder Hände einseifen zudrehen. So werden im Handumdrehen mehrere Liter Wasser pro Tag gespart.
- Die Toilettenspülung ist einer der größten Wasserverbraucher im Haushalt. Nutze die Spartaste, wenn du nur „klein" spülen musst. So sparst du bei jedem Spülgang etwa 3 l Wasser.
- Wenn du einen Garten hast:
  - Nutze das Regenwasser. Regenwasser ist kostenlos und aufgrund seiner geringen Härte ideal zum Gießen von Pflanzen. Stell eine Regentonne auf und sammle das Regenwasser. So sparst du Leitungswasser und tust damit gleichzeitig etwas Gutes für die Umwelt und deine Pflanzen.
  - Die Pflanzen nur am frühen Morgen und Abend gießen, wenn die Sonne nicht so stark scheint. Das spart nicht nur Wasser, sondern schützt deine Pflanzen auch vor Verbrennungen.
  - Wähle heimische Pflanzen. Sie haben eine höhere Überlebenschance und benötigen meist auch weniger Wasser und Gärnterarbeit.
  - Mulch verwenden, um die Verdunstung von Wasser zu reduzieren.
  - Verwende torffreie Erde und trage damit dazu bei, dass Moore als CO_2-Senken erhalten bleiben.
- Geschirrspüler und Waschmaschine nur voll beladen laufen lassen. Das spart neben Wasser auch noch jede Menge Energie und schont so deinen Geldbeutel (siehe auch Tipp *41 – Energietipps für den Alltag*).

- Tropfende Wasserhähne und defekte Toilettenspülungen gleich reparieren (lassen) (siehe Tipp *38 – Reparieren statt wegwerfen*).

Du siehst, mit ein paar einfachen Verhaltensänderungen und Tricks kannst du im Alltag viel Wasser sparen. Und das Beste daran ist, du tust damit nicht nur etwas für die Umwelt, sondern sparst auch bares Geld.

32 – Genuss ohne Verschwendung

Eine Sache, die wir alle sehr einfach angehen könnten, ist die deutliche Verringerung von Lebensmitteln, die täglich trotz bestem Zustand in den Müll geworfen werden, weil die Mindesthaltbarkeitsdauer[6] (MHD) abgelaufen ist. Die MHD ist jedoch kein Verfallsdatum oder Verbrauchsdatum! Viele Lebensmittel sind auch nach Ablauf der MHD noch genießbar. Allein in Deutschland werden jährlich etliche Millionen[7] Tonnen Lebensmittel wegen abgelaufener MHD in den Müll geworfen!

Die MHD redet uns ein, dass das entsprechende Lebensmittel nach Ablauf des aufgedruckten Datums schlecht und ungenießbar ist und deshalb weggeworfen werden muss. Wenn dies auch bestimmt bei der Einführung der MHD nicht beabsichtigt war, so geht es doch jedem von uns so, dass man die Milchtüte, die im Kühlregal ganz vorne steht, ignoriert und sich eine von weiter hinten nimmt, deren MHD noch

---

[6] Das Mindesthaltbarkeitsdatum ist ein Richtwert und gibt an, bis zu welchem Zeitpunkt ein ungeöffnetes Lebensmittel seine Eigenschaften wie Geschmack, Geruch, Konsistenz und Nährwert bei angegebener Lagerung beibehält.
[7] Genaue und aktuelle Informationen zum MHD-Müll erhältst du z. B. auf der Website des Bundesministeriums für Ernährung und Landwirtschaft (BMEL) oder beim Statistischen Bundesamt.

weit in der Zukunft ist. Dieses Verhalten, das wir auch bei Käse, Butter, Joghurt usw. zeigen, können wir aber leicht ändern und damit viel bewirken.

> **Tipp**
> Kauf nur so viel ein, wie du innerhalb einer Woche verbrauchst. Nimm deshalb bewusst das Produkt aus dem Kühlregal mit, das ganz vorne steht und sicherlich einwandfrei ist. Du wirst es in der laufenden Woche verbrauchen und hilfst mit deinem Verhalten dabei, Lebensmittelverschwendung zu verringern.

Würde dies von der Mehrheit der Verbraucher so gelebt werden, würde damit auch die Überproduktion vieler Lebensmittel verringert werden, was wiederum zu weniger MHD-Abfall führen würde. Und wer weiß, vielleicht gehen wir ja eines Tages von diesem missverständlichen MHD weg und verwenden stattdessen wie in der englischsprachigen Welt so etwas wie *best before*. Ein anderer Name und schon landet deutlich weniger im Müll[8].

Wir als Konsumenten haben es an dieser Stelle im wahrsten Sinne in der Hand, wie viel wertvolle Lebensmittel umsonst produziert und weggeworfen werden, obwohl es auch in unserer satten westlichen Welt genug Hunger und Armut gibt. Neben der Haltbarkeit bei Lebensmitteln sollten auch die Herkunft und die Produktionsverhältnisse wichtig für unser Einkaufsverhalten sein. Verbraucherverbände prüfen regelmäßig die zahlreichen Label und Gütesiegel, die uns Konsumenten zumindest einen Anhalt geben, ob das Produkt auch unter ethischen Gesichtspunkten in Ordnung ist (siehe

---

[8] Damit würden auch viel weniger Lebensmittel bei den Tafeln landen. Darüber bin ich mir im Klaren. In einem Staat, der auf Grundlagen der Nachhaltigkeit aufbaut, wären Tafeln jedoch nicht mehr notwendig, da alle Bürgerinnen und Bürger vom Staat mit den notwendigen Lebensmitteln versorgt würden.

Tipp *62 – Siegel für Nachhaltigkeit*). Wenn du so willst, ist dies ein strategischer Ansatz im privaten Konsumverhalten, und wir kommen darauf im Tipp *68 – Fairness und Gerechtigkeit* zurück.

Ein weiterer Grund, möglichst wenig Lebensmittel wegzuwerfen, ist die Verringerung von Treibhausgasemissionen, die zur Klimaerwärmung beitragen. Die Lebensmittelabfälle in Deutschland verursachen ca. 8 % der nationalen jährlichen Treibhausgasemissionen. Den größten Anteil daran haben die Privathaushalte mit 60 %,[9] und daran können wir gemeinsam viel ändern.

Tipps gegen Lebensmittelverschwendung:

- Plane deine Mahlzeiten im Voraus und kaufe nur so viele Lebensmittel, wie du tatsächlich benötigst (siehe Tipp *25 – Nachhaltige Ernährungspläne*). Mach dir vorher eine Einkaufsliste und kaufe nur die Lebensmittel, die du in den nächsten Tagen auch verbrauchen kannst. Ich verwende eine kostenlose Einkaufslisten-App (pon), die mich in dieser Hinsicht ermutigt und dazu noch den Vorteil hat, dass ich nichts mehr vergesse, was ich einkaufen möchte.
- Vorkochen (Meal Prep): Du kannst komplette Gerichte oder Teile davon vorkochen oder mehr von einem Gericht zubereiten und einen Teil davon einfrieren. Bei Rouladen, Gulasch, Gemüsesuppe, Pfannkuchen und Fleischpflanzerl (Frikadellen, Buletten) mache ich das immer so. Fleischpflanzerl schmecken kalt mit Zwiebel auf Brot fast noch besser als warm. Übrig gebliebene Pfannkuchen werden in Streifen geschnitten und eingefroren. Als portionsweise Beilage zur selbst gemachten Gemüsesuppe ergibt das schon wieder eine volle und gesunde Mahlzeit. Tomatengrund-

---

[9] Quelle: Bundesministerium für Umwelt, Naturschutz, nukleare Sicherheit und Verbraucherschutz (BMUV).

soße für Pizza und Pasta kannst du hervorragend portionsweise einfrieren. Damit entfallen das tägliche Einkaufen und Kochen zum guten Teil, und wenn du gut vorplanst, dann vergammelt auch nichts mehr im Kühlschrank.
- Lagere deine Lebensmittel richtig, um sie länger haltbar zu machen:
  – Stell deinen Kühlschrank auf die richtige Temperatur ein (siehe Tipp *41 – Energietipps für den Alltag*). Nutze die Fächer in deinem Kühlschrank richtig. Meist steht auf dem Fach, was jeweils dort gelagert werden soll. Wenn nicht, lies es in der Betriebsanleitung nach.
  – Verpacke Obst und Gemüse luftdicht in wiederverwendbaren Behältern, um Austrocknung zu vermeiden.
  – Dein Brotkasten gehört an einen kühlen und trockenen Ort, um Schimmelbildung zu verhindern.
  – Wenn du frische Kräuter kaufst, gib sie in ein Wasserglas, um sie länger frisch zu halten. Was du davon nicht gleich brauchst, kannst du gehackt in wiederverwendbaren Eiswürfelbehältern einfrieren.
- Verwerte Lebensmittelreste kreativ. Vieles kannst du mit raffinierten Rezepten aus Großmutters Zeiten vor der Abfalltonne bewahren. So wird aus altem Baguette oder Brötchen Paniermehl, das griffiger ist als gekauftes. Aus überreifem Obst kannst du immer noch eine leckere Marmelade machen. Geht das alles nicht, sind viele Lebensmittelreste immer noch als Kompostgrundlage oder als Dünger verwendbar (siehe Tipp *33 – Biomüll sinnvoll nutzen*).
- Bevor du schließlich doch ein Lebensmittel wegwirfst, mach einen einfachen Test. Sieh dir das Produkt an und rieche daran. In den meisten Fällen kannst du dann schon entscheiden, ob es noch gut ist oder nicht. Wenn es gut aus-

sieht und gut riecht, dann kannst du etwas davon probieren und dann abschließend entscheiden.
- Übertreibe es aber auch nicht. Schau auf das Verbrauchsdatum bzw. auf das Verfallsdatum. Nach dessen Ablauf solltest du das Lebensmittel nachhaltig entsorgen und in den Kompost oder die Biotonne geben. Dann erfüllt es immer noch einen sinnvollen Zweck.
- Es gibt etliche Apps, die dabei helfen, gute Lebensmittel vor dem Wegwerfen zu retten (z. B. Too Good to Go). Damit kannst du dir einwandfreies Essen aus Restaurants, Lebensmittelläden und anderen Geschäften zu einem sehr günstigen Preis holen.

33 – Biomüll sinnvoll nutzen

Hast du gewusst, dass deine Küchenabfälle ein wertvoller Schatz für deinen Garten oder deine Balkonpflanzen sein können? Statt sie einfach wegzuwerfen, kannst du sie zum Teil zu nährstoffreichem Kompost verarbeiten oder direkt damit deine Pflanzen düngen. So schließt sich der Kreislauf, und du reduzierst deinen Biomüll. Wenn du keinen eigenen Garten hast, dann gib die Küchenabfälle, die du nicht zum Pflanzendüngen nutzen kannst, in die Biotonne. Dieser Biomüll wird dann von Entsorgungsunternehmen entweder kompostiert oder in Biogasanlagen vergärt und zur Stromerzeugung verwendet.

Tipps:
- Den Kaffeesatz kannst du natürlich kompostieren. Du kannst ihn aber auch ohne Umwandlung nutzen. Lass ihn auf einem Stück Zeitungspapier trocknen und verwende ihn dann direkt als Streudünger für Pflanzen, die eine saure Erde benötigen. Beispielsweise Hortensien, Lilien, Pfingstrosen, Gurken, Tomaten, Zucchini, Erdbeeren u. v. m.

- Den Teesatz kannst du entweder wie den Kaffeesatz getrocknet direkt an den Pflanzen ausbringen oder gebrauchte Teebeutel in das Gießwasser hängen. Die Wirkung ist ähnlich wie beim Kaffeesatz.
- Wenn du Eierschalen so fein wie möglich zerkleinerst (nimm den Mörser aus deiner Küche), kannst du sie in die Erde deiner Pflanzen einarbeiten. Dies bringt ihnen zusätzliches Kalziumkarbonat.
- Kartoffelschalen gehören in den Kompost, denn sie ergeben eine gute Komposterde.
- Ohne Salz gekocht, kann abgekühltes Kartoffelwasser als Dünger verwendet werden und gibt den Pflanzen Kalium und Vitamine.
- Bananenschalen enthalten viele wertvolle Rohstoffe. In die Gießkanne legen und einige Stunden ziehen lassen. Dann als angereichertes Gießwasser verwenden.
- Was kannst du noch alles kompostieren? Zum Beispiel Obst- und Gemüsereste, Kaffeesatz, Eierschalen, Laub und Grasschnitt sowie zerkleinerte kleine Äste und Zweige. Wenn du keinen eigenen Garten mit Komposthaufen hast, gib deinen sauber von anderen Bestandteilen getrennten Biomüll in die Grüne Tonne oder in den dafür vorgesehenen Container an deinem Bauhof.
- Informiere dich online. Viele nützliche Tipps und Tricks findest du auf den Websites von Abfallunternehmen und Umweltverbänden.

Mit etwas Geduld kannst du aus vielen deiner Küchenabfälle wertvollen Dünger herstellen und gleichzeitig Geld sparen. Probiere es aus und beobachte, wie deine Pflanzen auf den selbstgemachten Dünger reagieren!

34 – Natürliche Pflegeprodukte

Auf eine umweltfreundliche Körperpflege zu achten und umweltverträgliche Reinigungsmittel zu wählen, das ist eine wahrlich nachhaltige Sache. Und es ist wirklich nicht schwer. Bei Körperpflegeprodukten kann man auf vieles achten, das sowohl der Umwelt als auch der Gesundheit etwas Gutes tut. So beispielsweise Gesichtscreme ohne Palmöl, Duschgel ohne Mikroplastik (siehe Tipp *30 – Plastik reduzieren*), Deo ohne Aluminium, Aftershave ohne Weichmacher (Phthalate) und künstlichen Moschus.

Nicht nur beim Kauf von Nahrungsmitteln entsteht Müll, sondern auch in unserem Badezimmer. Viele Kosmetikprodukte sind in Plastikverpackungen verpackt und enthalten oft selbst Mikroplastik. Hier kannst du ganz einfach auf nachhaltige Alternativen umsteigen. Feste Shampoos und Seifen reduzieren den Verpackungsmüll deutlich. Das Gleiche gilt auch für Zahnpasta in Tablettenform, z. B. Denttabs, Natch, Paperdent, Natessance, Dontodent (verwende ich), usw. zum Teil mit Biozertifizierung und frei von Mikroplastik. Die Verpackung solcher Produkte ist oftmals bereits ein kompostierbares Papiertütchen. Selbst gemachte Kosmetik aus natürlichen Zutaten ist auch eine großartige Möglichkeit, Müll zu vermeiden und gleichzeitig deine Haut zu pflegen.

Zahnbürsten aus Bambus oder Holz sind biologisch abbaubar. Die Borsten sind allerdings meist aus Nylon und müssen separat entsorgt werden. Achte daher darauf, dass die Köpfe der Zahnbürste auswechselbar sind. Statt Zahnbürsten kannst du auch Zahnputzhölzer benutzen und so auf eine natürliche Art die Zähne reinigen. Dafür wird das Holz des Miswak verwendet, der deswegen auch Zahnbürstenbaum genannt wird. Auch Zahnseide gibt es ohne Plastik. Wer Mundwasser verwendet, kann zu einem Naturkosmetikprodukt greifen oder ein Konzentrat verwenden, das wesentlich kleinere Verpackungen benötigt.

Tipps für den Kauf von nachhaltigen Pflegeprodukten:

- Lies dir die Inhaltsstoffliste sorgfältig durch und vermeide Produkte mit Mikroplastik, Parabenen, Phthalaten, Mineralölen und anderen bedenklichen Stoffen. Lass dir dabei von einer App wie ToxFox helfen.
- Nimm möglichst Produkte mit natürlichen Inhaltsstoffen wie Pflanzenöle, Kräuterextrakte und Vitamine.
- Wähle Produkte in recycelfähigen Verpackungen, wie beispielsweise Glas oder Papier.
- Informiere dich über die Nachhaltigkeitsrichtlinien der Hersteller und achte auf Zertifizierungen wie NaTrue oder BDIH (siehe auch Tipp *62 – Siegel für Nachhaltigkeit*).
- Kaufe keine Produkte, die an Tieren getestet wurden. Zwar verbietet die EU-Kosmetikverordnung Tierversuche für Kosmetikprodukte, das gilt aber nicht für Länder wie beispielsweise China. Auch hier bieten Siegel wie „Leaping Bunny" eine Orientierungshilfe.
- Bevorzuge Marken, die auf fairen Handel setzen und ihre Rohstoffe verantwortungsvoll beziehen (siehe auch Tipp *60 – Nachhaltige Unternehmen*).
- Sei kritisch. Nicht jedes Produkt, das als „natürlich" oder „bio" bezeichnet wird, ist tatsächlich nachhaltig.

Du kannst deine Pflegeprodukte zum Teil auch selbst machen. Dazu kommen wir dann gleich, wenn wir uns über das interessante Thema Selbermachen unterhalten.

35 – Umweltfreundliche Reinigungsmittel

Bei Reinigungsmitteln gilt die gleiche Vorgehensweise wie bei den Pflegeprodukten. Darüber hinaus kann hier mit einfachen Mitteln der Einsatz der chemischen Keule vermieden werden. Für die Sauberkeit zu Hause reichen oftmals einige wenige bewährte Putzmittel.

Tipps zu Reinigungsmitteln:

- Essigreiniger, Salmiakgeist oder Zitronensäure (riecht auch gut) sind geeignet für Kalkablagerungen, Urinstein und Arbeitsflächen/Backbleche in der Küche. Sie lösen den Schmutz und neutralisieren üble Gerüche.
- Eine 1:1 Essig-Wasser-Lösung eignet sich auch als Glasreiniger (bei Bedarf ätherisches Öl hinzugeben) oder als Backofenreiniger (ohne ätherisches Öl).
- Meine Wunderwaffe ist ganz normales Backpulver. In Kombination mit Essig ist es fast unschlagbar. Insbesondere beim Reinigen des Siphons der Spüle!
- Natron (Natriumhydrogencarbonat) ist auch eine Geheimwaffe, die du als Backofenreiniger, Badezusatz oder Rohrreiniger verwenden kannst.

Tipp zum Reinigen des Ablaufs in der Spüle:

- Sieb vom Abfluss – falls vorhanden – herausnehmen und aufgefangene Abfälle entsorgen. Sieb wieder einsetzen.
- Ein Päckchen Backpulver (15 g) in die Abflussöffnung der Spüle schütten.
- Etwa 5 EL Essigessenz hinzugeben und danach noch mal 5 EL Wasser (falls keine Essigessenz zur Hand, einfach 10 EL Essig nehmen)
- Ein Viertelstündchen einwirken lassen (es zischt am Anfang) und dann mit Wasser nachspülen.

Auch Spülmittel und Flüssigseife können wir recht einfach, günstig und umweltfreundlich – sprich nachhaltig – in Eigenanfertigung selbst herstellen (siehe Tipp 36 – *Selbermachen statt kaufen*).

Tipp: Gute Putzwerkzeuge verwenden (siehe auch Tipp *37 – Die richtigen Werkzeuge*)

- Wenn du das richtige „Putzwerkzeug" wählst, brauchst du meist weniger Reinigungsmittel, als auf der Verpackung empfohlen wird. Benutze daher Bürsten, Mikrofasertücher oder Edelstahlschwämme, um Schmutz mit wenig Reinigungsmittel zu entfernen.
- Für Fenster und Spiegel reichen Wasser, ein Abzieher und ein trockenes, sauberes Mikrofasertuch zum Nachpolieren aus. Putzmittel im Wasser führen häufig nur zu Streifen und Schlieren auf der Glasscheibe. Bei fettigen Verschmutzungen auf Fenstern und Spiegeln also lieber nur einen kleinen Spritzer Allzweckreiniger ins Putzwasser zugeben.

Tipps zum Kauf nachhaltiger Reinigungsmittel:

- Inhaltsstoffe: Achte auf kurze Inhaltsstofflisten und vermeide Produkte mit folgenden Stoffen:
  - Mikroplastik: Diese winzigen Kunststoffpartikel gelangen ins Wasser und schaden der Umwelt (siehe Tipp *30 – Plastik reduzieren*).
  - Parabene: Diese Konservierungsstoffe können allergische Reaktionen auslösen und stehen im Verdacht, hormonell zu wirken.
  - Phosphate: Phosphate fördern das Algenwachstum in Gewässern.
  - Duftstoffe: Viele Duftstoffe können Allergien auslösen und belasten die Atemwege.

- Zertifizierungen: Suche nach Produkten mit dem Blauen Engel, das hohe Umweltstandards garantiert.
- Verpackungen: Bevorzuge Produkte in nachfüllbaren oder wiederverwendbaren Verpackungen.
- Konzentrate: Kaufe Konzentrate und verdünne sie selbst. So sparst du Verpackungsmüll und kannst die Dosierung nach deiner Vorstellung anpassen.
- Unverpacktläden: In Unverpacktläden kannst du deine eigenen Behälter mitbringen und viele Reinigungsmittel abfüllen. Auch in einigen Biomärkten gibt es zum Teil unverpackte Waren.

Vorsicht bei Desinfektionsmitteln
Durch Covid-19 sind wir inzwischen an den alltäglichen Gebrauch von Desinfektionsmitteln gewöhnt, was zur Bekämpfung der Pandemie auch wichtig war. Dennoch sollten wir den Einsatz auf sinnvolle Zwecke beschränken. Desinfektionsmittel in Haushaltsreinigern sind oft ohnehin zu niedrig dosiert, um wirklich desinfizierend zu wirken.

Die Inhaltsstoffe von vielen Desinfektionsmitteln strapazieren die Haut und fördern die Ausbildung von Allergien. Beim Putzen werden nicht nur krankmachende, sondern auch gesundheitlich unbedenkliche Bakterien bekämpft. Letztere brauchen wir jedoch, um unsere Abwehrkräfte zu stärken. Die meisten Desinfektionsmittel sind zudem nur schwer biologisch abbaubar, da sie auch vor Bakterien in den Kläranlagen nicht Halt machen.

36 – Selbermachen statt kaufen

Selbstgemachte Produkte sind oft nachhaltiger als gekaufte Produkte, da sie weniger oder gar keinen Verpackungsmüll verursachen und oft aus lokalen Zutaten bzw. Bestandteilen hergestellt werden. Ob selbst gestrickte Mützen, Holzkästchen zum Aufbewahren von allen möglichen Sachen oder selbstgemachte Marmelade, selbstgefertigte Produkte sind etwas Besonderes (siehe auch Tipp 22 – *Einmachen und Einwecken wie bei Oma*). Sie tragen unsere persönliche Handschrift und stehen für unseren Ideenreichtum und unseren Erfindungsgeist. Dabei Fehler zu machen, ist ausdrücklich erlaubt!

Es gibt viele Gründe, Dinge selbst zu machen oder selbst herzustellen:

- Etwas selbst zu machen, bedeutet auch nachhaltiger und aufmerksamer zu leben. Wir verwenden dabei wiederverwendbare Materialien, vermeiden unnötigen Verpackungsmüll und schenken alten Dingen neues Leben (siehe Tipp 39 – *Aus Alt mach Neu*).
- Etwas selbst herzustellen, macht Spaß und baut Stress wirksam ab. Beim Werkeln und Basteln können wir schöpferisch sein und abschalten. Wenn wir dies bewusst machen (siehe Tipp 4 – *Bewusstsein schärfen*), bekommen wir damit den Kopf frei und entschärfen nicht hilfreiche Gedanken (siehe Tipp 6 – *Gedanken entschärfen*).

Deiner Fantasie sind beim Selbermachen keine Grenzen gesetzt. Ob Dekoartikel für die Wohnung, individuelle Geschenke für Freunde und Familie (siehe Tipp 26 – *Nachhaltige Geschenke*) oder praktische Helfer im Alltag – mit etwas Übung und den richtigen Materialien können wir sehr viel selbst herstellen. Bei Lebensmitteln gibt es viele einfache Möglichkeiten, sich zumindest zu einem kleinen Teil als Selbstversorger zu organisieren. Dafür ist ein eigener Garten hilfreich, aber nicht zwingend notwendig. Ein Balkon und eine freie Fensterbank reichen für den Anfang auf jeden Fall aus. du kannst viele Lebensmittel auch als Mitglied in einem Gemeinschaftsgarten oder einer landwirtschaftlichen Genossenschaft selbst herstellen (siehe auch Tipp *67 – Regionale Wertschöpfung*).

Tipps zum Selbermachen:

- Lebensmittel:
  - Auf dem Fensterbrett und selbst auf dem kleinsten Balkon lassen sich Kräuter, Tomaten oder Erdbeeren züchten und Radieschen im Blumenkasten aussähen. Ergänzt wird die eigene Lebensmittelproduktion von bienen- und insektenfreundlichen Blumen, die zum Erhalt der Artenvielfalt beitragen. Verwende natürliche Schädlingsbekämpfungsmittel wie Brennnessel- oder Meerrettichsud, um Schädlinge deiner Gemüsepflanzen zu bekämpfen.
  - Marmelade, Brotaufstriche, selbst gebackenes Brot (meine Spezialität ist Naan-Brot), saisonales Gemüse und Obst einmachen (siehe Tipp *22 – Einmachen und Einwecken wie bei Oma*) u. v. m. können wir im Lebensmittelbereich selbst und mit wenig Verpackungen und Abfällen machen. du wirst feststellen, dass selbstgemachte Lebensmittel auch besser schmecken als gekaufte.

- Pflegeprodukte:
  - Bodylotion: Mit wenigen Zutaten wie Kokosöl, Sheabutter und ätherischen Ölen kannst du deine eigene, individuell duftende Bodylotion herstellen.
  - Gesichtsreiniger: Ein milder Gesichtsreiniger lässt sich aus Honig, Olivenöl und Zitronensaft herstellen.
  - Haarshampoo: Mit einer Mischung aus Kastilienseife (aus pflanzlichen Ölen hergestellt), Wasser und ätherischen Ölen kannst du dein eigenes Shampoo herstellen.
  - Deo: Ein natürliches Deo kannst du aus Kokosöl, Natron und ätherischen Ölen herstellen.

- Reinigungsmittel:
  - Rezept für eine 500-ml-Spüli/-Flüssigseife:
    - 0,5 l Wasser zum Kochen bringen.
    - 20 g Kernseife in kleine Scheiben schneiden oder raspeln und in das kochende Wasser geben.
    - Herd etwas herunterschalten und die Mischung mit einem Schneebesen so lange rühren, bis sich die Seifenstückchen komplett aufgelöst haben.
    - 1 TL Natron hinzugeben und verrühren.
    - Die Mischung vom Herd nehmen und abkühlen lassen.
    - Optional kannst du nun noch ein ätherisches Öl nach deinem Gusto (10–20 Tropfen) untermischen.
    - Die fertige Flüssigseife in einen leeren Seifenspender oder Spüliflasche einfüllen und verwenden.
    - Wenn die Flüssigseife längere Zeit steht, kann es sein, dass sich die Zutaten am Boden absetzen. Dann einfach vor Gebrauch gut schütteln, bis wieder eine homogene Mischung entstanden ist.
- Basteln:
  - Gestalte deine Wohnung mit eigenen Dekoartikeln, vorzugsweise mit gebrauchten Materialien (siehe auch Tipp *39 – Aus Alt mach Neu*). Sammle dazu nachhaltige Materialien wie Holz, Stoffreste oder alte Gläser aus deinem Haushalt. Gehe ab und zu wieder durch deine Wohnung, forsche nach Dingen, die du eigentlich nie brauchst (siehe Tipp *18 – Weniger ist mehr*) und gib sie zu deinen Bastelmaterialien.
  - Stell Kerzen und Seife selbst her, vermehre deine Pflanzen selbst (wie das geht, findest du im Internet, z. B. bei YouTube).

- Haareschneiden: Ebenfalls kannst du Dienstleistungen, für die du sonst Geld ausgegeben hättest, in manchen Fällen selbst erledigen. Bei deinen Haaren die Spitzen selbst zu schneiden, das kann einfach über einen Onlinekurs oder ein Tutorial von dir erlernt werden. Oder du bittest deinen Partner, dir die Haare zu schneiden (so wie ich). Als Gegenleistung koche ich etwas Leckeres.

Du bist noch nicht überzeugt, dass du viele Dinge selbst machen kannst? Wage doch einfach mal einen Versuch. Was kann denn schon groß daneben gehen? Und wie gesagt, Fehlermachen ist erlaubt, das gehört einfach mit dazu. Wenn mal etwas danebengeht, nicht aufgeben, sondern wieder versuchen und aus den Fehlern lernen.

Du kannst dir auch im Internet Anregungen holen (z. B. bei Pinterest) oder in Zeitschriften nach Ideen stöbern, die dich ansprechen. Besorg dir die benötigten Materialien (einiges davon wirst du, wie gesagt, auf einem Rundgang in deiner Wohnung finden, siehe Tipp *18 – Weniger ist mehr*) und vielleicht auch das eine oder andere Werkzeug und dann leg einfach los. Glaub mir, Selbermachen macht dir nicht nur Spaß, sondern ist auch eine großartige Möglichkeit für dich, neue Fähigkeiten zu erlernen und dich selbst zu verwirklichen. Dabei förderst du auch die Kreislaufwirtschaft in deinem Haushalt.

Bei der Umsetzung meines Wunschs, möglichst viel in Haushalt und Garten selbst zu machen, habe ich in den letzten Jahren folgende neue Fertigkeiten gelernt, die ich im Alltag gut brauchen kann und auf die ich auch ein klein wenig stolz bin:

- Elektroschweißen (gebrochene Schubkarrendeichsel, umgeknickte Zaunpfähle, eigenes Kunstwerk).

- Hartlöten mit Gasbrenner (Küchensieb, Grillschale, Gartenzaun).
- Schärfen/Schleifen (Messer, Scheren, Sense).
- Gras umweltfreundlich mit der Sense mähen.
- Holz sägen und spalten (Motorsäge, Holzspaltmaschine).
- Grafikdesign mit Inkscape und Gimp (die Themenbilder für dieses Buch).
- Programmieren mit Swift und JavaScript (einen Onlinerechner für Agri-Photovoltaik-Anlagen).
- Lebensmittel fermentieren (Rotkohl, Weißkraut, Gurken).
- Eigene Website einrichten. Sieh dir mal meine Website www.nachhaltigkeit-management.de an, die ist doch gar nicht schlecht?
- Pizza- und Nudelteig. Das Endprodukt schmeckt fast so gut wie in der Pizzeria.
- Balkon-Photovoltaik-Anlage bauen. (Das musst du nicht wie ich selbst konstruieren, sondern kannst du auch als fertigen und günstigen Bausatz kaufen.)

Also mache es mir nach. Nichts wie ran an die Töpfe, Nadeln, Tastatur oder Pinsel und keine Angst vor Fehlern oder anfänglichen Misserfolgen! Achte darauf, die richtigen Werkzeuge und Schutzmittel zu verwenden. Und vergiss auch nicht, Fotos von deinen selbstgemachten Werken zu machen und diese mit Freunden und Familie in den sozialen Netzwerken zu teilen (siehe auch Tipp *72 – Vernetzen und verändern*). So regst du Menschen in deinem Netzwerk dazu an, selbst kreativ zu werden und auf den Weg in Richtung Nachhaltigkeit zu gehen (siehe auch Tipp *17 – Multiplikator für Nachhaltigkeit*).

37 – Die richtigen Werkzeuge

Nachhaltigkeit im privaten Leben bedeutet für mich auch zu versuchen, bestimmte Dinge selbst zu machen, zu reparieren, weiterzuverwenden und wiederzuverwerten. Um diese Dinge jedoch selbst machen oder reparieren zu können, brauchen wir geeignete Werkzeuge. Im Sinne der Nachhaltigkeit sollten es immer gute Werkzeuge aus unproblematischen Materialien mit langer Lebensdauer sein, die von Menschen hergestellt wurden, die dafür einen fairen Lohn erhalten haben. Manche Werkzeuge und Hilfsmittel können wir uns auch selbst herstellen.

Die Verwendung guter Werkzeuge ist das A und O, wenn du Dinge selbst machen, wiederverwenten oder reparieren möchtest. Bevor du jedoch mit dem Kauf deiner Werkzeuge beginnst, solltest du folgende Überlegungen anstellen:

- Brauche ich eine komplette Ausstattung, oder kann ich mir bestimmte Werkzeuge nicht auch ausleihen? In manchen Gemeinden gibt es entsprechende Verleihsysteme (siehe auch Tipp *27 – Die Psychologie des Konsums*).
- Kann ich die geplante Arbeit vielleicht auch in einer Gemeinschaftswerkstätte durchführen? Hier erhältst du auch Unterstützung und kannst dein Wissen und deine handwerklichen Fähigkeiten erweitern und auch weitergeben.
- Muss das Werkzeug neu sein, oder kann ich es auch gebraucht kaufen?
- Habe ich bereits eine Kiste, in der ich meine Werkzeuge verstauen werde, oder kann ich etwas Vorhandenes dazu umgestalten? Eine gut organisierte Werkzeugkiste erleichtert den Zugriff und schützt die Werkzeuge vor Beschädigung. Eine neue oder gebrauchte, robuste Werkzeugkiste aus Holz oder Metall ist langlebiger als eine aus Kunststoff (siehe auch Tipp *19 – Gebraucht ist das neue Neu*).

- Kann ich bestimmte Werkzeuge selbst herstellen? Beispiele: Holzhammer, einfacher Schraubendreher, Schleifstein. Selbst hergestellte Werkzeuge kannst du individuell für deine Hand anpassen. Dazu sparst du dir Kosten und erhältst ein tieferes Verständnis für Werkzeuge.
- Wenn du neue Werkzeuge anschaffen musst, achte darauf, nach Möglichkeit Multifunktionswerkzeuge zu wählen. Das sind kompakte Werkzeuge, die mehrere Funktionen vereinen. Ein Klassiker ist beispielsweise das „Schweizer Taschenmesser".

Tipps zur Grundausstattung:

- Hammer: klassischer Hammer mit Holzgriff,
- Zange: Kombizange mit verschiedenen Greifflächen,
- Schraubendreherset: Kombiwerkzeug mit verschiedenen Größen und Werkzeugeinsätzen,
- Messer: ein scharfes (Teppich-)Messer,
- Phasenprüfer: berührungsloser Phasenprüfer für Wechselspannung zur Fehlersuche und Vermeidung von elektrischen Schlägen,
- Schere: robuste Schere für Papier, Pappe und Kunststoff,
- Maßband: für genaue Messungen unregelmäßiger Gegenstände (nicht nur Kleider),
- Wasserwaage: zum Ausrichten von Gegenständen, die einfach im Lot sein müssen,
- Meterstab: zum abmessen gerader Gegenstände oder Flächen,
- Bohrmaschine: für Bohrarbeiten in Wänden, Holz oder Metall; verwende möglichst eine Akkuvariante mit zuschaltbarer Schlagbohrfunktion,
- Säge: für das Zuschneiden von Holz oder anderen Materialien; eine einfache Handsäge ist oft ausreichend.

Sicherheit zuerst
Beim Arbeiten mit Werkzeugen ist Sicherheit oberste Priorität. Schutzbrille, Handschuhe, Arbeitsschuhe und Gehörschutz sollten selbstverständlich sein. Eigne dir das entsprechende Wissen zum Gebrauch der Werkzeuge an und sei voll konzentriert beim Benutzen der Werkzeuge (siehe auch Tipp 5 – *Achtsamkeit im Alltag*). Neben zahlreichen Tutorials im Internet werden von größeren Gemeinden oft auf Kurse zum Heimwerken angeboten.

Auch Werkzeuge können kaputtgehen und müssen manchmal repariert werden. Vielleicht kannst du das ja auch selbst machen? Mit den richtigen Werkzeugen können wir viele Dinge selbst reparieren und auch herstellen und so Abfall vermeiden und Ressourcen schonen.

38 – Reparieren statt wegwerfen

Wenn etwas kaputt ist, versuche es erst mal zu reparieren, bevor du es wegwirfst und ersetzt. Das schont die Umwelt, ist Teil einer funktionierenden Kreislaufwirtschaft und du kannst dir viel Geld sparen. Der kaputte Toaster muss nicht gleich auf den Müll. Mit etwas Geschick lässt er sich oft reparieren.

Leider setzen immer noch viele Produzenten auf einen geplanten Verschleiß ihrer Produkte. Die Lebensdauer von Haushaltsgeräten wird bewusst verkürzt, damit wir Konsumenten immer wieder neue Produkte kaufen. Dies geht natürlich auch zu Lasten der Nachhaltigkeit. In der Europäischen Union gibt es inzwischen die Richtlinie „Recht zur Reparatur"[10], die von den EU-Mitgliedsstaaten nun in nationales Recht übertragen werden muss.

---

[10] Die EU-Richtlinie „Right to Repair" (R2R) gibt Verbrauchern das Recht, ihr Produkt reparieren zu lassen, wenn es beschädigt oder fehlerhaft ist.

Als Verbraucher können wir jedoch auch unseren Beitrag leisten, indem wir versuchen, defekte Produkte wieder selbst zu reparieren oder von Dritten reparieren lassen. Gerade bei großen Haushaltsgeräten kann sich auch der Kauf von professionell reparierter Secondhandware lohnen (siehe auch Tipp *19 – Gebraucht ist das neue Neu*).

Wir sind es nun mal gewohnt, Gebrauchsgegenstände wegzuwerfen, wenn sie nicht mehr funktionieren oder auch nur ein Teil davon defekt ist. Hier läßt sich jedoch viel Geld und viele Ressourcen sparen und dazu Müll vermeiden. Dank dem unerschöpflichen Wissen, das wir uns sehr einfach aus dem Internet in verständlicher Form beziehen können, sind wir grundsätzlich in der Lage, sehr viele Reparaturen mit eigener Hand durchführen zu können, ohne dass wir dafür ausgebildet sein müssen. Dabei helfen uns hilfreiche Seiten im Internet (z. B. de.ifixit.com/Anleitung), wo wir Reparaturanleitungen und Videos finden, die uns zeigen, wie es geht. Du schaffst das schon!

Erledige Reparaturen also selbst, wenn du es dir zutraust. Vielleicht findest du wie ich ja auch Spaß daran. Wenn du Kleinigkeiten selbst reparierst, kannst du dabei eine Menge lernen und ebenfalls deinen Geldbeutel schonen. Schau dir das betreffende Teil oder Gerät erst einmal genau an und überlege, ob du den Defekt nicht reparieren kannst.

Tipps:

- Beispiel Kleidung. Wertschätze deine Kleidungsstücke, die du dir mit Sorgfalt ausgesucht hast und pfleglich behandelst. Denke daran, dass sich längst nicht alle Menschen so tolle Kleidung leisten können und du sehr privilegiert bist. Schmeiß also nicht gleich ein Kleidungsstück weg, wenn es ein Loch oder einen Fleck hat. Flicke es, reinige es oder mach etwas anderes Sinnvolles daraus.

Kreislaufwirtschaft leben 155

- Versuche den kaputten Reißverschluss zu reparieren.
- Stopfe ein Loch in der Jeans mit einem Flicken. Nähe Knöpfe an. Das habe sogar ich mir anlernen können, und Nähen ist jetzt wirklich nicht mein Ding.

• Übliche Reparaturen im Haushalt, wie beispielsweise ein tropfender Wasserhahn, eine nachlaufende Toilettenspülung, eine klemmende Tür, ein verstopfter Siphon usw. können ebenfalls in vielen Fällen selbst erledigt werden. Verwende das richtige Werkzeug und lass dich nicht ablenken (siehe Tipp 5 – *Achtsamkeit im Alltag*).

• Fahrrad reparieren (Reifen, Felgen, Kette, Gepäckträger, Licht). Damit sicherst du dir deine Mobilität auf der Kurzstrecke und hast noch Spaß dabei (siehe auch Tipp 47 – *Zu Rad und zu Fuß*).

• Defekten (verklebten) Akku austauschen. In vielen Geräten, z. B. in Taschenlampen oder Rasierapparaten, werden billige Akkus eingeklebt. Dieser Akku ist oft nach wenigen Jahren defekt. Er kann meist einfach gegen einen neuen und hochwertigen Akku ausgetauscht werden, und das Gerät funktioniert dann wieder viele Jahre lang.

• Du kannst defekte Kabel oder Schalter bei kleinen Elektrogeräten (keine Großgeräte!) selbst austauschen, wenn du umsichtig bist.

Achtung! Schraube nicht an elektrischen Geräten herum, wenn du nicht genau weißt, was du tust. Es reicht oft nicht aus, das Gerät nur vom Stromnetz zu trennen. Kondensatoren im Gerät speichern elektrische Ladungen, auch wenn das Gerät nicht angesteckt ist und können gefährliche Entladungsschläge austeilen.

• Repariere Kratzer an Möbeln, klebe lose Teile wieder fest oder beziehe Polster neu.

- Nutze Onlineanleitungen oder besuche einen Reparaturworkshop. Hol dir Hilfe in Reparaturcafés oder bei erfahrenen Heimwerkern aus deinem Freundeskreis.
- Sei geduldig und konzentriert, Reparaturen brauchen manchmal Zeit. Arbeite sorgfältig und überstürze nichts, um Fehler und Verletzungen zu vermeiden.

Obwohl diese Tipps hohes Einsparpotenzial bieten und einen wichtigen Beitrag zur Ressourcenschonung leisten, solltest du trotzdem darauf achten, dass du bei komplizierten Dingen und wenn du dir unsicher bist, besser Fachpersonal zu Rate ziehst. Spätestens wenn deine Sicherheit dabei eine Rolle spielt, wie z. B. bei kaputten Fahrradbremsen, solltest du lieber ein wenig Geld in die Hand nehmen und die Reparatur von Fachpersonal durchführen lassen.

Reparieren statt wegwerfen ist ein wichtiger Beitrag zur Nachhaltigkeit. Mit ein bisschen Übung und den richtigen Werkzeugen kannst du viele Dinge selbst reparieren und so die Lebensdauer deiner Produkte verlängern.

39 – Aus Alt mach Neu

Bevor du etwas wegwirfst, überlege dir, ob es repariert oder aufgewertet werden kann. Das Reparieren haben wir ja gerade behandelt. Upcycling[11] dagegen verlängert die Lebensdauer von Gegenständen, führt sie einem neuen Verwendungszweck zu und schafft einzigartige neue Gegenstände.

Wir alle haben etliche Gegenstände in der Wohnung stehen, die nur selten oder gar nicht benutzt werden und eigentlich nur noch als Staubfänger dienen (siehe Tipp *18 – We-*

---

[11] Upcycling vom englischen *up* = nach oben, steht für die Aufwertung von Abfällen in neuwertige Produkte.

Kreislaufwirtschaft leben 157

niger ist mehr). Mit etwas Fantasie können wir diese bisher unnützen Gegenstände zu unserem neuen Nutzen einsetzen. Da gibt es nicht wirklich Grenzen, außer in unseren Gedanken (siehe auch Tipp *6 – Gedanken entschärfen*). Wir müssen lediglich den vorgegebenen ursprünglichen Zweck des Gegenstands nicht mehr beachten und ihm in unseren Gedanken einen neuen Zweck zuweisen. Anfangs ist das vielleicht etwas schwierig, mit der Zeit fällt die Übung aber immer leichter und macht richtig Spaß.

Warum solltest du selbst Upcycling versuchen?

- Upcycling fördert die Nachhaltigkeit, indem es Ressourcen schont und Abfall vermeidet.
- Beim Upcycling sind der Fantasie keine Grenzen gesetzt. Lass deiner Kreativität freien Lauf und schaffe einzigartige Unikate.
- Upcycling macht Spaß und ist eine tolle Möglichkeit, etwas Sinnvolles mit den eigenen Händen zu schaffen (siehe Tipp *36 – Selbermachen statt kaufen*).
- Upcycling ist oft günstiger als neue Dinge zu kaufen (siehe Tipp *18 – Weniger ist mehr*).
- Durch deine Schöpfungskraft entsteht ein neuer Lebenszyklus für das betroffene Produkt/den Gebrauchsgegenstand/das Ding.

Tipps zum Ausprobieren:

- Aus einer nicht mehr gebrauchten kleinen Vase wird ein Schreibtischköcher für deine Kugelschreiber, Textmarker, Lineal, Brieföffner usw.
- Eine nicht mehr benötigte Porzellan- oder Glasschale eignet sich als hübsche Aufbewahrung für Schmuck oder als Schreibtischorganizer für deine diversen Ladekabel und Kopfhörer.

- Marmelade- und Gurkengläser werden zu Windlichtern. Etwas (gefärbten) Sand oder etwas Moos hineingeben, ein Teelicht in die Mitte setzen. Fertig.
- Alte Klamotten aufpeppen oder zu Arbeitskleidern umfunktionieren. Alte T-Shirts können zu Einkaufsbeuteln, Brotbeuteln, Kissenbezüge oder Vorlegern umgewandelt werden:
  - Wenn meine Joggingschuhe „ausgelaufen" sind, bekommen sie neue Einlegesohlen und dienen noch einen oder zwei Sommer als Arbeitsschuhe.
  - Alte Baumwollhemden und T-Shirts werden bei mir zerschnitten und dienen dann als Schmutz- und Putzlappen in Werkstatt und Garten.
- Aus alten Paletten oder Obst- und Weinkisten kannst du dir Regale und Ablagen für den Garten, Balkon oder Werkstatt bauen. Auch wenn du dich vielleicht als handwerklich unbegabt hältst, probiere es doch einfach mal aus. Spaß macht es auf jeden Fall, und du lernst neue Fähigkeiten.
- Ausrangierte Glasflaschen werden zu Vasen oder Lampen und dekorieren unsere Wohnung. Die Lampenversion ist ein Klassiker, den du ja mal ausprobieren kannst:
  - Schneide zunächst den Flaschenboden ab und gib acht, dass du dich dabei nicht schneidest (du findest Anleitungen dazu im Internet).
  - Schleife dann die (sehr scharfen!) Kanten mit Schleifpapier vorsichtig ab.
  - Das Anschlusskabel über den Flaschenhals einführen, die Fassung befestigen (z. B. mit Heißkleber) und an das Kabel anschließen.
  - Die neue Lampe vielleicht noch lackieren oder bemalen. Fertig.

Kreislaufwirtschaft leben 159

- Aus alten Knöpfen, Perlen oder Stoffresten kannst du individuellen Schmuck herstellen. Wer weiß, vielleicht gründest du sogar deine eigene Marke? (siehe auch Tipp *66 – Tipps für Gründer*)
- Aus Getränkekartons und Konservendosen kannst du Stiftehalter, Schmuckkästchen oder Blumentöpfe basteln
- Leere Eierkartons sind ideale Anzuchtgefäße für deine Aussaaten. Gib mal den Suchbegriff „Anzuchtgefäße" in eine Suchmaschine ein. Du wirst viele gute und brauchbare Ideen und Anleitungen bekommen.
- Hast du wie ich noch CDs und DVDs aus alten Zeiten? Du kannst sie als Untersetzer oder Wanddekoration verwenden. Ich gebe ihnen einen neuen Sinn in meinem Garten. In Abständen auf eine Schnur gebunden und mit zwei Stecken über einem Beet angebracht, werden sie zu höchst wirksamen Vogelscheuchen.
- Ein Topfuntersetzer aus Flaschenkorken.
- Aus leeren Plastikflaschen, für die du kein Pfand bekommst, kannst du Minigewächshäuser basteln. Flasche unterhalb des Flaschenhalses abschneiden, Anzuchterde hinein und z. B. Petersilie, Schnittlauch oder Frühlingszwiebeln ansähen.

Tipps zum Start:

- Wenn du nicht gleich eigene Ideen hast, suche nach Ideen anderer. Stöbere in Zeitschriften, Onlineplattformen oder sozialen Netzwerken nach Upcyclingideen.
- Sammele Materialien: Achte im Alltag auf Dinge, die du vielleicht upcyceln könntest und lege dir so ein kleines Materiallager für deine Projekte an.
- Frage Freunde und Familie. Vielleicht haben sie auch noch alte Gegenstände, die sie gerne loswerden möchten und die

dein Materiallager bereichern. Die Gelegenheit kannst du gleich nutzen, um ihnen den Trick mit dem Wohnungsrundgang beizubringen, siehe Tipp *18 – Weniger ist mehr*.
- Sei kreativ und experimentiere unbekümmert. Hab daher keine Angst, neue Dinge auszuprobieren. Wenn etwas nicht funktioniert hat, kannst du es immer noch wegwerfen.
- Arbeite immer mit dem richtigen Werkzeug und mache nichts Unüberlegtes (siehe auch Tipp *37 – Die richtigen Werkzeuge*).
- Hab viel Spaß! Du kannst kreativ sein, die Kreislaufwirtschaft in deinem Alltag stärken und gleichzeitig dabei eine Menge Spaß haben. Die Tätigkeit als solche und auch die Ergebnisse müssen auch nur für dich Sinn machen. Es macht dich zufrieden, einem bisher als Abfall behandelten Ding einen neuen und sinnvollen Zweck zu geben.

Upcycling ist eine großartige Möglichkeit, alten Gegenständen neues Leben einzuhauchen und Ressourcen zu schonen. Statt sie wegzuwerfen, werden sie kreativ umgewandelt und zu neuen, nützlichen oder dekorativen Objekten umfunktioniert.

Energie und Technik gestalten

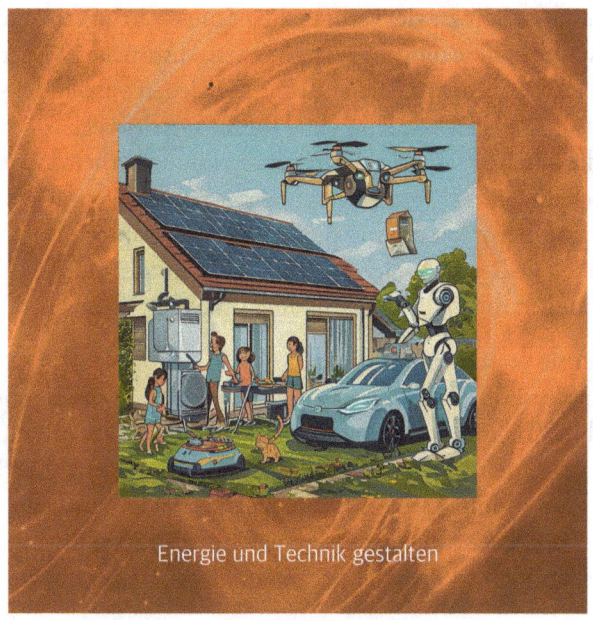

Energie und Technik gestalten

Ganz am Anfang dieses Themenbereichs steht die Energieeffizienz und das mit Absicht. Energieeffizienz wird oft als wirksames Werkzeug auf dem Weg zu mehr Nachhaltigkeit unterschätzt und das völlig zu Unrecht. Dabei ist Energieeffizienz kostensparend und trägt direkt zur Verringerung von Treibhausgasemissionen bei. Sie ist ein zentraler Baustein und ein weiteres Schlüsselelement für eine nachhaltige Zukunft.

Wenn wir von Energie reden, dann dreht sich die Diskussion meistens um die Erzeugung von Energie durch Kraftwerke, Photovoltaikanlagen, Biogasanlagen, Wasserturbinen und weiterer Energieerzeugungsanlagen. Wir reden vom Energieverbrauch und sagen, er ist zu hoch, oder er ist niedrig, wir haben dieses Jahr zu viel verbraucht, er muss verringert werden, usw. Doch diese umgangssprachlichen Ausdrücke zu Energie, die ich genauso wie alle anderen Menschen verwende, sind physikalisch gesehen falsch und führen uns deswegen auch oft in die falsche Richtung, wenn wir uns mit dem Thema Energie beschäftigen. Wir brauchen ein gemeinsames Verständnis zu Energie, bevor wir uns mit praktischen Maßnahmen beschäftigen. Deshalb möchte ich an dieser Stelle mit dir einen kleinen Ausflug in die Elektrotechnik und in die Physik machen.

Energie verschwindet nicht
Wir wissen inzwischen, dass Energie weder gewonnen noch verbraucht, sondern nur von einer Energieform in die andere umgewandelt werden kann. Dies lehrt uns der Energieerhaltungssatz[1], und diese Aussage hält jedem Experiment und jeder Beobachtung in unserem Universum stand. Einzige Ausnahme sind hier die Schwarzen Löcher, die Energiekil-

---
[1] Der 1. Hauptsatz der Thermodynamik beschreibt das Prinzip der Energieerhaltung und besagt, dass die Energie in einem abgeschlossenen System bei jedem Vorgang mengenmäßig erhalten bleibt.

Energie und Technik gestalten 163

ler des Universums. Doch was hinter dem Ereignishorizont eines Schwarzen Lochs mit der Materie und der Energie geschieht, die dort hineingesaugt wird, weiß Gott allein. In unserem normalen einsteinschen Universum jedoch gilt der Energieerhaltungssatz, und wir müssen uns ein wenig mit ihm auseinandersetzen. Er bedeutet, dass Energie immer von einem höher konzentrierten in einen weniger konzentrierten Zustand übergeht. Energie kann daher weder erzeugt noch verbraucht, sondern nur in andere Formen der Energie umgewandelt werden.

Alles wird warm
Sehen wir uns doch als Beispiel unseren Laptop, unser Tablet oder Smartphone an. Wenn wir es an das Ladegerät hängen und damit elektrischer Strom in das Gerät fließt, wird es warm. Wenn wir Apps mit hohem Ressourcenverbrauch starten, wird das Gerät auch warm. Ein Teil der elektrischen Energie wird immer über die sogenannten ohmschen Widerstände[2] des Geräts in Wärme umgewandelt. An diesem alltäglichen Beispiel können wir nachvollziehen, was bei allen Energieverbrauchern im Betrieb passiert. Energie wird schlussendlich immer in Wärme umgewandelt. Diese Wärme verteilt sich in unserer Umgebung.

Ein anderes Beispiel ist die Umwandlung von Wind in Strom oder von Holz in Wärme. Dabei sprechen wir dann von Energieerzeugung. Wenn wir Strom zum Kochen und Gas zum Heizen verwenden, nennen wir diese Umwandlung Energieverbrauch. Bei jeder Umwandlung nimmt das Maß an Entropie[3] der Energie zu, das bedeutet, sie wird diffuser. Oder

---

[2] Der ohmsche Widerstand ist ein elektrischer Widerstand, z. B. ein Draht oder eine elektronische Schaltung.
[3] In Bezug auf Energie bedeutet Entropie den Grad der Unordnung und der geringer werdenden Verwendungsmöglichkeit.

einfacher ausgedrückt: Wir können sie danach nur schwer wieder nutzen.

Da jede Umwandlung von Energie für uns mit Kosten verbunden ist, versuchen wir daher den Wirkungsgrad der Umwandlung zu erhöhen. Beispielsweise dadurch, indem wir in den Abluftkanal eines Ofens einen Wärmetauscher einbauen, der einen Teil der diffusen Abwärme wieder als Nutzwärme in den Raum zurückführt, oder mit dem wir Wasser erwärmen können.

Die größtmögliche Energieeffizienz entsteht natürlich immer dann, wenn wir auf den kompletten Einsatz eines Energieverbrauchers verzichten können. Beispielsweise indem wir ein Beleuchtungsmittel durch Tageslicht ersetzen und nachts komplett auf die Beleuchtung eines Raums oder einer Fläche verzichten.

Hoppla, Energieverbraucher gibt es ja gar nicht. Habe ich gerade mal wieder vergessen. Nennen wir sie also besser Energieumwandler. Denn dies tun sie wirklich. Sie wandeln eine für uns nutzbare Energieart – z. B. elektrischen Strom – in eine für uns nicht mehr nutzbare Energieform um, schlussendlich immer in Wärme. Diese Energieform können wir in der Regel nicht mehr nutzen, sie ist „verbraucht" und „verloren".

Eine der Theorien zum Ende unseres Universums spricht daher vom Wärmetod. Alle Materie und alle Strahlung in unserem Universum ist dann am Ende nur noch diffuse Wärmestrahlung.

Nach diesem kleinen Ausflug in die Elektrotechnik und Physik nun zurück in unseren Alltag. Wir wollen doch mit unserem Verhalten dazu beitragen, dass sich unsere Gesellschaft in Richtung Nachhaltigkeit entwickelt, da wir die enormen Vorteile dieses Systems erkannt haben. Beim Thema Energie verwenden wir daher weiterhin die Begriffe Erzeugung und Verbrauch, um von unseren Mitmenschen verstanden zu werden. Wir wissen aber, dass jegliche Art von Energie schlussendlich in Wärme umgewandelt ist. Damit müssen wir umgehen, denn die Wärme der Energieverbraucher (eigentlich Energieumwandler) wird in die Atmosphäre unseres Planeten abgeführt und ist dann nicht mehr für uns nutzbar. Der Beitrag der Abwärme im Vergleich zum Haupttreiber der globalen Erwärmung, den Treibhausgasen, ist gering und hat, wenn überhaupt, nur lokale Auswirkungen. Die Nutzung der Abwärme kann jedoch ein wichtiger Beitrag zur Steigerung der Energieeffizienz sein und damit indirekt für weniger Treibhausgasemissionen sorgen.

Energieeffizienz ist der Schlüssel
Beim Thema Energie im Hinblick auf Nachhaltigkeit geht es um drei wesentliche Dinge in unserem Alltag:

1. Nur so viel Energie verbrauchen (umwandeln) wie unbedingt nötig.
2. Nach Möglichkeit Energie aus erneuerbaren Quellen (Photovoltaik, Windkraft, Biomasse, Biogas, Wasserkraft usw.) verwenden, die nur einen geringen Beitrag zur globalen Treibhausgasemission liefern (CO_2-neutral gibt es nicht wirklich).
3. Nach Möglichkeit mit der zwangsläufig entstehenden Wärme beim Energieverbrauch (Energieumwandlung) noch etwas Sinnvolles anfangen und damit den Wirkungsgrad erhöhen (beispielsweise durch Wärmedämmung).

Energieeffizienz ist ein wichtiges Werkzeug im Zusammenhang mit Nachhaltigkeit, denn sie spart Kosten, verringert Treibhausgasemissionen und den Verbrauch natürlicher Ressourcen. Sie trägt zum Umweltschutz bei und das sowohl im unternehmerischen als auch im privaten Bereich. Diese Zusammenhänge zur Energieeffizienz sollten wir uns immer bewusst machen, wenn wir uns mit dem Thema Energie und Mobilität beschäftigen.

40 – Dein Zuhause, deine Energie

Zunächst einmal müssen wir – wie öfters im Leben – erst einmal eine Bilanz aufstellen und eine energetische Bestandsaufnahme deines Haushalts machen. Tun wir mal so, als wäre ich dein Energieberater, der zum Auftaktgespräch zu dir nach Hause gekommen ist. Als Erstes würde ich dir folgende Fragen stellen (siehe Tipp *2 – Die Kraft der Fragen für mehr Nachhaltigkeit*), die du mir dann für deinen Haushalt beantwortest:

- Welche Energie bezieht dein Haushalt? (Strom, Fernwärme, Gas, Heizöl, Holz, …)
- Von wem beziehst du Energie? (Strom, Wärme) Wie nachhaltig ist/sind diese(s) Unternehmen? (siehe auch Tipp *60 – Nachhaltige Unternehmen*)
- Zu welchen Verbrauchern geht die bezogene Energie bzw. wo wird sie verbraucht (umgewandelt)?
- Für welchen Bereich (die sogenannten Systemgrenzen) meines Haushalts will ich den Energieverbrauch bilanzieren? Höre ich an der Haustüre auf oder an der Gebäudekante oder am Gartenzaun?
- Wie bewerte ich die gewonnenen Ergebnisse? Verbrauche ich viel oder wenig Energie? Und welche Schlussfolgerungen ziehe ich daraus?

Die Energiebilanz deines Haushalts

Um diese Fragen zu beantworten und herauszufinden, welche Energie du beziehst, sehen wir uns einfach gemeinsam die Rechnungen deiner Energieversorger und deine Treibstoffrechnungen an. In Deutschland wie in der gesamten Europäischen Union ist es gesetzlich geregelt, wie Energierechnungen aufgebaut sein müssen.

Generell enthalten sie zählerbezogene Energieangaben (umgewandelte = verbrauchte Energie) nach Verbrauchsdatum und Verbrauchsart aufgeschlüsselt. Für unsere Normalhaushalte wird die bezogene Energie dabei in Kilowattstunden (kWh) ausgewiesen.

Bedenke dabei bitte den wichtigen Unterschied zwischen elektrischer oder thermischer (Wärmeenergie) Leistung, meistens angegeben in Kilowatt (kW) und elektrischer oder thermischer Arbeit, d. h. der bezogenen Energie für einen definierten Zeitraum (Monat, Jahr) in Kilowattstunden. Dies wird oft verwechselt bzw. wird oft Leistung mit Arbeit gleichgesetzt, was absolut falsch und in keiner Weise hilfreich ist.

Beispiel: Ein elektrischer Heizkörper mit 1650 W (1,65 kW) Leistung, der an 60 Tagen im Jahr (Abrechnungszeitraum) jeweils 2 h mit voller Leistung läuft, hat einen Verbrauch von 198 kWh im Jahr. Berechnet der Energieversorger pro Kilowattstunde Verbrauch einen Preis von 30 Cent, ergäbe dies einen Rechnungsbetrag in Höhe von 59,40 € pro Jahr.

Fahrzeuge

Treibstoffverbräuche erhältst du bei Verbrennern in Litern auf den entsprechenden Rechnungen, z. B. in deiner Tankstellenrechnung, ausgewiesen. Du musst also die Treibstoffverbräuche in Kilowattstunden umrechnen, um die unterschiedlichen Energiearten gemeinsam bilanzieren zu können. So beträgt der Heizwert von Diesel ca. 9,8 kWh pro Liter. Wenn du dein Auto also nach einer Fahrt mit 40 l betankst, entspricht dies etwa 390 kWh. Umrechnungstabellen und Onlinerechner findest du an vielen Stellen im Internet. Bei einem Elektroauto bekommst du die Energieverbrauchsinformationen über das Fahrzeugdisplay.

Nun geht es daran, die Energieverbräuche in deinem Haushalt zu ermitteln, das ist die andere Seite der Bilanz, die zweite Spalte deiner Tabelle. Doch leider ist diese Seite nicht mehr so einfach zu ermitteln wie der Energiebezug. Du musst noch mehr rechnen! (Oder lass das doch deinen Energieberater machen ☺)

Verbraucher im Haushalt
Dabei konzentrieren wir uns auf die größten Verbraucher in deinem Haushalt. Erfahrungsgemäß gibt es 5–10 Verbraucher, die 80–90 zum gesamten Energieverbrauch in unserem Haushalt beitragen. Das gilt für private Haushalte genauso wie für Unternehmen. Die restlichen 10–20 % Prozent zu betrachten, macht bis auf Ausnahmefälle keinen Sinn. Wenden wir daher die 80-20-Regel an. Mit 20 % Aufwand erhalten wir alle notwendigen Daten der größten Verbraucher. Dies sind die Stellen, an denen wir ansetzen sollten.

Tipps zur Erstellung deiner Energiebilanz:
- Für die Energiebezüge in deinem Haushalt erstellst du dir dazu am besten eine Tabelle, in der du alle Energie- und Treibstoffbezüge aus deinen Jahresabrechnungen in eine Spalte einträgst. Wo es nötig ist, rechne die Bezüge in Kilowattstunden um (z. B. bei Gas, Heizöl, Diesel, Benzin usw.). Damit du spätere Änderungen leicht einarbeiten kannst, verwende am besten ein Tabellenkalkulationsprogramm (siehe auch Tipp *43 – Digitalisierung und Nachhaltigkeit*).
- Den Energieverbrauch deiner wichtigsten Verbraucher in deiner Wohnung zu messen (um sie dann später durch energieeffiziente Geräte ersetzen), ist auch für dich recht einfach möglich. Falls du keinen Energieberater hast, der

das für dich macht, findest du in jedem Baumarkt kompakte Messgeräte für kleines Geld (ca. 20 €). Das Messgerät steckst du zwischen Steckdose und Verbraucher, und es ermittelt dir nach einer relativ kurzen Messperiode, z. B. einer Woche oder einem Monat, den durchschnittlichen Jahresverbrauch des Geräts (vielleicht findest du ja auch ein gebrauchtes Gerät). So erhältst du eine solide Entscheidungsgrundlage, ob du dir ein neues und energieeffizienteres Gerät anschaffen solltest und nach welcher Zeitspanne sich diese Investition für dich rechnen würde.

- Bei Großverbrauchern, die mit Kraftstrom (400 V) betrieben werden, wie z. B. Herd oder Backofen kannst du den Verbrauch nicht messen, also versuche es erst gar nicht, das wäre lebensgefährlich. Da musst du den Verbrauch berechnen. Entsprechende Berechnungsmodelle findest du über eine kleine Recherche im Internet, oder du gibst diese Aufgabe an deinen Energieberater.
- Trage alle deine Ergebnisse zu Bezug und Verbrauch in deine Tabelle ein und berechne so die Summen sowohl für deinen jährlichen Energiebezug als auch deines jährlichen Energieverbrauchs. Wähle dabei die gleiche Einheit für alle Bezüge und Verbräuche, ich empfehle dir Kilowattstunden. Nun siehst du auf einen Blick, wie viel Energie du im Jahr beziehst, wo die Energie „verbraucht" wird und was dich das kostet.
- Die beiden Seiten der Energiebilanz sollten idealerweise gleich groß sein. Nachdem wir ja bewusst die 80-20-Regel angewendet haben, um den Aufwand möglichst gering zu halten, ist eine Abweichung der Verbrauchssumme von −20 % zur Bezugssumme okay. Recht viel größer sollte die

Abweichung nicht sein, sonst hast du entweder wesentliche Verbraucher vergessen oder es gibt einen Berechnungsfehler. In diesem Fall: Zurück auf Anfang oder schimpfe deinen Energieberater!

Mithilfe der Energiebilanz erkennst du auf einen Blick die wichtigsten Baustellen, die es in deinem Haushalt beim Energieverbrauch und bei der Energieeffizienz gibt. Eine gute Energieeffizienz in deinem Haushalt, verbunden mit Verhaltensveränderungen beim Umgang mit Energie, sind wichtige Schlüsselelemente auf deinem Weg in Richtung Nachhaltigkeit.

41 – Energietipps für den Alltag

Für das Kochen und für das Heizen wird im durchschnittlichen Haushalt die meiste Energie verbraucht. Somit ist hier auch ein großer Stellhebel vorhanden, um unseren Haushalt nachhaltiger zu gestalten.

Tipps zum Kochen:

- Wenn du kochendes Wasser brauchst, verwende dazu am besten einen Wasserkocher, denn er braucht dazu viel weniger Energie als eine Herdplatte.
- Wenn du zum Kochen einen Topf verwendest, leg auf jeden Fall den Deckel drauf, das spart jede Menge Energie und schont deinen Geldbeutel.
- Wenn nach dem Kochen noch etwas übrigbleibt, das du nicht haltbar machen kannst (siehe auch Tipp *22 – Einmachen und Einwecken wie bei Oma*), dann lass es auskühlen, bevor du es in deinen Kühlschrank stellst. In den nächsten Tagen kannst du dann ein Resteessen daraus machen (siehe auch Tipp *32 – Genuss ohne Verschwendung*).

- Bei etlichen Rezepten für den Ofen soll dieser erst vorgeheizt werden. Das ist aber in vielen Fällen unnötig. Überlege dir, für welche Rezepte wirklich ein Vorheizen notwendig ist. Bei den meisten Schmorgerichten oder bei Ofenkartoffeln und Ähnlichem kannst du das Ganze einfach in den kalten Ofen schieben und erst dann einschalten. Es dauert dann zwar etwas länger, aber die tatsächliche Betriebszeit des Ofens reduziert sich deutlich und damit sparst du Energie, die sonst zum guten Teil als nicht nutzbare Abwärme den Ofen bereits verlassen hätte, wenn du erst nach dem Aufheizen dein Gargut reinstellst.

Tipps zur Heizung:

- **Anlagentechnik optimal halten:**
  - Stell sicher, dass deine Heizung regelmäßig und von Fachleuten gewartet wird. Nur dann arbeitet sie mit optimalem Wirkungsgrad.
  - Wohnst du in einem Altbau? Lass vom Heizungsbauer eventuell noch vorhandene ungeregelte gegen geregelte Umwälzpumpen austauschen. Die Ausgabe dafür hast du nach einer Heizperiode bereits wieder eingespart.
  - Entlüfte deine Heizkörper regelmäßig, damit sie optimal arbeiten. Mit einer kleinen Anleitung aus dem Internet kannst du das wahrscheinlich auch selbst machen.
  - Nutze Thermostatventile, um die Temperatur in einzelnen Räumen individuell zu regeln. Hier kannst du mit moderner Haustechnik viel automatisieren und optimieren (siehe auch Tipp 42 – *Internet und smarte Technik*).
  - Achte darauf, dass die Fenster dicht schließen, um Wärmeverluste zu vermeiden. Isoliere die Fenster bei Bedarf, oder ersetze sie durch neue energieeffiziente Fenster mit hohem Wärmeschutz.

- **Verhalten für effizientes Heizen:**
  - Schalte die Heizung nur dann ein, wenn es wirklich nötig ist. Jedes Grad weniger spart dir etwa 6 % Heizkosten. Im Winter musst du auch nicht unbedingt im T-Shirt in deiner Wohnung herumlaufen. Eine Zimmertemperatur von ca. 19 °C und für Verfrorene noch ein Pulli ist völlig ausreichend.
  - Ziehe die Vorhänge auf, wenn die Sonne scheint, damit werden die Räume kostenlos erwärmt.
  - Kipp in der Heizperiode die Fenster nicht stundenlang und lass sie auch nicht länger ganz geöffnet, sondern verwende Stoßlüften. Das bedeutet, die Fenster für ein paar Minuten ganz zu öffnen (zuvor natürlich den Heizkörper darunter und im Zimmer ausschalten, wenn dies nicht deine Smart Home-Steuerung automatisch macht) und dann wieder schließen. Das Ganze zwei- bis dreimal am Tag, und du hast immer eine gute Luft in deiner Wohnung bei minimalem Wärmeverlust.
  - Schalte die Heizung nachts und bei Abwesenheit zurück: Nutze eine Zeitschaltuhr oder ein Smart-Home-System (siehe auch Tipp *42 – Internet und smarte Technik*), um die Heizung automatisch zu regeln.

Tipps für den Kühlschrank:

- Stell den Kühlschrank nicht zu kalt ein. Eine Temperatur von etwa 6–7 °C im Kühlschrank und −18 °C im Gefrierteil reicht aus, um Lebensmittel sicher aufzubewahren.
- Mach den Kühlschrank nicht zu voll, denn das kostet viel Energie.
- Tau den Gefrierteil deines Kühlschranks und deine Gefriertruhe (falls vorhanden) regelmäßig ab, damit sinkt der Energieverbrauch.

- Stell Kühlschrank und Gefrierschrank nicht an einen Platz mit direkter Sonneneinstrahlung oder neben Wärmequellen wie dem Herd oder einer Heizung. Eine falsche Platzierung erhöht den Energieverbrauch enorm.

Weitere Tipps zu mehr Energieeffizienz im Haushalt:

- Nutze gezielt energieeffiziente Haushaltsgeräte. Achte beim Kauf neuer Geräte wie Kühlschränke, Waschmaschinen und Geschirrspüler auf das Energielabel und wähle Geräte mit hoher Energieeffizienzklasse (siehe Tipp 62 – *Siegel für Nachhaltigkeit*).
- Es ist kaum zu glauben, wie viel energiefressende alte Glühbirnen noch im Einsatz sind. Starte noch heute damit, vorhandene herkömmliche Glühbirnen in deinem Haushalt aufzuspüren und durch energieeffiziente LED-Lampen zu ersetzen. LED-Lampen verbrauchen viel weniger Energie und haben eine längere Lebensdauer.
- Schalte elektronische Geräte wie Fernseher, Computer und Ladegeräte komplett aus, wenn sie nicht in Gebrauch sind, um den Stand-by-Stromverbrauch zu reduzieren. Es gibt intelligente Steckdosenleisten, die abhängig vom angeschlossenen Hauptverbraucher, z. B. deinem Home-Office-PC (siehe auch Tipp 51 – *Arbeiten ohne Anreise*), alle weiteren angeschlossenen Geräte wie Drucker, Scanner, externe Laufwerke usw. jeweils ab- und anschalten, wenn der Hauptverbraucher an- oder abgeschaltet wird.
- Reduziere deinen Warmwasserverbrauch, da die Erwärmung von Wasser einen beträchtlichen Energieaufwand erfordert. Repariere Lecks in Leitungen und tropfende Wasserhähne und verwende wassersparende Armaturen.
- Verwende einen Wäscheständer oder eine Wäscheleine, um deine Kleidung an der Luft zu trocknen, anstatt ei-

nen Wäschetrockner zu verwenden. Dies spart nicht nur Energie, sondern verlängert auch die Lebensdauer deiner Kleidung.
- Schalte das Licht aus, wenn du einen Raum verlässt.
- Steuere in Kellerräumen, Abstellkammern, Speisekammern und sonstigen selten genutzten Räumen sowie im Außenbereich das Licht automatisch über Bewegungsmelder.

Du siehst aus den genannten Tipps, dass du mit etwas Nachdenken, etwas Technik und einigen kleinen Verhaltensänderungen viel für einen nachhaltigen Umgang mit Energie in deinem Alltag tun kannst. Und doch kommen wir an dieser Stelle wieder einmal zu einem Punkt, den ich bereits am Anfang des Buchs erwähnt habe. Es ist unmöglich, auch nur für ein Thema einigermaßen umfassend alle möglichen Nachhaltigkeitstipps aufzuführen. Es würde dann kein Buch entstehen, sondern eine Buchreihe mit vermutlich 12 Bänden. Die Tipps hier sind zum großen Teil meinem eigenen Verhalten entsprungen und sind zum anderen Teil Klassiker der Energiespartipps. Nimm sie daher nur als eine kleine Anregung und schau dich mit neugierigen Augen in deiner Wohnung um, was du für deinen Haushalt dazu noch ergänzen kannst.

42 – Internet und smarte Technik

Dein Zuhause wird intelligent und damit auch nachhaltiger, wenn du es richtig machst. Hast du schon einmal davon geträumt, die Technik in deinem Zuhause mit einem einfachen Sprachbefehl zu steuern? Oder deinen Energieverbrauch ganz genau im Blick zu haben? Smarte Technik macht das möglich.

Vergessen wir nicht, dass unser Zuhause mehr ist als nur ein Ort zum Wohnen. Es ist ein Rückzugsort, an dem wir uns wohlfühlen und entspannen möchten. Smarte Technik kann uns dabei helfen, unser Zuhause noch besser an unsere Bedürfnisse anzupassen. Aber wie können smarte Geräte uns dabei helfen, nachhaltiger zu leben?

Internet
Das Internet ist fester Bestandteil unseres Alltags und bestimmt – wenn wir es zulassen – viele unserer Gewohnheiten. Doch die Nutzung des Internets hat auch einen negativen Einfluss auf die Umwelt, darüber sollten wir uns immer im Klaren sein. Jeder Klick, jedes Video, jede E-Mail hinterlässt einen kleinen Fußabdruck in Form von Treibhausgasemissionen. Die zahlreichen Rechenzentren mit Tausenden von Servern, die für den Betrieb des Internets notwendig sind, verbrauchen große Mengen an Energie und verursachen damit automatisch einen hohen CO_2-Ausstoß, da die Stromversorgung immer noch überwiegend auf fossilen Energieträgern beruht.

Unser ausgiebiges Websurfen hat großen Einfluss auf den Energieverbrauch von Rechenzentren. Je mehr Daten übertragen werden, desto mehr Energie wird verbraucht. Das Streaming von Videos, Downloads und Uploads von großen Dateien sind besonders energieintensiv. Doch hier kann jeder von uns mit Verhaltensänderungen ansetzen.

Tipps zur nachhaltigen Nutzung des Internets:

- **Energiesparend surfen:**
    - Achte beim Kauf von Routern und anderen IT-Geräten auf den Energieverbrauch.
    - Statt eine Suchmaschine zu benutzen, gib die Internetadresse direkt in die Adressleiste ein. Lege dir dazu Lesezeichen für deine häufig besuchten Seiten in deinem Browser an.
    - Schließe unnötige Tabs in deinem Browser, denn jeder offene Tab verbraucht unnütz Energie.

- Verwende Browser wie beispielsweise Ecosia (https://www.ecosia.org/), die Suchanfragen mit erneuerbarer Energie verarbeiten.
- Schalte deine Computer und Tablets komplett aus, wenn du sie nicht brauchst, anstatt sie in den Stand-by-Modus zu versetzen (z. B. über Nacht). Nutze dazu intelligente Main-Follow-Steckdosenleisten, die das automatische Ein- und Ausschalten von Geräten ermöglicht. Das Hauptgerät (Main) wird dabei als Auslöser genommen, und wenn es ein- oder ausgeschaltet wird, werden alle angeschlossenen Geräte (Follow) automatisch mit ein- oder ausgeschaltet. Gleichzeitig wird der Stromverbrauch reduziert, indem die Geräte nur dann mit Strom versorgt werden, wenn sie tatsächlich benötigt werden.
- Achte darauf, dass dein Strom aus erneuerbaren Energien stammt (siehe auch Tipp *44 – Eigenes Kraftwerk: Solar & Co.*).

- **Weniger streamen:**
  - Verzichte so weit wie möglich auf Streaming und den Download von Videos.

- **Bewusster surfen:**
  - Besuche nur die Websites, die du wirklich benötigst. Ich weiß, das ist schwer, denn es macht einfach Spaß, sich durch alle möglichen Seiten und Links durchzuklicken. Das bedeutet ja nicht, dass du es nicht ab und zu, dann aber möglichst bewusst machen kannst (siehe auch Tipp *4 – Bewusstsein schärfen*).

- **Daten reduzieren:**
  - Komprimiere Bilder und Videos, bevor du sie online teilst. Nutze die jeweils modernsten Bildformate wie

webp, das bei gleicher Qualität den geringsten Speicherbedarf hat.
- Halte die Anhänge von E-Mails so gering und so klein wie möglich.

- **Suchmaschinen effizient nutzen:**
  - Verwende kurze und prägnante Suchbegriffe. Je genauer und treffender deine Suchbegriffe sind, desto schneller kommst du zum gewünschten Ergebnis und verbrauchst so weniger Energie. Verzichte wo möglich darauf, die KI-Funktion der Suchmaschine zu verwenden (siehe auch Tipp 45 – *Künstliche Intelligenz für mehr Nachhaltigkeit*).
  - Verzichte auf unnötige Suchanfragen. Verlerne nicht dein Gehirn zu benutzen, mit etwas Nachdenken kommst du oft selbst zur Antwort auf deine Fragen (siehe auch Tipp 3 – *Antworten als Werkzeug für Veränderung*).

- **Ökostrom nutzen:**
  - Wechsle zu einem Internetanbieter, der Ökostrom nutzt (z. B. Fair Trade Power, naturstrom AG, Green Planet Energy u. v. m.).
  - Nutze E-Mail-Anbieter wie Posteo (https://posteo.de/de) mit einem umfassenden Nachhaltigkeitskonzept von Ökostrom bis Datenschutz.

Tipp: Den digitalen Fußabdruck verkleinern
Neben einer nachhaltigen Nutzung des Internets und einer höheren Energieeffizienz unserer Router, Repeater und Smarthomegeräte können wir auch unseren digitalen Fußabdruck verkleinern:

- Die Herstellung von elektrischen und elektronischen Geräten verursacht eine Menge Treibhausgasemissionen. Deshalb ist es nachhaltig, in langlebige Geräte zu investieren, die zudem eine ausgewiesene Reparaturfähigkeit haben.

- Wenn das Gerät dann doch mal kaputt ist, versuche es zu reparieren (siehe Tipp *38 – Reparieren*), wenngleich mir schon klar ist, dass gerade IT-Geräte für Nichtfachleute nicht einfach zu reparieren sind. Oft sind jedoch nur die Einstellungen fehlerhaft. Wenn du dann das Gerät auf die Werkseinstellungen zurücksetzt und neu einrichtest, funktioniert es oftmals wieder.
- Was du nicht selbst reparieren kannst, ist einem Repair-Café vielleicht möglich. Eine Adresse, wo du ein Repair-Café in deiner Nähe suchen kannst, ist https://www.repaircafe.org. Dort findest du auch Reparaturanleitungen. Vielleicht willst du ja auch ein eigenes Repair-Café eröffnen? (siehe auch Tipp *66 – Tipps für Gründer*)
- Was dann schließlich nicht mehr wirtschaftlich wiederhergestellt oder repariert werden kann, gib bei einem Wertstoffhof ab, der es zu einem vertrauenswürdigen Recyclingunternehmen bringt (siehe Tipp *39 – Aus Alt mach Neu*).
- Kleinere Fernsehgeräte und Computermonitore verbrauchen weniger Energie als große und verursachen dadurch auch einen geringeren Fußabdruck.
- Nutze künstliche Intelligenz (KI) bewusst und gezielt (siehe auch Tipp *45 – Künstliche Intelligenz für mehr Nachhaltigkeit*). Der Energiebedarf der dafür benötigten Server und Chips ist enorm. Nimm also nicht für jede Suchanfrage eine KI (da muss ich mich selbst auch am Riemen reißen), sondern verwende lieber eine klassische Suchmaschine, wenn möglich.
- Lebe eine gewisse digitale Einfachheit. Es muss ja nicht so weit gehen, dass du gleich auf dein Smartphone verzichtest und zu einem „dummen" Mobiltelefon (Dumbphone)

Energie und Technik gestalten 179

wechselst, außer du möchtest das mal ausprobieren. Versuche einfach sparsam mit den zahlreichen digitalen Angeboten umzugehen. Nicht jedes Foto und nicht jeder Musiktitel muss in der Cloud gespeichert und auf allen deinen Geräten verfügbar sein. Räume regelmäßig deine E-Mail-Konten auf und lösche alle Mails, die du nicht mehr brauchst. Auch das spart Energie.

Smart Home
Du kannst deine Haustechnik auf den neuesten Stand bringen, um Energie zu sparen und dein Leben angenehmer zu machen. Hast du schon mal an den Einsatz von Smart Home-Technologien[4] gedacht? Viele Internetrouter sind dafür schon vorgerüstet und können mit den gängigen Schnittstellen und Protokollen umgehen. In Verbindung mit deinem Internetrouter kannst du intelligente Technik in deinem Haushalt installieren, mit dem du deinen Wohnkomfort erhöhst und gleichzeitig Energie sparst.

Tipps für Smart Home:
- Nutze smarte Technik, um deinen Alltag zu erleichtern und um mehr Zeit für die wirklich wichtigen Dinge im Leben zu haben:
  - Mit einer individuellen Raumsteuerung passt du die Temperatur in jedem Raum an deine Bedürfnisse an und vermeidest so unnötiges Heizen und Kühlen. Vorhandene Lüfter kannst du damit auch steuern.
  - Über smarte Steckdosen kannst du deine Geräte programmgesteuert abschalten lassen, um Stand-by-Verbräuche zu vermeiden.

---

[4] Smart Home-Technologien bezeichnen die Verbindung und Automation von Haushaltsgeräten und -systemen über ein Netzwerk, um den Wohnkomfort, die Energieeffizienz und die Sicherheit im Haus zu erhöhen.

- Deine Rollläden kannst du morgens automatisch hochfahren, damit du genügend Tageslicht hast und kein elektrisches Licht einschalten musst. Abends lässt du sie genauso automatisch schließen, um Wärme zu speichern. Das ist sehr bequem und ich kann mir überhaupt nicht mehr vorstellen, die Rollläden per Hand bedienen zu müssen.
- Wenn du noch einen Windwächter installierst, kannst du bei Sturm die Rollläden schließen lassen, um Schäden in deiner Wohnung zu vermeiden.
- Über Fenstersensoren kannst du automatisch die Heizung im Raum ausschalten, wenn das Fenster geöffnet wird.

- Integriere smarte Geräte und Systeme so in deinen Haushalt, dass bisher gut funktionierende Abläufe erhalten bleiben und du durch neue Technik einen Mehrwert bekommst:
  - Beispiel Kamera: Mithilfe einer Kamera und entsprechender Software (ich verwende das System littleIf smart) kannst du deine Wohnung kontrollieren, wenn du unterwegs bist. Ich verwende sie, um nachzusehen, ob alles in Ordnung ist, wenn ich unterwegs bin und dabei meiner Katze zu sagen, dass ich bald wieder da bin (Tonübertragung geht in beiden Richtungen) und sie nicht trauern muss.
  - Beispiel smarter Kühlschrank: Über eine App kannst du in deinem Kühlschrank auch von unterwegs nachsehen, ob was fehlt oder ob du dir heute einen Einkauf sparen kannst (siehe auch Tipp 25 – *Nachhaltige Ernährungspläne*). Dabei unterstützt dich bei manchen Herstellern auch eine integrierte KI.
  - Beispiel smarte Waschmaschine: Die Waschmittel werden in einen Vorratsbehälter eingefüllt, und die Waschma-

schine dosiert je nach Waschprogramm dann automatisch und sparsam. Natürlich auch bequem per App steuerbar.
- Achte auch auf den Aufwand. Welche Anschaffungskosten entstehen und welche Einsparpotenziale sind zu erwarten? Simuliere das doch zuerst mit einer Kopie deiner digitalen Energiebilanz. Lohnt sich der Aufwand wirklich, oder wäre weniger Technik (siehe Tipp *18 – Weniger ist mehr*) an dem einen oder anderen Punkt mehr wert, auch für dein Wohlbefinden?

Extratipp Digital Detox:[5]
Digital Detox bedeutet, sich bewusst von digitalen Geräten und dem ständigen Online-sein-müssen zu trennen (zu entgiften). Es geht darum, eine Pause vom Smartphone, Computer und anderen digitalen Medien einzulegen, um sich zu erholen, neue Energie zu tanken und wieder mehr im Hier und Jetzt zu leben (siehe auch Tipp *5 – Achtsamkeit im Alltag*). Weniger Bildschirmzeit, mehr Lebensqualität. Ich denke, auch beim Einsatz oder Verzicht auf smarte Technik ist dein gesunder Menschenverstand gefragt. Was immer du in dieser Richtung machst oder vermeidest, es sollte in Summe nachhaltig sein, das bedeutet für mich hier energieeffizient und hilfreich für dein Wohlbefinden.

43 – Digitalisierung und Nachhaltigkeit

Die Digitalisierung geht auf der ganzen Welt unaufhaltsam voran. Manche Länder – wie wir in Deutschland – hinken im Vergleich zu anderen Ländern noch stark hinterher. Es ist kaum zu glauben, aber von Behörden in Deutschland werden

---

[5] Digital Detox, englisch für digitale Entgiftung, bedeutet, sich für einen Zeitraum oder für immer der digitalen Vernetzung und ständigen Erreichbarkeit zu entziehen.

oft noch Faxnummern zur Kontaktaufnahme oder zum Einreichen von Anträgen angegeben!

Immer mehr Bereiche unseres täglichen Lebens werden von der Digitalisierung durchdrungen, ob uns das nun gefällt oder nicht. Wir sollten es als Chance sehen, unseren Alltag nachhaltiger zu gestalten, jedenfalls sehe ich das so. Denn durch den gezielten und bewussten Einsatz digitaler Tools können wir Energie und Ressourcen sparen, Prozesse vereinfachen und beschleunigen und nicht zuletzt unseren ökologischen Fußabdruck verkleinern.

Tipps zur Digitalisierung im Alltag:

- Erstelle digitale Ordner für wichtige Dokumente und scanne deine vorhandenen wichtigen Papierdokumente (Verträge, Verfügungen) in diese Ordner. Hier ist es auch durchaus vertretbar einen Speicher in der Cloud[6] zu nutzen, denn im Vergleich mit Fotos und Videos ist der Speicherbedarf digitalisierter Dokumente sehr gering. Vergiss nicht, gleichzeitig auch eine automatische Sicherung deiner Dokumente auf Datenträger einzurichten. Ich nutze dazu zwei externe USB-SSD-Laufwerke, die ich abwechselnd für die monatliche Datensicherung verwende.
- Die Kommunikation per E-Mail spart Porto und Papier und benötigt sehr wenig Zeit. Denke daran, regelmäßig den Posteingang aufräumen und Newsletter zu kündigen, die nicht mehr benötigt werden. Briefe, die mir sehr wichtig und/oder persönlich sind, schreibe ich immer noch auf Papier und schicke sie ganz klassisch per Post. Dennoch gehen bei mir inzwischen geschätzte 99 % aller Briefe und Nachrichten per E-Mail raus.

---

[6] Als „Cloud" wird eine über das Internet bereitgestellte (oft kostenlose) Speichermöglichkeit für Daten bezeichnet.

Energie und Technik gestalten 183

- Ein E-Mail-Dienst wie z. B. Mailfence oder Posteo ist sicherer im Vergleich mit vielen anderen Anbietern. Mailfence verwendet die Ende-zu-Ende-Verschlüsselung, sodass nur Sender und Empfänger die Nachricht lesen können. Dies schützt vor dem Zugriff.
- Ein Passwortmanager hilft dir dabei, sichere und eindeutige Passwörter zu erstellen und zu verwalten. Sei nicht faul und ändere deine wichtigsten Passwörter regelmäßig! Setze dir dazu einen Serientermin in deinem Onlinekalender.
- Onlinebanking: Nutze die Vorteile des Onlinebankings nicht nur für Überweisungen und Zahlungen. Viele Onlinebankingtools ermöglichen es, deine Ausgaben automatisch oder auch manuell unterschiedlichen Ausgabearten zuordnen. Mit der meistens integrierten Budgetfunktion kannst du auch deine Einnahmen und Ausgaben planen und so deine Finanzen besser verwalten (siehe auch Tipp 63 – *Ethisches Investieren*). Nutze Safekeeper-Anwendungen, die deine Daten mit hochwertiger Verschlüsselung schützen und sichern. Du findest in deinem App Store und bei deiner Bank entsprechende gute Lösungen.
- Es gibt zahlreiche Apps für Nachhaltigkeit. Entdecke Apps für nachhaltigen Konsum, Abfalltrennung oder regionale Produkte. Die meisten davon bekommst du für iOS und Android in deinem App Store. ToxFox und Too Good to Go habe ich schon erwähnt. Mithilfe dieser Apps kannst du nicht nur deinen eigenen Alltag nachhaltiger gestalten, sondern auch anderen Menschen dabei helfen. Ich möchte dies am Beispiel der schon mehrfach genannten App ToxFox noch etwas deutlicher machen. Ich habe die App genutzt, um ein Joghurtprodukt auf Schadstoffe zu prüfen, das ich

gerne kaufe. Es gab keine Information über das Produkt, und ich habe deshalb die Funktion „Giftfrage" genutzt. Innerhalb weniger Tage bekam ich eine ausführliche Stellungnahme des Herstellers zu den Inhaltsstoffen des Produkts. Wenn wir diese Möglichkeiten der Rückfrage zu Produkten häufiger nutzen, erzeugen wir als Konsumenten Druck auf die Hersteller, ihre Produkte nachhaltiger zu machen. Einige weitere Beispiele:

- RegioApp: Hilft dir dabei, regionale Lebensmittel zu finden, die ein wichtiger Bestandteil deiner Küche werden sollten (siehe Tipp *20 – Regional und saisonal einkaufen*).
- Saisonkalender (von der Bundesanstalt für Landwirtschaft und Ernährung): Zeigt dir, wann bestimmtes Obst und Gemüse in deiner Region verfügbar ist. Für deinen nachhaltigen Ernährungsplan (siehe Tipp *25 – Nachhaltige Ernährungspläne*) ist die App ein guter Helfer.
- Good on you – Ethical Fashion: Hilft dir, nachhaltige Modemarken zu finden.
- EnergyControl: Hilft dir dabei, deinen Energieverbrauch zu bestimmen.
- European Alternatives: Hilft dir bei der Suche nach Alternativen für digitale Produkte (https://european-alternatives.eu/de). Oft sind diese Alternativen nachhaltiger als die üblichen Platzhirsche. Sieh genau hin.

- Die Smart Home-Integration haben wir im vorangegangenen Kapitel behandelt. Sie ist – bewusst und gezielt angewandt – ein hilfreiches Mittel für die Digitalisierung deines Haushalts im Sinne der Nachhaltigkeit.
- Nutze Onlinekurse und Webinare, um dein Wissen über Nachhaltigkeit zu erweitern (siehe Tipp *12 – Wissen vertiefen und Kompetenzen stärken*).

Energie und Technik gestalten 185

Die Digitalisierung bietet eine Vielzahl von Tools und Plattformen, die es uns ermöglichen, unseren Alltag nachhaltiger zu gestalten. Durch eine bewusste Nutzung dieser Technologien können wir Energie sparen, Ressourcen schonen, unseren Alltag erleichtern und gleichzeitig unseren Konsum nachhaltiger gestalten.

44 – Eigenes Kraftwerk: Solar & Co.

Verwandle dein Zuhause in eine kleine Energiefabrik. Mit Solaranlagen, Miniwindrädern oder anderen erneuerbaren Energiequellen kannst du deinen eigenen Strom und Wärme erzeugen und unabhängig von fossilen Brennstoffen werden. So trägst du aktiv zum Klimaschutz bei und gehst deinen nächsten wichtigen Schritt in Richtung Nachhaltigkeit.

Tipp Photovoltaik für jedermann:

- Du kannst dir eine Photovoltaikanlage auf dem Hausdach oder Carport installieren lassen und zum Eigenstromversorger mit einem hohen Autarkiegrad[7] werden. Die Amortisationszeit, also die Zeit, bis die Investitionskosten durch die vermiedenen Stromkosten erreicht werden, beträgt je nach Lage und Ort in Deutschland etwa 4–7 Jahre.
- Du bist handwerklich geschickt? Dann baue dir doch einfach deine eigene kleine Photovoltaikanlage auf dem Balkon. Mit entsprechenden Baukästen und Anleitungen ist das gar nicht so schwer (siehe Tipp *36 – Selbermachen statt kaufen*). Dies ist eine günstige Einstiegsmöglichkeit sowohl für Mieter als auch für Eigenheimbesitzer. Dadurch

---

[7] Der Autarkiegrad beschreibt den Grad der Unabhängigkeit deines Haushalts vom öffentlichen Stromnetz. Er zeigt an, wie viel des gesamten Stromverbrauchs durch die eigene Photovoltaikanlage oder andere erneuerbare Energiequellen gedeckt wird.

kannst du eigenen CO_2-neutralen Strom erzeugen und damit deine Stromkosten senken.
- Du beteiligst dich an einer Bürgerenergiegenossenschaft, die eigene Photovoltaikanlagen betreiben und wirst so Energieproduzent (siehe auch Tipp 57 – *Mitmachen und gestalten*).

Weitere Tipps:

- **Eigenversorger werden – Batteriespeicher & mehr:**
  - Mit einem Batteriespeicher in Kombination mit deiner Photovoltaikanlage kannst du dich teilweise und im Idealfall sogar vollständig unabhängig vom Stromnetz machen.
  - Fährst du ein Elektroauto oder einen Plug-in-Hybrid? Dann kannst du mit einer eigenen Ladestation (Wallbox = Wandladestation) in Kombination mit deiner Photovoltaikanlage dein Auto umsonst und CO_2-neutral laden.
  - Mit einer intelligenten Smart Home-Steuerung kannst du deinen Eigenverbrauch optimieren (siehe auch Tipp 42 – *Internet und smarte Technik*).

- **Heizen mit Sonnenwärme:**
  - Du kannst dir eine Solarthermieanlage auf dem Hausdach oder dem Carport installieren lassen. Über die Kollektoren der Anlage wird warmes Wasser erzeugt und deine Heizung unterstützt.
  - Auch deine Warmwasserbereitung kannst du dadurch zum größten Teil erledigen (auch im Winter, wenn nicht gerade Schnee auf dem Dach liegt).
  - Ergänzend dazu kannst du dir auch eine Wärmepumpe[8] installieren lassen. In Kombination mit selbst erzeugtem

---

[8] Eine Wärmepumpe entzieht der Umgebung Wärmeenergie und macht sie für die Beheizung des Innenbereichs nutzbar. Sie kann Wärmeenergie aus der Luft, dem Erdreich oder dem Grundwasser aufnehmen.

Strom über eine Photovoltaikanlage ist dies eine sehr effiziente und nachhaltige Wärmeerzeugung.

- **Windkraft für Eigenheimbesitzer:**
  - Du könntest dir eine Kleinstwindkraftanlage auf deinem Grundstück oder dem Hausdach installieren lassen. Dadurch kannst du deinen eigenen Strom erzeugen und damit deine Energiekosten senken. Prüfe vorher sorgfältig die Windverhältnisse und Genehmigungsvoraussetzungen an deinem Standort.

- **Fördermöglichkeiten:**
  - Nutze staatliche Förderprogramme und Zuschüsse, um deine Investitionskosten zu reduzieren und damit deinen Einsatz noch nachhaltiger zu machen. Förderprogramme für den Einsatz von erneuerbaren Energien für Privathaushalte gibt es in Deutschland weiterhin bei BAFA[9] und KfW[10] sowie in diversen Landesprogrammen. Schau mal auf die Website des Umwelt- und Wirtschaftsministeriums deines Bundeslands.

45 – Künstliche Intelligenz für mehr Nachhaltigkeit

Der Einsatz von künstlicher Intelligenz (KI) ist bereits weit in unseren Alltag vorgedrungen, auch wenn wir es vielleicht nicht sofort bemerken. Bei fast allen bekannten Suchmaschinen im Internet läuft im Hintergrund eine KI mit. Schüler

---

[9] BAFA = Bundesamt für Wirtschaft und Ausfuhrkontrolle. Fördert die energetische Sanierung und energieeffiziente Techniken in Form von Zuschüssen zur Investition.
[10] KfW = Kreditanstalt für Wiederaufbau. Fördert Energieeffizienz in Form von günstigen Krediten und Tilgungszuschüssen.

und Studenten lassen sich beim Schreiben von Texten, Aufsätzen und Masterarbeiten von der KI helfen. Anlagen für industrielle Produktion werden mithilfe von KI-Berechnungen optimiert. KI-Systeme können riesige Datenmengen analysieren und Muster erkennen, die für Menschen oft nur schwer zu sehen sind und viel Zeit benötigen.

KI und Nachhaltigkeit – ein Widerspruch?
Die Kehrseite der Medaille ist, dass eine KI enorm viel Energie benötigt. Dies führt teilweise dazu, dass alte Kraftwerke, die mit Kohl oder anderen fossilen Energieträgern beschickt werden, weiter im Netz gehalten werden. Also völlig gegensätzlich zu den bereits behandelten nachhaltigen Maßnahmen zum Klimaschutz und Verringerung der Erderwärmung. Weitere Risiken und Herausforderungen durch den Einsatz von KI sind klar erkennbar, z. B. Datenschutz oder Jobverlust. So hat ein bekanntes soziales Netzwerk bereits Hunderte von Mitarbeitern entlassen, deren Arbeit nun eine KI verrichtet. Andererseits, kann KI auch neue Arbeitsplätze wie Anwendungsentwickler und Robotertechniker schaffen.

Wie bei jeder neuen Technologie müssen wir auch bei KI den Umgang und die Einsatzgebiete klären. Inzwischen wird KI ja schon in Kampfdrohnen für die Kriegsführung eingesetzt, und ich denke, es ist nur eine Frage der Zeit, bis wir Bilder von humanoiden Kampfrobotern mit KI sehen werden.

Andererseits werden in der Umwelt- und Klimapolitik bereits KI-Systeme eingesetzt, um beispielsweise Baumarten für den Anpassung an den Klimawandel zu empfehlen oder die Auswirkungen von Klimaänderungen auf Ökosysteme zu simulieren. Auch in der Landwirtschaft gibt es bereits KI-Anwendungen, um die Erträge zu verbessern.

Die Frage ist daher: Wie können wir KI in unserem Alltag sinnvoll und nachhaltig nutzen? Oder sollen wir KI blockieren, wo immer uns das möglich ist? Wir könnten KI aber auch als große Chance sehen und vielfältig einsetzen. Was sollen wir also mit KI in unserem Alltag anfangen?

Meine Antwort darauf lautet auch hier: Genau hinsehen und KI bewusst, wenig und gezielt zum Wohl für uns und unserer Mitmenschen einzusetzen.

Tipps zum Einsatz von KI in deinem Alltag:

- **Informieren und Wissen aufbauen** (siehe auch Tipp *12 – Wissen vertiefen und Kompetenzen stärken*):
  - Informiere dich über die ökologischen und sozialen Auswirkungen von KI-Technologien und -Unternehmen. Lese Beiträge und wissenschaftliche Studien von Organisationen, die sich mit dem Thema Nachhaltigkeit und KI beschäftigen. Beispiele sind die Beiträge des Fraunhofer IAO („Potenziale von KI im Gastgewerbe" oder „Wie ich Künstliche Intelligenz im Berufsalltag einsetze") oder AlgorithmWatch, eine gemeinnützige NGO, die sich dafür einsetzt, dass Nachhaltigkeit durch den Einsatz von KI gestärkt und nicht geschwächt wird.
  - Abonniere Newsletter und Blogs, die sich mit nachhaltiger KI beschäftigen. Bleib auf dem Laufenden über die neuesten Entwicklungen im Bereich KI und Nachhaltigkeit.
  - Wenn du tiefer eintauchen willst, dann findest du über spezielle Suchmaschinen wie Google-Scholar viele Forschungsarbeiten zur Thematik. Gib in die Suchmaske die Begriffe „Nachhaltigkeit und künstliche Intelligenz" ein und du wirst eine Menge interessanter Beiträge finden.

- **KI-Tools nutzen:**
  - Nutze KI-gestützte Suchmaschinen, um Informationen zu nachhaltigen Produkten, Dienstleistungen und Le-

bensweisen zu finden. Je genauer und ausführlicher du deine Suchanfrage stellst, umso hilfreicher ist die Antwort der KI.
- Wähle bewusst die KI-Tools aus, die du benutzen willst. Sei dabei kritisch und hinterfrage die Auswirkungen der KI-Anwendung.
- Experimentiere maßvoll mit verschiedenen KI-Tools und entdecke neue Möglichkeiten, deinen Alltag nachhaltiger zu gestalten.

- **Nachhaltige Konsumentscheidungen treffen** (siehe auch *Konsum und Ernährung*):
  - Verwende KI-basierte Apps (beispielsweise Code-Check), die dir helfen, nachhaltige Produkte zu finden und zu vergleichen.
  - Möchtest du wissen, welche Lebensmittel saisonal und regional (siehe auch Tipp *20 – Regional und saisonal einkaufen*) erhältlich sind? Hier kann dir eine KI, wie z. B. Gemini oder die RegioApp, dabei helfen, Lieferanten in deiner Umgebung zu finden.
  - Unterstütze Initiativen und Unternehmen, die KI für nachhaltige Zwecke einsetzen, z. B. für die Entwicklung von energieeffizienten Geräten oder die Optimierung von Lieferketten.

- **Energie sparen und Ressourcen schonen**: Im Gegensatz zu vielen klassischen Smart Home-Systemen sind KI-Systeme generell lernfähig und passen sich ohne Programmierung den Vorlieben und Gewohnheiten der Besitzer an. So kann KI beispielsweise den Stromfluss einer Photovoltaikanlage steuern und dein E-Auto aufgrund deiner Gewohnheiten zu dem Zeitpunkt aufladen, wann du es brauchst.

- Nutze smarte, KI-gesteuerte Thermostate und Beleuchtungssysteme, um deinen Energieverbrauch zu optimieren (siehe Tipp *42 – Internet und smarte Technik*).
- Nutze KI-basierte Apps, um die effizienteste und sparsamste Route für deine Fahrten zu finden.
- Mit einer KI-gestützten Reise-App (z. B. Wonderplan oder Tripplaner) findest du schnell und einfach die umweltfreundlichste Route und die nachhaltigsten Unterkünfte (siehe auch Tipp *50 – Unterwegs zu einem nachhaltigen Urlaub*).

Der Einsatz von KI bietet zweifellos viele Vorteile für den privaten Alltag. Sie kann unser Leben erleichtern, indem sie Routineaufgaben in unserem Haushalt übernimmt. Allerdings ist es wichtig, sich der Risiken bewusst zu sein und einen verantwortungsvollen Umgang mit dieser Technologie zu pflegen.

46 – Nachhaltigkeit trifft Technologie

Nachhaltigkeit und Technologie ist ein spannendes Zusammenspiel zweier Elemente, die sich gegenseitig enorm unterstützen und weiterentwickeln können, wenn sie miteinander verschmelzen.

Technologie ist allgegenwärtig in unserem Leben und bietet genau wie KI sowohl Chancen als auch Risiken für eine nachhaltige Zukunft. Einerseits können technologische Lösungen dazu beitragen, Ressourcen zu schonen und Prozesse zu optimieren. Andererseits birgt der Einsatz von Technologie auch Gefahren, wie beispielsweise einen erhöhten Energieverbrauch durch Rechenzentren, Serverfarmen und KI, sowie einen möglichen Verlust selbstständiger und bewusster Entscheidungen in deinem Alltag.

Du fragst dich nun vielleicht, wie du in deinem persönlichen Umfeld dazu beitragen kannst, Technologie und Nachhaltigkeit zusammenzubringen?

Arbeitest du in einem technischen Beruf? Das bedeutet jedoch noch lange nicht, dass du dich beruflich dem Thema widmen kannst. Ob du nun in einem nicht technischen oder technischen Beruf arbeitest, es spricht viel dafür, dass du dich dem Thema Technologie und Nachhaltigkeit nur in deiner Freizeit widmen kannst. Lass dich von mir in diesem Fall für die Verschmelzung von Technologie und Nachhaltigkeit und den enormen Vorteilen, die sich daraus ergeben können, begeistern. Wenn du dich darauf einlässt, wirst du Teil einer technologischen Veränderung in Richtung Nachhaltigkeit sein.

Doch wie an das Thema herangehen? Am leichtesten ist es für dich, wenn du dir erst einmal ein Thema suchst, indem du – egal wie – technologisch tätig werden willst.

Tipps zur Auswahl deines Technologiethemas:

- **Trends und Visionen:** Suche dir eine Technologie oder eine Vision mit technologischem Hintergrund heraus, die dich fasziniert und für die du dich einsetzen möchtest. Beispiele:
  - Zukunftstechnologien wie Wasserstoff, Kernfusion, KI für Nachhaltigkeit, Geothermie, humanoide Roboter, Pharmazie (Krebsmedikamente).
  - Einsatz von Drohnen, Robotik und KI in der Landwirtschaft (z. B. Precision Farming, Vertical Farming), um effizienter zu werden, Ressourcen zu schonen und Erträge zu steigern.
  - Nachhaltige Städte der Zukunft (Smart Cities). Bereits heute tragen Sensoren und (KI-gestützte) Datenanalysen/Simulationen zur Lösung gesellschaftlicher, verkehrs-

technischer und ökologischer Probleme bei. Vielleicht ist deine Kommune schon bereit für so einen Ansatz? (siehe auch Tipp *57 – Mitmachen und gestalten*).

- Visionen einer mobilen und nachhaltigen Gesellschaft (Elektromobilität, autonomes Fahren, Shared Mobility usw.).

- **Innovationen:** Halte Ausschau nach neuen Technologien, die dazu beitragen können, unseren Alltag nachhaltiger zu gestalten. Beispielsweise Produkte aus 3D-Druck mit biologisch abbaubaren oder recycelten Materialien. Biokunststoffe aus Polymilchsäure werden aus Maisstärke gewonnen und für Lebensmittelverpackungen verwendet. Achte auf entsprechende Zertifizierungen, siehe Tipp *62 – Siegel für Nachhaltigkeit*.
- **Soziale Projekte:** Wenn du mit Technologie Menschen etwas Gutes tun willst.

- Digitale Unterstützung hilfsbedürftiger Menschen,
- Apps und Softwaretools für soziale Zwecke,
- Robotik in der Gesundheits- und Krankenpflege sowie in der Seniorenbetreuung.

Nachdem du dein Thema gefunden hast, gilt es nun einzusteigen und aktiv zu werden. Doch egal wie du einsteigst, mach dich auf einen steinigen Weg gefasst. Nach meiner beruflichen und privaten Erfahrung im Bereich neuer Technologien wirst du hier auf zahlreiche Bedenkenträger treffen, die fest daran glauben, dass deine Ideen und Visionen kompletter Unsinn sind und niemals realisiert werden können (siehe auch Tipp *3 – Antworten als Werkzeug für Veränderung*). Du brauchst hier also einen langen Atem und viele Verbündete. Dies ist aber auch der Lösungsansatz für eine erfolgreiche Herangehensweise.

Tipps zum Loslegen:

- **Mach dir als Erstes ein eigenes Konzept** (siehe auch Tipp 8 – *Eigene Nachhaltigkeitskonzepte entwickeln*):
    - Bring deine Vision, deine Idee zu Papier und setze dazu gezielt NLP-Technik ein. Was soll am Ende Wirklichkeit werden? Beschreibe das Ziel so genau wie möglich.
    - Stell dir wichtige Fragen: Welche Ressourcen benötige ich? In welchen Zeiträumen denke ich? Bin ich wirklich bereit, mich den wahrscheinlichen Widerständen zu stellen? (siehe auch Tipp 2 – *Die Kraft der Fragen für mehr Nachhaltigkeit*)
- **Such dir Verbündete:**
    - Gründe eine Gruppe in einem sozialen Netzwerk, indem du auf Gleichgesinnte hoffen kannst. Ich habe z. B. die Gruppe Geothermie Oberbayern in LinkedIn gegründet. Wenn dich das Thema Geothermie (nicht nur in Oberbayern) interessiert, dann komm doch dazu.
    - Sprich Unternehmen an, die sich nachweislich für Nachhaltigkeit einsetzen und dein Projekt, oder deine Initiative unterstützen können.
    - Veröffentliche dein Konzept auf deiner eigenen Homepage (siehe auch Tipp 73 – *Deine Nachhaltigkeitswebsite*) und deinen Seiten in den sozialen Netzwerken (siehe auch Tipp 72 – *Vernetzen und verändern*).

Nachhaltigkeit und Technologie sind gut miteinander vereinbar, wenn wir dabei beachten, dass der Mensch auch hier im Mittelpunkt steht. Der Einsatz von Technologie muss immer im Einklang mit unseren Werten (siehe auch Tipp 1 – *Meine Nachhaltigkeitswerte*) stehen und darf nicht zulasten von Menschen und Umwelt gehen. Das gilt im Besonderen auch für die Mobilität.

Mobilität neu gedacht

Mobilität neu gedacht

Mobilität ist ein Grundbedürfnis jedes Menschen, das sich mit den Zielen der Nachhaltigkeit gut vereinbaren lässt, wenn wir die Thematik neu durchdenken und neue, nachhaltige Technologien und Konzepte einsetzen.

Wir wollen uns frei bewegen, neue Orte entdecken und mit Menschen anderer Regionen und Länder in Kontakt kommen. Doch diese grenzenlose Mobilität hat auch ihren Preis. Wenn auch der Verkehrssektor zweifellos einen erheblichen Beitrag zum Klimawandel leistet, ist er nicht der größte Verursacher. Energieerzeugung, Industrie und Landwirtschaft spielen ebenfalls eine bestimmende Rolle. Dennoch verursacht unsere globale Mobilität einen erheblichen Teil der weltweiten Treibhausgasemissionen und trägt zudem durch Flächenversiegelung für Straßen, Schienentrassen, Start- und Landebahnen für Flugzeuge und Autobahnen zur Umweltzerstörung bei.

Es ist daher unerlässlich, bei Konzepten zur Nachhaltigkeit den Verkehrssektor im Blick zu behalten. Dies nicht zuletzt deshalb, da er einen wesentlichen Teil unserer täglichen Beschäftigungen betrifft. Für Mobilität benötigen wir immer Energie. Wenn wir zu Fuß gehen oder mit dem Fahrrad fahren, müssen wir dazu die Energie unseres Körpers bereitstellen. Wenn wir ein Auto verwenden, mit dem Zug fahren, eine Schiffsreise oder eine Flugreise unternehmen, dann muss dafür mehr oder weniger Energie eingesetzt werden (siehe auch *Energie und Technik gestalten*), durch die zwangsläufig auch Treibhausgasemissionen entstehen, die wir nach Möglichkeit vermeiden wollen.

Es ist mir wichtig zu betonen, dass Mobilität und Nachhaltigkeit dennoch kein Widerspruch sind. Es gibt zahlreiche innovative Lösungen und Technologien, die es uns ermöglichen, umweltfreundlicher und nachhaltiger zu reisen. Dabei geht es nicht darum, auf Komfort zu verzichten oder unsere Lebensweise komplett umzustellen. Vielmehr geht es darum, unsere Mobilität neu zu denken und bewusster zu gestalten.

Mobilität ist unstrittig ein unverzichtbarer Bestandteil in unserer heutigen Welt. Wir pendeln zur Arbeit, besuchen Freunde und Familie, unternehmen Reisen. Mobilität ist mehr als nur das Fortbewegen von Punkt A nach Punkt B. Sie ist Anstoß für gesellschaftlichen Wandel und beschleunigt den kulturellen Austausch. Reisen ermöglichen es uns, andere Kulturen kennenzulernen, unsere Scheuklappen abzulegen, neue Blickwinkel einzunehmen und ein Weltbewusstsein zu entwickeln. Ein nachhaltiger Tourismus kann sogar dazu beitragen, lokale Gemeinschaften zu stärken und die Umwelt zu schützen.

Flugscham bringt uns nicht wirklich weiter
In Gesprächen über Mobilität und Nachhaltigkeit wird oft der Eindruck erweckt, dass sie unvereinbare Gegensätze sind. Bilder von überfüllten Straßen, Kondensstreifen von Flugzeugen und die Umweltzerstörung durch den Verkehr prägen häufig die Auseinandersetzung. Flugreisen, Autofahren und andere motorisierte Fortbewegungsmittel werden dabei als Hauptverursacher des Klimawandels angeprangert, was tatsächlich aber nicht der Fall ist. Ich möchte an dieser Stelle nicht mit Zahlen und Statistiken jonglieren, sondern dazu auffordern, sich selbst mittels einer kleiner Onlinerecherche den Beitrag des Verkehrssektors zum globalen Klimawandel vor Augen zu führen. Es ist eine von vielen Baustellen, der wir auf unserem persönlichen Weg zu Nachhaltigkeit begegnen.

Nachhaltigkeit und Mobilität schließen sich nicht aus, sondern können vielmehr Hand in Hand zusammenarbeiten. Ich bin davon überzeugt, dass Mobilität im globalen Nachhaltigkeitsprozess eine Schlüsselrolle spielt, und das meine ich jetzt durchaus im positiven Sinn. Es geht nicht darum, Mobilität zu verteufeln, zu verbieten oder auf Flugreisen zu verzichten. Der moderne Ablasshandel für unsere „Sünden" im Verkehrssektor in Form von Kompensationsmaßnahmen wird das Problem nicht lösen. Vielmehr liegt der Schlüssel in der effizienten und nachhaltigen Gestaltung der unterschiedlichen Mobilitätsformen.

Moderne Technologien und zukunftsweisende Ideen ermöglichen es bereits heute, Mobilität deutlich umweltfreundlicher und nachhaltiger zu gestalten. Durch verantwortungsvolles Handeln, umweltfreundliche Technologien und die richtigen Rahmenbedingungen kann Mobilität zu einem wichtigen Treiber für eine nachhaltige Zukunft werden. Durch unser alltägliches Verhalten können wir Einfluss darauf nehmen, dass Mobilität neu gedacht und nachhaltig gestaltet wird.

47 – Zu Rad und zu Fuß

In den letzten Jahren habe ich für mich das Fahrradfahren wiederentdeckt. Ich habe mein altes Fahrrad, das lange Zeit in der Garage traurig vor sich hin gerostet ist, wieder in Schwung gebracht und nutze es seitdem für Kurzstrecken im Ort, aber auch für kleinere Ausflüge in der Umgebung. Ich musste zunächst die Fahrradkette wieder einhängen und die rostigen Teile einölen. Das war noch relativ einfach. Dann kam der schwierigere Teil: Der Hinterreifen hatte einen Platten, und ich musste den Schlauch auswechseln. Was zunächst sehr kompliziert erschien, stellte sich mithilfe einer Videoanleitung dann als relativ einfach heraus. Danach hatte ich wieder ein funktionsfähiges Fahrrad, worauf ich auch ein klein wenig stolz war. Damit waren mit einem Mal auch Besorgungen möglich, für die ich bisher mein Auto genommen habe.

Fahrradfahren ist gut für deine Gesundheit, verursacht keine Treibhausgasemissionen, keinen Lärm, keinen Feinstaub und macht (zumindest bei schönem Wetter) auch noch Spaß und baut Stress ab. Um das Fahrradfahren in deinen Alltag einzubinden, kannst du beispielsweise kurze Strecken mit dem Fahrrad zurücklegen, anstatt das Auto oder den Bus zu benutzen. Einkäufe oder Besorgungen können so ganz einfach mit dem Fahrrad erledigt werden. Außerdem lohnt es sich, das Fahrrad regelmäßig für Freizeit- und Sportaktivitäten zu nutzen, um die eigene Fitness zu verbessern.

Tipps zum Fahrrad:

- **Wartung:** Stelle sicher, dass dein Fahrrad regelmäßig gewartet wird, um sicher und effizient zu fahren. Überprüfe regelmäßig den Reifendruck, die Bremsen und die Beleuchtung. Führe kleinere Reparaturen selbst durch, das macht Spaß und spart Geld (siehe auch Tipp 38 – *Reparieren statt wegwerfen*).
- **Sicherheit:** Trage immer einen Helm und helle Kleidung (vielleicht auch mit Reflektoren auf dem Rücken), um gut sichtbar zu sein. Informiere dich über die Verkehrsregeln, und halte dich daran.
- **Fahrradwege:** Nutze Fahrradwege, wo immer möglich, um sicherer zu fahren. Plane deine Routen im Voraus und entdecke neue und abwechslungsreiche Wege abseits der Hauptstraßen.
- **Fahrgemeinschaften:** Überlege, ob du eine Fahrgemeinschaft mit Freunden oder Kollegen bilden möchtest, um gemeinsam zur Arbeit oder zum Einkaufen zu radeln oder auch mal einen Ausflug in einen Biergarten zu machen.
- **Transportmittel:** Nutze dein Fahrrad als Transportmittel für kleinere Strecken. Praktische Fahrradtaschen oder -an-

hänger und mehr Zubehör machen das Rad als Transportmittel effizient.

- **Lastenrad:** Möchtest du mit deinem Fahrrad mehr transportieren, als mit einem Standardmodell möglich ist? Kindertransport oder größere Besorgungen und Einkäufe? Für diese Fälle gibt es die unterschiedlichsten Lastenradtypen. Die meisten Lastenräder bekommst du auch mit elektrischer Unterstützung.
  - **Longtail:** Das als Backpacker bekannte Modell hat einen langen Gepäckträger. Du kannst damit hinten mehr aufladen, brauchst aber auch einen größeren Abstellplatz.
  - **Trike:** Ein Lastendreirad mit einer großen Transportbox zwischen den Vorderrädern. Es hat eine hohe Ladefähigkeit, ist aber nicht so wendig und braucht etwas Übung.
  - **Long John:** Eine große Ladefläche befindet sich zwischen Lenker und Vorderrad, was durch einen verlängerten Radstand vorn möglich ist. Die Ladekapazität ist groß, du hast die Ladung im Blick, brauchst aber auch einen größeren Abstellplatz und Übung.
  - **Postfahrrad:** Das kennst du wahrscheinlich von deinem Postboten. Das auch als Bäckerfahrrad bekannte Modell hat einen tiefen Einstieg, was das Auf- und Absteigen bequem macht. Vor dem Lenker hast du eine Ladefläche und hinten einen Gepäckträger. Du brauchst nur wenig Abstellfläche, aber auch etwas Übung.
- **Radwegsystem:** Wie gut ist das Radwegenetz in deiner Region ausgebaut? Wenn du in der Stadt lebst, hast du größere Chancen, dass ausreichend Radwege vorhanden sind. Auf dem Land und in kleineren Gemeinden ist das schwieriger. Wenn es da in deiner Gemeinde noch Lücken gibt,

werde aktiv und mache den Verantwortlichen klar, dass es dort Handlungsbedarf gibt (siehe Tipp 57 – *Mitmachen und gestalten*).

Zu Fuß unterwegs: Die einfachste, gesündeste und umweltfreundlichste Fortbewegung ist, zu Fuß unterwegs zu sein. Natürlich kannst du nicht zum Einkaufen zu Fuß gehen, wenn der Supermarkt 10 km von deiner Wohnung entfernt ist, aber es gibt viele andere Strecken, die du gut zu Fuß laufen kannst und damit deiner Gesundheit etwas Gutes tust (siehe auch Tipp 7 – *Gesundheit und Nachhaltigkeit*).

Tipps:
- Um die Ecke zum Bäcker gehst du besser zu Fuß und lässt dein Fahrrad stehen.
- Nutze jede Gelegenheit zum Treppensteigen, statt mit dem Aufzug zu fahren. Das ist extrem gesund und spart jede Menge Energie.
- Geh mal spazieren und entdecke deine Gemeinde neu. Welche neuen Geschäfte gibt es bei dir? Wo wird gebaut? Vielleicht läufst du auch Bekannten über den Weg und kannst ausgiebig mit ihnen ratschen? Du kannst deine Spaziergänge auch als Achtsamkeitsübung in deinem Projekt „Nachhaltig leben" nutzen (siehe Tipp 5 – *Achtsamkeit im Alltag*).
- Eine Form von „zu Fuß unterwegs" ist das Joggen. Ich versuche zwei- bis dreimal pro Woche zum Joggen zu kommen, wobei ich für meine diversen Strecken in etwa eine Stunde brauche. Dabei komme ich auch nach einem stressigen Tag gut runter und zuweilen auch in einen Flow, bei dem mir die besten Ideen kommen (eine Idee war dieses Buch zu schreiben). Die einzig wirklich wichtige Anschaf-

fung dafür sind gute Laufschuhe. Wenn sie kein gutes Profil mehr haben und „ausgelaufen" sind, erhalten sie bei mir ein zweites Leben als Arbeitsschuhe für den Garten (siehe auch Tipp *39 – Aus Alt mach Neu*).

48 – Alltag mobil gestalten

Auch wenn wir uns bemühen, möglichst viel zu Fuß zu gehen oder mit dem Fahrrad zu fahren, so können wir auf schnellere und weitreichende Mobilitätsformen nicht verzichten. Damit meine ich auch nicht in erster Linie Reisen in der Mittel- und Langstrecke, für die wir Flugzeug, Bahn und Schiff benutzen. Wie solche Reisen nachhaltig gestaltet werden können, besprechen wir in den nächsten beiden Kapiteln. Hier meine ich die Mobilitätsformen, die wir für unseren Alltag benötigen.

Tipps zur Mobilität im Alltag:

- **Carsharing und Mitfahrgelegenheiten:** Das bedeutet, ein Auto nutzen, ohne es zu besitzen (siehe auch Tipp *18 – Weniger ist mehr*). Wenn du nicht häufig ein Auto brauchst, sind die monatlichen Kosten auf jeden Fall geringer, als wenn du dein eigenes Auto hättest.
  - Eine Möglichkeit ist Mitglied in einem Carsharingverein zu werden. Du musst dich nicht um die Pflege oder Reparatur kümmern, das macht der Anbieter. Meist sind die eingesetzten Fahrzeuge auch neuer als ein Privatfahrzeug, das gerne auch mal 20 Jahre gefahren wird. Die Umweltbilanz ist daher in der Regel besser. Carsharinganbieter stellen eine Vielzahl von Fahrzeugen zur Verfügung, von kleinen Stadtflitzern für den Einkauf bis hin zu größeren Transportern für den Umzug.

– Mitfahrgelegenheiten kannst du als Pendler für den Weg zur Arbeit im Kollegenkreis organisieren. Nutze das Intranet, falls vorhanden, um eine Gruppe zu bilden, oder das klassische Schwarze Brett. Du sparst Kosten, Ressourcen und hast weniger Stress (außer du bist mit dem Fahren dran).

- **ÖPNV nutzen:** Der öffentliche Personennahverkehr ist eine wichtige Säule der nachhaltigen Mobilität. Auch hier musst du dich um nichts kümmern und kommst meist schnell und pünktlich (mit gelegentlichen Ausnahmen) an dein Ziel. Nutzt du bereits den ÖPNV? Erkundige dich, welche Möglichkeiten es für dich in deiner Region gibt.
- **E-Mobilität:** Das ist wahrscheinlich die Zukunft des Individualverkehrs[1]. Vorausgesetzt, der notwendige elektrische Strom kommt aus erneuerbaren Energien, ist diese Form der Mobilität auch weitgehend nachhaltig. Wenn du ein eigenes Auto brauchst, dann entscheide dich für ein Elektroauto. Auch der ÖPNV stellt zunehmend auf Elektrofahrzeuge um.
- **Mikromobilität:**
  - **E-Scooter:** Klein, aber oho und für deinen Einsatz in der Stadt oder Gemeinde gut geeignet.
  - **E-Bikes:** Sie bieten eine ideale Ergänzung zum klassischen Fahrrad. Mit dem elektrischen Antrieb meistert man auch längere Strecken oder steile Anstiege mühelos. Ob für den täglichen Weg zur Arbeit, Einkäufe oder ausgedehnte Touren am Wochenende – E-Bikes sind vielseitig einsetzbar. Achte beim Kauf auf eine für dich ausreichende Akkureichweite.

---

[1] Individualverkehr bezeichnet die Fortbewegung von Personen mit eigenen Verkehrsmitteln, wie Autos, Motorrädern oder Fahrrädern, im Gegensatz zu kollektivem Verkehr wie Bussen oder Bahnen.

- Mach eine Probefahrt, bevor du dich für das eine oder andere Modell entscheidest.
- E-Scooter und E-Bikes kannst du natürlich auch mieten. Das geschieht recht einfach über eine App des Anbieters.
- **Mobilitätsplanung:** Verwende nützliche Apps für deine Routen und Zeitplanung. Es gibt viele gute und kostenlose Routen-Maps, ÖPNV- und Carsharing-Apps.

49 – Nachhaltig Reisen

Dürfen wir geschäftlich und privat nicht mehr reisen, wenn wir nachhaltig sein wollen?

Doch, das dürfen wir natürlich. Wir sollten dabei jedoch einige selbstauferlegte Regeln einhalten. Diese Regeln erfordern von dir nur ein bewusstes und aufmerksames Handeln.

Tipps zum nachhaltigen Reisen:

- **Wähle umweltfreundliche Transportmittel:**

  Nutze öffentliche Verkehrsmittel, Zugreisen oder Fahrräder, um den CO_2-Ausstoß zu reduzieren. Wenn du eine Flugreise buchst, wähle eine Fluggesellschaft, bei der du für deinen Flug einen nachhaltigen Treibstoff[2] buchen kannst (beispielsweise bei Lufthansa, KLM, Air France oder British Airways).

- **Vermeide Kurzstreckenflüge:**

  Wenn möglich, vermeide Kurzstreckenflüge zugunsten von Zug- oder Busreisen, um möglichst wenig Klimawirkung

---

[2] Nachhaltiger Flugtreibstoff wird oft auch als SAF bezeichnet: Sustainable Aviation Fuel.

durch deine Reise zu verursachen. Informiere dich über die Möglichkeit mit elektrisch angetriebenen Flugzeugen zu reisen (Norwegen ist auf dem besten Weg hier eine Pionierrolle zu übernehmen und plant den gesamten Regionalverkehr künftig mit Elektroflugzeugen zu betreiben).

- **Gepäck:** Reise mit leichtem Gepäck, um den Treibstoffverbrauch des gewählten Transportmittels zu verringern und den Energieaufwand beim Transport möglichst klein zu halten.
- **Digitale Alternativen:** Überprüfe insbesondere bei Geschäftsreisen, ob die geplanten Besprechungen nicht auch digital als Videokonferenzen abgehalten werden können.
- **Mietwagenalternativen:** Vor Ort musst du nicht unbedingt einen Mietwagen haben. Du kannst auch in einer fremden Stadt öffentliche Verkehrsmittel oder Carsharingangebote nutzen (siehe vorherigen Tipp).
- **Kombinationsreisen:** Du kannst eine Geschäftsreise auch mit privaten Besuchen oder sogar mit einem geplanten Urlaub verbinden und erhöhst damit die Reiseeffizienz.

50 – Unterwegs zu einem nachhaltigen Urlaub

Natürlich wollen wir auch mal Urlaub machen, das haben wir uns verdient! Und Urlaub machen geht auch nachhaltig.

Viele Reiseveranstalter werben schon mit nachhaltigem Urlaub. Sieht man genauer hin, beschränkt sich das jedoch oftmals auf gewisse Beiträge zu Klimakompensationsmaßnahmen, dem modernen Ablasshandel. Als ob Nachhaltigkeit das Gleiche wäre wie Klimaschutz. Aber diese spezielle Problematik beim Umgang mit dem Begriff Nachhaltigkeit haben wir ja schon zu Beginn des Buchs besprochen.

Einen Urlaub nachhaltig zu gestalten, umfasst eine große Anzahl von Möglichkeiten, dies zu tun. Es bedeutet nicht zwangsweise, auf Flugreisen zu verzichten und mit der Bahn zu fahren. Etliche Fluglinien bieten, wie bereits im letzten Abschnitt erwähnt, die Möglichkeit an, den Flug nachhaltiger zu gestalten. Bei der Ticketbuchung kannst du (gegen Aufpreis) die Verwendung von nachhaltigem Flugtreibstoff mitbuchen. Darüber hinaus gibt es jedoch noch eine Menge anderer Dinge, die du tun kannst, damit dein Urlaub wirklich nachhaltig wird.

Tipps für nachhaltigen Urlaub:

- Verbringe auch mal einen Urlaub in der Nähe deines Wohnorts, um deinen CO_2-Fußabdruck zu verringern und ganz nebenbei deine Heimat noch besser kennenzulernen.
- Setze bewusst auf Freizeitaktivitäten in deinem Urlaub, die Ressourcen schonen, wie Wandern oder Radfahren.
- Wähle Regionen, die auf sanften Tourismus setzen und Wert auf einen achtsamen und bewussten Umgang mit der Natur legen. Die skandinavischen Länder sind hier gewiss Vorreiter, doch inzwischen haben auch viele andere Länder (auch Deutschland) die langfristigen Vorteile von sanftem Tourismus erkannt.
- Regionen, die auf sanften Tourismus setzen, unterstützen damit auch die örtlichen Geschäfte und Produzenten und beziehen von dort ihre Waren und Dienstleistungen. In solchen Regionen erhältst du dadurch auch einfacher Kontakt mit den Einheimischen und erlebst so einen unverfälschten Urlaub, an den du noch lange denken wirst. Suche nach kleinen lokalen Läden, Restaurants und Märkten und kaufe dort ein (siehe Tipp *20 – Regional und saisonal einkaufen*).

Mobilität neu gedacht 207

Damit bekommst du einen viel besseren Eindruck von den regionaltypischen Besonderheiten.

- Kaufe nur Souvenirs, die aus nachhaltigen Materialien hergestellt wurden und lokale Kunsthandwerker (siehe auch Tipp *70 – Kunst für eine nachhaltige Zukunft*) unterstützen.
- Über verschiedene Onlineportale findest du Regionen, die sich auf zertifizierte Unterkünfte bezüglich Nachhaltigkeit spezialisiert haben. Buche Hotels und nutze gastronomische Betriebe, die nachweislich nachhaltig wirtschaften (siehe auch Tipp *62 – Siegel für Nachhaltigkeit*).
- Nimm nur so viel Gepäck mit, wie du wirklich brauchst. Normalerweise nehmen wir viel mehr mit, als wir eigentlich brauchen. Wenn du wirklich etwas Wichtiges vergessen hast (siehe Tipp *18 – Weniger ist mehr*), kaufe es in deiner Urlaubsregion in einem Geschäft an deinem Urlaubsort und stärke damit das dortige Regionalkonzept.
- Bei der Plastik- und Müllvermeidung sollten wir genauso aufmerksam sein wie zuhause auch. Wer kennt nicht die überall herumliegende Abfälle am Urlaubsort?
- Respektiere die Natur und Kultur deiner Urlaubsregion. Achte darauf, natürliche Lebensräume und kulturelle Stätten zu respektieren und zu schützen.
- Vermeide Aktivitäten, die Wildtiere stören oder schädigen könnten, und wähle stattdessen verantwortungsbewusste Tierbeobachtungsangebote.
- In vielen südlichen Urlaubsregionen ist sauberes Wasser inzwischen ein rares Gut geworden. Gehe achtsam damit um und spare so viel Wasser wie möglich (siehe Tipp *31 – Wasser sparen leicht gemacht*).
- Achte auf einen möglichst geringen Energieverbrauch (siehe Tipp *41 – Energietipps für den Alltag*). Im Winterurlaub musst du nicht unbedingt im T-Shirt in deinem

Hotelzimmer oder Ferienwohnung herumlaufen und im Sommerurlaub muss die Klimaanlage auch nicht ständig laufen und dein Zimmer auf 15 °C abkühlen. Damit verringerst du auch das Risiko, dir dadurch eine Erkältung zu holen.
- Kompensiere deinen ökologischen Fußabdruck, der zwangsläufig durch deinen Urlaub entsteht. Unterstütze dafür nach Möglichkeit Nachhaltigkeitsprojekte in der Region deines Urlaubsorts, um die Umweltauswirkungen deiner Reisen auszugleichen. Überzeuge dich davon, dass es das Projekt auch wirklich gibt.
- Versuche es mal mit dem Prinzip Slow Travel. Du organisierst eine gezielt langsame und bewusste Reise (siehe auch Tipp 5 – *Achtsamkeit im Alltag*) und verzichtest auf Massentourismus und All-inclusive-Pakete. Damit vermeidest du Stress und Hektik, die beim klassischen Urlaub ja fast schon zwangsläufig auftreten.

Ein nachhaltiger Urlaub bedeutet also nicht, auf den langersehnten Traumurlaub zu verzichten. Ganz und gar nicht! Mit etwas Vorbereitung ist ein nachhaltiger Urlaub nahezu überall möglich und sorgt nicht nur bei dir für ein gutes Gefühl.

51 – Arbeiten ohne Anreise

Die Covid-19-Pandemie hat unser Arbeitsleben grundlegend verändert. Homeoffice, einst eine Nische für wenige Berufsgruppen, wurde über Nacht zur neuen Normalität für Millionen von Menschen weltweit. Was als vorübergehende Notlösung begann, hat sich zu einer üblichen Arbeitsform entwickelt. Doch wie gehen wir mit den Chancen und Herausforderungen dieser neuen Arbeitswelt um?

Mobilität neu gedacht

Das Konzept der Videokonferenzen gab es auch schon vor Corona und gerade Umweltverbände hatten schon lange dafür geworben, um die Emissionen von Treibhausgasen zu reduzieren, die durch die Geschäftsreisen per Flugzeug, Auto und Bahn bis dahin jedes Jahr produziert wurden. Ich kann und will mich da nicht rausreden, auch ich habe vor Corona meistens das Auto oder das Flugzeug (oder auch beides) benutzt, um möglichst schnell zur Besprechung, zur Konferenz oder zum Lokaltermin zu kommen. Dann wurden wir alle durch die Pandemie mehr oder weniger gezwungen, unsere Besprechungen virtuell mittels Onlinemeeting zu organisieren. Anfangs gab es etliche Probleme mit den entsprechenden Apps und Programmen sowie mit der Übertragungsbandbreite. Die Technikchecks zu Beginn der Besprechung haben anfangs eine Menge Zeit benötigt, bis alle und Alles bereit war. Auch hier hat sich viel getan. Es ist inzwischen zur Regel und Routine geworden, Besprechungen online zu führen, und es gibt nur wenig Anlässe, die zwingend eine Anwesenheit vor Ort erfordern. Auch Homeoffice wird inzwischen von den meisten Unternehmen ermöglicht. Beides, Homeoffice und virtuelle Zusammenarbeit erfordern jedoch einige Änderungen in unserem bisherigen Verhalten sowie einige Anpassungen zu Hause.

Tipps zu Arbeiten ohne Anreise:

- Homeoffice-Arbeitsplatz: Schaff dir einen ergonomischen Arbeitsplatz zu Hause, um Rückenschmerzen und andere gesundheitliche Probleme zu vermeiden (siehe auch Tipp 7 – *Gesundheit und Nachhaltigkeit*). Wenn es geht, sichere dir einen ruhigen Raum, um konzentriert und ungestört arbeiten zu können. Es nervt dich und deine Gesprächspartner enorm, wenn ständig unbeteiligte Personen durch den Raum laufen oder kleine Kinder unüberhörbar plärren, während du gerade ein Onlinemeeting hast. Sieh zu, dass du mit professioneller Technik (Computer, Kamera, Headset/Lautsprecher) ausgestattet bist.

- Kommunikationswerkzeuge: Verwende die für dich passendste Software und Apps für Videokonferenzen, Meetings und virtuelle Zusammenarbeit. Wenn dies von deinem Arbeitgeber vorgegeben wird, bestehe auf einer eingehenden Schulung, um professionell damit arbeiten zu können.
- Reiseplanung bei nicht vermeidbaren Reisen: Überlege dir sorgfältig, welche Termine zwingend vor Ort stattfinden müssen. Wähle das jeweils am besten geeignete Verkehrsmittel aus und wäge dabei Aufwand und Nutzen gegeneinander ab. Wenn du in München wohnst und für ein Meeting in Hamburg mit der Bahn mehrere Tage einplanen müsstest, den Termin mit dem Flugzeug aber in einem Tag schaffen kannst, dann nimm das Flugzeug. Buche nachhaltigen Treibstoff (SAF) dazu. Berechne deine Treibhausgasemissionen, die für diese Reise entstehen und unterstütze in dieser Höhe gezielt ein Klimaschutz- oder Kompensationsprojekt in deiner Region (nicht irgendwo in Afrika oder Asien). Du könntest ein Aufforstungsprogramm unterstützen und hättest damit auch ein nachhaltiges Geschenk (siehe Tipp 26 – *Nachhaltige Geschenke*). Vermeide es, in einen für dich undurchschaubaren Kompensationstopf einzuzahlen.

Spezialtipp

Vielleicht möchtest du in Zukunft auch als digitaler Nomade arbeiten und dabei viel von der Welt sehen? Wenn du die Regeln für nachhaltiges Reisen und für einen nachhaltigen

> Urlaub beachtest, kannst du dich auch als digitaler Nomade verwirklichen. Neben flexiblen Arbeitszeiten entwickelst du wahrscheinlich ein tieferes Verständnis für lokale Kulturen und Umweltthemen. Wenn du dabei in kleineren Orten lebst, kannst du durch deinen regionalen Konsum auch zur Stärkung der lokalen Wirtschaft beitragen und lebst meist recht günstig.

Unabhängig davon, ob du von zuhause arbeitest, zu deinem Arbeitsplatz pendelst oder als digitaler Nomade die Welt bereist, ist es wichtig, bewusste und nachhaltige Entscheidungen zu deiner Mobilität sowohl im Alltag als auch im Urlaub zu treffen.

Umwelt und Klimawandel

Hinter jeder Zahl und jedem Diagramm zu Umweltschäden und zu dem vom Menschen verursachten Klimawandel steckt eine traurige Geschichte. Eine Geschichte unserer Erde und was wir alles mit ihr anstellen und schon angestellt haben. Um die Herausforderung des Klimawandels und seine Folgen ganz und gar zu verstehen, müssen wir jedoch über diese Zahlen hinausblicken und ein Gefühl für Nachhaltigkeit im Zusammenhang mit Natur und Umwelt entwickeln.

Nachhaltigkeit ist ein vielschichtiges Thema, das sich mit vielerlei Daten und Fakten befasst. Doch Zahlen und Statistiken allein reichen nicht aus, um uns zu motivieren, unser Verhalten zu ändern und unseren Alltag nachhaltig zu gestalten. Dies gelingt am einfachsten durch und mit der Natur. Wir müssen die Natur spüren, ihre Schönheit und Verletzlichkeit erleben, um zu verstehen, warum es so wichtig ist, sie zu schützen. Dann verstehen wir Nachhaltigkeit auch auf der Gefühlsebene.

Die Sehnsucht nach der Natur ist ein weiteres Schlüsselelement zur Nachhaltigkeit

Wieso kann der Zugang zur Natur ein Gefühl für Nachhaltigkeit fördern? Er ermöglicht uns, die Umwelt mit all unseren Sinnen zu erleben. Wir können bewusst und aufmerksam die frische Luft atmen, die Sonne auf unserer Haut spüren, die Vögel singen hören, barfuß über eine Wiese laufen, den Sternenhimmel beobachten oder ein Insektenhotel bauen (siehe Tipp 5 – *Achtsamkeit im Alltag*). Diese Erfahrungen wecken in uns eine gefühlsmäßige Verbindung zur Natur und ein Gefühl der Verantwortung.

Mir ging es so, als ich vor etlichen Jahren begann, mich auch privat mit Nachhaltigkeit zu beschäftigen. Der gefühlsmäßige Zugang fand bei mir über das Thema Umwelt und Klimawandel statt. Inzwischen weiß ich, dass dies bei vielen anderen Menschen genau so geschehen ist. Dass der Zugang zur Nachhaltigkeit oft über Umweltthemen erfolgt, darf uns nicht wundern, denn bei aller Entfremdung, die mit unserem modernen, technisch geprägten Leben einhergeht, haben wir uns doch alle einen Kern der Naturverbundenheit erhalten. Auch wenn dieser Kern manchmal tief in uns verborgen schlummert und vielleicht erst geweckt werden muss.

Manche Menschen werden durch ein Urlaubserlebnis geprägt. Bei Wanderungen und Ausflügen stehen sie dann unvermittelt vor einem Naturschauspiel und erkennen schlagartig die Schönheit, aber auch die Gefährdung der Natur und die Notwendigkeit, dass jeder Einzelne von uns dazu beitragen muss, sie für die nachfolgenden Generationen zu erhalten und zu schützen.

Wenn wir unsere Hand auf die Borke eines starken Baums legen, dann fühlen wir uns einen Moment mit der Natur verbunden und bekommen ein Gefühl dafür, wie viele Jahre es gedauert hat, bis dieser Baum seine volle Größe erreicht hat und wichtiger Bestandteil der Umwelt wurde.

Wir können dann aber auch ein Bild in unserer Vorstellung abrufen, wie dieser Baum innerhalb weniger Minuten gefällt wird. Natürlich brauchen wir Holz für vielerlei Produkte, doch die Holzwirtschaft muss nachhaltig sein, damit die Natur keinen Schaden nimmt.

Getreu den Gedanken von Hans Carl von Carlowitz[1], einem Vordenker in Sachen Nachhaltigkeit im barocken Sachsen, müssen abgeholzte Flächen sofort wieder mit neuen Baumschösslingen bepflanzt werden. Damit wird der Boden vor Verkarstung geschützt, und es wächst neues Holz nach,

---

[1] Siehe Sylvicultura oeconomica, Oder Haußwirthliche Nachricht und Naturmäßige Anweisung zur Wilden Baum-Zucht, Hans Carl von Carlowitz, oekom-Verlag.

das in einigen Jahrzehnten wieder genutzt werden kann. Im Laufe des Wachstums der neuen Bäume wird wieder CO_2 aus der Atmosphäre gespeichert und der Kreislauf schließt sich.

Du meinst, das ist doch selbstverständlich? Nein, leider nicht, auch in den letzten Jahren sehe ich auf meinen Reisen (siehe Tipp *49 – Nachhaltig Reisen*) und in Fernsehdokumentationen immer wieder große ehemalige Waldflächen, die abgeholzt und nicht neu bepflanzt wurden. Die Wiederaufforstung dieser Flächen der Natur allein zu überlassen, benötigt eine sehr lange Zeit. Zeit, die wir nicht mehr haben, wenn wir die zerstörerischen Auswirkungen des Klimawandels einigermaßen gering halten wollen.

Eines meiner prägenden Erlebnisse und dem damit verbundenen gefühlsmäßigen Zugang zum Thema Nachhaltigkeit hatte ich vor einigen Jahren in einem Sommerurlaub in Schweden (siehe auch Tipp *50 – Unterwegs zu einem nachhaltigen Urlaub*). Wir waren im mittleren Norden in der Nähe eines großen Skigebiets beim Wandern. Eine unsere Touren führte uns auf einen Berg, von dessen Gipfel wir das großartige Panorama Jämtlands bewundern konnten. Wälder soweit das Auge reicht, jedoch auch mit großen Rodungsflecken gesprenkelt, die aussahen, als hätte der Wald einen Ausschlag. Doch das war nicht das Erlebnis, das mich so nachhaltig beeindruckte.

Als wir vom Gipfel wieder ins Tal abstiegen, mussten wir mehrfach Skipisten kreuzen. Jetzt im Hochsommer waren die geschundenen Flächen unübersehbar, die durch die Skifahrer und Pistenraupen entstanden. Es tat weh, dies anzusehen, und es war mühsam für uns Wanderer, die Risse und Furchen im aufgebrochenen Boden zu überwinden und nicht in die zahlreichen Bombenkratern ähnlichen Löcher zu rutschen, die offensichtlich von den Pistenraupen verursacht wurden und sich dabei den Knöchel zu verstauchen.

Doch auch dieser Anblick war es nicht allein, der mir die Dringlichkeit von Nachhaltigkeit in der Natur und unserem Verhalten damit vor Augen geführt hat. Skipisten in ähnlichem Zustand haben wir in den Alpen auch jede Menge. Nein, es waren die Schneekanonen, die am Rand der Skipiste in dichtem Abstand den gesamten Hang hinunter aufgereiht waren. Dieser Anblick im Norden Europas mit normalerweise großen Mengen Schnee von September bis April hat mich völlig umgehauen. Er machte mir eine Auswirkung des globalen Klimawandels – die stattfindende Erwärmung aller Regionen der Erde – unübersehbar und schlagartig klar. Die Notwendigkeit, dagegen mit aller Macht zu kämpfen, wurde mir durch diesen Anblick so deutlich, wie es durch noch so viele Berichte und Zahlen nicht möglich gewesen wäre.

Kleine Taten, große Wirkung

Ein Gefühl für Nachhaltigkeit zu bekommen ist enorm wichtig, um die Herausforderungen des Klimawandels und der Umweltzerstörung auch persönlich einschätzen zu können. Der Zugang zur Natur spielt dabei die Schlüsselrolle. Durch die direkte Erfahrung in der Natur können wir eine gefühlsmäßige Bindung zu ihr entwickeln und dann lernen, sie zu schützen. Jeder einzelne von uns kann seinen Beitrag für eine intakte Umwelt und für den Kampf gegen die Erderwärmung leisten. Lass dich nicht von den gigantischen Zahlen entmutigen, die hier immer genannt werden. Am Ende zählt die Summe aller Maßnahmen, die wir auf persönlicher Ebene durchführen können. Und das ist eine Menge.

Indem wir uns wieder mehr der Natur zuwenden, können wir ein tieferes Verständnis für die Zusammenhänge zwischen Menschen und Umwelt entwickeln. Wir können lernen, die Natur zu schätzen und zu respektieren und uns für ihren Schutz einzusetzen. Ich möchte dich dazu einladen, deine eigene Verbindung zur Natur zu entdecken und zu verstärken. Denn nur wenn wir uns mit der Natur verbunden fühlen, werden wir bereit sein, die notwendigen Veränderungen einzuleiten, um unseren Planeten für zukünftige Generationen zu erhalten.

52 – Klimaschutz leicht gemacht

Klimaschutz und Energiewende sind zwei eng miteinander verbundene Themen, die unsere Zukunft maßgeblich beeinflussen werden. Während die Energiewende auf die Umstellung auf erneuerbare Energiequellen abzielt, umfasst der Klimaschutz eine große Bandbreite an Maßnahmen, um die negativen Auswirkungen des globalen Klimawandels so gering wie möglich zu halten.

Warum ist Klimaschutz so wichtig?
Unser Planet erwärmt sich immer schneller. Die Folgen sind vielfältig und betreffen uns alle. Denken wir daran, dass inzwischen sogar im hohen Norden Europas Schneekanonen notwendig geworden sind, um Skifahren im Winter zu ermöglichen! Extreme Wetterereignisse, steigende Meeresspiegel und ein stetig größer werdender Verlust der Artenvielfalt beeinflussen bereits jetzt unseren Alltag. Um diesen Entwicklungen entgegenzuwirken, müssen wir unseren Lebensstil ändern und manche Dinge anders machen als bisher.

Weniger Energieverbrauch bedeutet automatisch auch weniger Emissionen von Treibhausgasen, und das ist ein wichti-

Umwelt und Klimawandel

ger Beitrag, aber Klimaschutz bedeutet viel mehr. Beispiele für Handlungsfelder:

- Schutz der Biodiversität: Erhaltung der Artenvielfalt und natürlicher Lebensräume und damit Erhaltung der Widerstandskraft der Natur.
- Aufforstung: Pflanzung von Bäumen, um CO_2 zu binden und so der globalen Erwärmung entgegenzuwirken.
- Renaturierung von Mooren: Wiederherstellung von Feuchtgebieten, die eine wichtige Rolle im Klimasystem spielen, insbesondere auch als wirksame Kohlendioxidsenke[2].
- Anpassung an den Klimawandel: Vorbereitung auf die Folgen des Klimawandels wie extreme Wetterereignisse, Überschwemmungen und den Anstieg des Meeresspiegels.

Was kannst du tun?

Es gibt viele kleine Dinge, die du in deinem Alltag ändern kannst, um deinen Beitrag zum Umwelt- und Klimaschutz zu leisten.

Tipps zum Klimaschutz:

- **Energie sparen:** Reduziere deinen Strom- und Wärmeverbrauch, siehe Tipp *40 – dein Zuhause, deine Energie.*
- **Nachhaltig mobil sein:** siehe Tipp *47 – Zu Rad und zu Fuß.*
- **Bewusst konsumieren:** Kaufe regional und saisonal (siehe Tipp *20 – Regional und saisonal einkaufen*), vermeide Lebensmittelverschwendung (siehe Tipp *32 – Genuss ohne Verschwendung*) und entsorge deinen Müll richtig (siehe Tipp *29 – Wertstoffe trennen*).

---

[2] Natürliche Kohlendioxidsenken wie Bäume, Böden, Moore und Ozeane nehmen CO_2 aus der Atmosphäre auf und speichern es.

- **Wähle nachhaltige Produkte:** Achte auf Umwelt- und Nachhaltigkeitssiegel und kaufe Produkte, die fair produziert werden (siehe Tipp 62 – *Siegel für Nachhaltigkeit*).
- **Informieren und teilen:** Informiere dich über den Klimawandel und seine Folgen (siehe Tipp 11 – *Fakten checken und bewerten*). Diskutiere dann mit Freunden und Familie darüber. Findet heraus, was ihr in eurem direkten Umfeld und in eurem Alltag für Umwelt- und Klimaschutz tun könnt.
- **Erhebe deine Stimme:** Informiere dich über Politik, die sich für Klimaschutz einsetzt und fordere mehr Engagement der Politiker ein (siehe auch Tipp 71 – *Politisches Engagement für Nachhaltigkeit*).
- **Beteilige dich an Klimaschutzprojekten:** Suche nach Projekten zu Klima- und Umweltschutz in deiner Region und beteilige dich daran (siehe auch Tipp 57 – *Mitmachen und gestalten*).

Weitere Tipps für Garten und Balkon:

- Wenn du den Rasen nicht jede Woche mähst, sondern der Natur ein bisschen Luft lässt, dann förderst du damit auch die Artenvielfalt. Dann kommen auch (Wild-)Bienen, Schmetterlinge, Hummeln & Co. Und wo mehr Insekten sind, da sind auch mehr Vögel. Insekten sind unverzichtbar zur Bestäubung von Kulturpflanzen.
- Schau dich mal um auf deinem Balkon oder Terrasse. Da findet sich bestimmt ein Plätzchen für Pflanzen, die von den diversen Bestäubern geliebt werden und noch dazu schön aussehen und herrlich duften.
- Pflanze heimische Pflanzenarten. Sie sind an das lokale Klima angepasst, benötigen weniger Pflege und bieten Lebensraum für heimische Tiere, insbesondere Vögel.

In den folgenden Kapiteln erfährst du noch mehr darüber, wie du deinen Alltag nachhaltiger gestalten, deine Treibhausgasemissionen reduzieren und dich aktiv für den Klimaschutz einsetzen kannst.

53 – Treibhausgase reduzieren

Das Konsumverhalten der privaten Haushalte verursacht etwa ein Viertel der Treibhausgasemissionen in Deutschland. Dies beinhaltet sowohl die Treibhausgasemissionen durch unser Kauf- und Nutzungsverhalten als auch die Treibhausgasemissionen der Produkte und Dienstleistungen selbst. In Deutschland beträgt der CO_2-Fußabdruck pro Kopf ca. 10 t pro Jahr[3] (gemeint sind, wie am Anfang des Buchs schon erläutert, die Summe aller Treibhausgase, umgerechnet in CO_2-Äquivalente).

Davon sind die größten Positionen das Wohnen (23 %), Mobilität (21 %), Ernährung (15 %) und sonstiger Konsum (24 %).[4] Unabhängig davon, welche Klimaziele von den verschiedenen Organisationen ausgerufen werden, bin ich der Überzeugung, dass jeder von uns durch bewusste Verhaltensveränderungen und nachhaltigem Kaufverhalten seinen derzeitigen Fußabdruck auf jeden Fall halbieren kann.

Doch bevor wir uns über Maßnahmen unterhalten, wie wir dies in unserem Haushalt und Alltag schaffen können, führen wir uns zum besseren Verständnis die Problematik der Treibhausgase vor Augen.

---

[3] Die Werte schwanken von Land zu Land, aber wenn du in einem Land der Europäischen Union wohnst, sind die Werte dort ähnlich. Ansonsten informiere dich über dein Umweltministerium.
[4] Quelle: BMUV, https://www.bundesumweltministerium.de/media/kohlenstoff-dioxid-fussabdruck-pro-kopf-in-deutschland

Was sind eigentlich Treibhausgase?

Treibhausgase sind bestimmte Gase in der Lufthülle (Atmosphäre) unseres Planeten. Sie wirken so, als wäre die Erde ein gigantisches Gewächshaus. Treibhausgase wie Kohlendioxid lassen die Sonnenstrahlen zwar in die Atmosphäre hinein, halten aber einen Teil der Wärme zurück, in die sie umgewandelt werden (siehe auch Kapitel *Energie und Technik gestalten*). Das ist wie eine dicke Decke, die uns immer wärmer macht. Eine warme Decke ist eine gute Sache, aber wenn diese Decke zu dick wird, heizt sich unser Planet auf. Dieser Vorgang wird als Treibhauseffekt bezeichnet. Unser Nachbarplanet Venus ist durch einen ähnlichen Treibhauseffekt so aufgeheizt worden, dass auf der Oberfläche Temperaturen herrschen, die Blei zum Schmelzen bringen und Leben, wie wir es kennen, unmöglich machen.

Wie entstehen Treibhausgase?

Treibhausgase können sowohl durch natürliche als auch durch menschliche Aktivitäten entstehen:

- Treibhausgase wie Wasserdampf, Kohlendioxid und Methan kommen von Natur aus in der Atmosphäre vor und sind ein Teil des natürlichen Kreislaufs.
- Durch den Menschen verursachte (anthropogene) Treibhausgase entstehen durch menschliche Aktivitäten wie die Verbrennung fossiler Brennstoffe (Kohle, Öl, Gas). Auch durch die Landwirtschaft (z. B. durch Rinder- und Schweinehaltung) und die Industrie werden zusätzliche Treibhausgase freigesetzt. Die Hauptverursacher sind:
  - Kohlendioxid: entsteht hauptsächlich bei der Verbrennung fossiler Brennstoffe wie Gas, Öl oder Kerosin in Heizungen, Kraftwerken, Industrieanlagen, Autos, Flugzeugen usw.

- Methan: wird hauptsächlich in der Landwirtschaft (z. B. durch die Rinder- und Schweinehaltung) und auf Mülldeponien produziert.
- Lachgas: entsteht vor allem in der Landwirtschaft durch den Einsatz von Düngemitteln.
- Fluorierte Gase: Diese synthetischen Gase werden in verschiedenen Industriezweigen eingesetzt und haben ein besonders hohes Treibhauspotenzial.

Warum sind Treibhausgase ein Problem?

Durch die steigenden Emissionen von Treibhausgasen seit Beginn der Industrialisierung verstärkt sich der Treibhauseffekt. Dies führt nun zu einer Erwärmung der Erde, dem Klimawandel, und dies hat zahlreiche negative Folgen für uns wie:

- Erhöhung der globalen Durchschnittstemperatur: Unser Planet hat Fieber, wenn du so willst. Dürren und Wüstenbildung sind eine der Folgen. Viele Menschen leiden unter der Hitze.
- Häufigere und stärkere Extremwetterereignisse: Ich denke, in den letzten Jahren hast du das auch schon direkt oder indirekt in deiner Region bemerkt. Bei uns in Bayern gab es in den letzten Jahren bereits kleinere Tornados, die Dächer abgedeckt haben.
- Anstieg des Meeresspiegels: Für jemanden wie mich aus einem Binnenland ist das (noch) kein Thema, aber wenn du am Meer oder in der Nähe davon lebst, dann bekommst du sicher Diskussionen und erste Auswirkungen dazu mit.
- Verlust von Biodiversität: Bestimmte Pflanzen- und Tierarten sterben aus, weil sie sich nicht schnell genug an den Klimawandel anpassen können. Dadurch wird die Natur weniger widerstandsfähig und kann Störungen nicht mehr so gut ausgleichen.

Werden wir genau – messen wir unseren CO_2-Fußabdruck
Damit wir unseren eigenen Fußabdruck[5] an Treibhausgasen bewerten und dann verringern können, müssen wir zunächst unsere eigene Treibhausgasbilanz erstellen. Eine Treibhausgasbilanz ist die Summe aller Treibhausgase, die im Kyoto-Protokoll[6] zusammengestellt wurden. Damit die Klimawirkung aller Treibhausgasemissionen in einer Zahl dargestellt werden kann, werden alle Treibhausgase in sogenannte CO_2-Äquivalente umgerechnet. Das Kohlendioxid hat dabei als Leittreibhausgas den Faktor 1, das extrem klimaschädliche Schwefelhexafluorid (SF_6) hat den Faktor 20.000, alle anderen CO_2-Äquivalente liegen irgendwo dazwischen.

Nun muss du nicht alle Faktoren der anderen Treibhausgase kennen, um deinen Fußabdruck zu errechnen, da es dafür zahlreiche kostenlose Rechner im Internet gibt. Schau mal auf die Seite des Umweltbundesamtes oder des BUND, und du wirst schnell fündig. Einen Faktor finde ich jedoch besonders erwähnenswert, da er großen Einfluss auf den Klimawandel hat und von jedem von uns im eigenen Leben in gewissem Umfang beeinflusst werden kann. Ich meine das Treibhausgas Methan. Wenn die Permafrostböden auftauen, dann wird eine enorme Menge Methan freigesetzt, und das wird den Klimawandel nochmals beschleunigen. Dagegen können wir wahrscheinlich nicht mehr viel machen. Der andere große Methanemittent jedoch kommt aus der Viehwirtschaft, und da können wir mit unserem Verhalten einiges erreichen.

---

[5] Der persönliche CO_2-Fußabdruck, auch bekannt als Carbon Footprint, ist eine Maßzahl für die Menge an Treibhausgasen, die durch die täglichen Aktivitäten eines Einzelnen freigesetzt werden. Er umfasst sowohl direkte als auch indirekte Emissionen, die durch die Lebensweise eines Menschen entstehen.
[6] Das Kyoto-Protokoll ist ein Abkommen zur Eindämmung des Klimawandels und hat die Grundlage für weitere internationale Klimaschutzverhandlungen geschaffen. Es wurde 2021 durch das Pariser Abkommen ersetzt.

Ein beträchtlicher Teil aller Treibhausgasemissionen wird durch die Landwirtschaft inklusive der Viehwirtschaft verursacht, hauptsächlich durch Kühe und Schweine. Wusstest du, dass die Produktion von 1 kg Rindfleisch so viel Treibhausgase freisetzt wie eine Autofahrt mit fossilem Treibstoff über 200 km? Und da liegt auch ein wichtiger Hebel, den wir ansetzen können (siehe auch Tipp *24 – Tierwohl am Teller*). Wenn wir durch einen teilweisen Verzicht auf tierische Produkte (siehe Tipp *23 – Vegan, vegetarisch, flexitarisch*) die Treibhausgasemissionen aus der Viehwirtschaft halbieren könnten, würden wir allein dadurch viele Klimaziele der nächsten Jahre erreichen.

Dein persönlicher CO_2-Fussabdruck

Jeder Mensch in Mitteleuropa verursacht einen durchschnittlichen CO_2-Fußabdruck von ca. 8 Tonnen (Deutschland 10 t) pro Jahr und Person. Dies bedeutet, dass jeder Mensch in Deutschland im Durchschnitt 10 t Treibhausgase pro Jahr durch seine Lebensweise verursacht. Es gibt jedoch große Unterschiede zwischen den einzelnen Haushalten. So liegt der CO_2-Fußabdruck von Menschen, die in Großstädten leben, höher als der von Menschen, die auf dem Land leben. Deshalb solltest du zunächst deinen persönlichen CO_2-Fußabdruck berechnen, um eine Ausgangsbasis für Verbesserungen in deinem Alltag zu haben.

Tipps für die Verringerung deines CO_2-Fussabdrucks:

- Ermittle zunächst deine jährlichen Treibhausgasemissionen im Durchschnitt:
  - Finde dabei deine drei größten Beiträge zu deinem CO_2-Fußabdruck. Wenn du bereits die Energiebilanz für deinen Haushalt erstellt hast (siehe Tipp *40 – dein*

Zuhause, deine Energie), kannst du daraus schon einen Großteil deines CO_2-Fußabdrucks errechnen. Die Formel lautet: Energie (kWh) × CO_2-Emissionsfaktor[7] (kg/kWh) = CO_{2eq}-Emission (kg)

- Ein anderer und wahrscheinlich einfacherer Weg für dich wäre die Nutzung von zumeist kostenlosen Onlinetools zur Berechnung deines CO_2-Fußabdrucks.

- Mache dann einen Plan zur Verringerung deiner Treibhausgasemissionen:

  - Lies dir vielleicht nochmal die Kapitel zu den Themen Ernährung (*Konsum und Ernährung*), Kreislaufwirtschaft (*Kreislaufwirtschaft leben*) und Energie (*Energie und Technik gestalten*) durch und finde Möglichkeiten für deinen Alltag.

- Setze anschließend deinen Plan mit den gefundenen handfesten Maßnahmen in deinem Haushalt um (siehe auch Tipp *8 – Eigene Nachhaltigkeitskonzepte entwickeln*).

- Wenn du bestimmte Treibhausgasemissionen nicht direkt verringern kannst, so gibt es auch andere Möglichkeiten. Du kannst dich beispielsweise an Programmen zur Wiederaufforstung finanziell und auch mit deinem persönlichen Einsatz beteiligen. Sei jedoch kritisch und überzeuge dich, dass hier nicht Greenwashing betrieben wird (siehe auch Tipp *60 – Nachhaltige Unternehmen*).

- Wiederhole diesen Vorgang einmal pro Jahr. Du wirst auf deine Erfolge und Beiträge stolz sein!

Auch hier gilt, dass du mit ein paar einfachen Veränderungen in deinem Lebensstil einen positiven Beitrag zum Kli-

---

[7] Den für dein (Bundes-)Land geltenden CO_2-Emissionsfaktor bekommst du z. B. beim Umweltbundesamt (UBA), oder du siehst auf deiner Stromrechnung nach.

maschutz leisten und deinen CO_2-Fußabdruck reduzieren kannst. Wenn du dann mit deinem verbliebenen Fußabdruck zufrieden bist, kannst du die Vorgehensweise ja auch deinen Familienmitgliedern vorstellen. Vielleicht macht ihr ja dann ein Familienprojekt daraus. Danach oder zeitgleich könntest du deine Erfahrungen bei der Verringerung von Treibhausgasemissionen ja auch deiner Kommune zur Verfügung stellen (siehe Tipp 57 – *Mitmachen und gestalten*) und in deinem Netzwerk mit anderen Menschen teilen (siehe Tipp *17 – Multiplikator für Nachhaltigkeit*).

54 – So bindest du Kohlendioxid

Mit einem Beitrag zur Erhaltung der bereits erwähnten natürlichen CO_2-Senken wie Wälder und Moore können wir alle einen Beitrag zur Dekarbonisierung[8] leisten. Kohlendioxid (CO_2) ist eines der Treibhausgase, das lange in der Atmosphäre verbleibt, sie erwärmt und maßgeblich zum Klimawandel beiträgt. Um die Folgen des Klimawandels zu bekämpfen, ist es daher wichtig, die CO_2-Emissionen zu verringern und gleichzeitig CO_2 wieder aus der Atmosphäre zu entfernen. Künstliche CO_2-Senken können durch direkte Abscheidung und Speicherung (CCS[9]) von Kohlendioxid geschaffen werden.

Wälder sind die grünen Lungen unseres Planeten. Bäume nehmen wie alle Pflanzen CO_2 aus der Luft auf und speichern es in ihrem Holz. Durch Aufforstung können wir neue Wälder schaffen und so der Atmosphäre große Mengen an Kohlenstoff entziehen. Es gibt darüber hinaus etliche Möglichkeiten für dich, Kohlendioxidsenken zu fördern und zu unterstützen.

---

[8] Dekarbonisierung bezeichnet die völlige Entfernung von Kohlendioxid, das vom Menschen verursacht wurde, aus der Atmosphäre.
[9] CCS: Carbon Capture and Storage.

Tipps:

- **Aufforstungsprojekte unterstützen:**
  - Baumpflanzungen sind eine effektive Möglichkeit, CO_2 aus der Atmosphäre zu entfernen. Wusstest du, dass ein Hektar Wald ungefähr 10 t CO_2 pro Jahr speichert? Bei vielen Baumpflanzungsprojekten kannst du dich auch aktiv beteiligen und selbst Bäume pflanzen. Es gibt keine Projekte dieser Art in deiner Region? Tja, dann mach dich auf und gründe ein eigenes Projekt in deiner Kommune (siehe auch Tipp 57 – *Mitmachen und gestalten*).
  - Auch im eigenen Garten oder auf dem Balkon kannst du Bäume bzw. Bäumchen pflanzen. Bäume spenden zudem Schatten (was zunehmend wichtiger wird), filtern Schadstoffe aus der Luft, produzieren Sauerstoff und tragen zur Verbesserung des Mikroklimas bei. Daneben erfreuen sie die Seele.
  - Es gibt viele Organisationen, die Aufforstungsprojekte weltweit unterstützen, beispielsweise Plant-for-the-Planet, Trillion Tree Campaign oder Aktion Wald in Deutschland. Du kannst entsprechende Zertifikate erwerben und diese als nachhaltige Geschenke verwenden (siehe Tipp 26 – *Nachhaltige Geschenke*). Du kannst diese Organisationen sowohl durch Spenden, aber auch durch ehrenamtliche Mitarbeit unterstützen.
- **Moore schützen:**
  - Moore sind wichtige CO_2-Senken. Sie speichern große Mengen an Kohlenstoffdioxid in ihren Torfböden. Viele davon wurden durch uns Menschen bereits trockengelegt um Acker- und Weideflächen zu gewinnen.
  - Suche nach Projekten in deiner Region zur Renaturierung von Mooren und biete deine Mitarbeit und Unterstützung an. Frag im Rathaus nach oder bei der Natur-

schutzbörde deines zuständigen Landratsamts. Spenden sind auch hier immer möglich und willkommen.

- **CO_2-arme Lebensmittel bevorzugen:**
  - Die Lebensmittelproduktion ist eine große Quelle von CO_2-Emissionen. Durch den Konsum von regionalen, CO_2-armen Lebensmitteln kannst du einen Beitrag zur Reduzierung von Kohlenstoffdioxidemissionen leisten (siehe auch *Konsum und Ernährung*). Ein Kilogramm Äpfel aus deiner Region verursacht ca. 300 g CO_2-Äquivalente, die gleiche Menge aus Neuseeland importiert dagegen mindestens das 3-fache.
  - CO_2-arme Lebensmittel sind vor allem pflanzliche Produkte. Milchprodukte, Fisch und Fleisch dagegen verursachen wesentlich mehr Treibhausgase.
  - Bedenke, dass regionale und saisonale Produkte (siehe auch Tipp *20 – Regional und saisonal einkaufen*) wesentlich kürzere Transportwege haben. Auch das ist eine CO_2-Senke, wenn du so willst.
  - Nutze einen CO_2-Rechner für Lebensmittel, um den Klimaeffekt deiner Ernährung besser einschätzen zu können.

- **Konsumverhalten:**
  - Neben Lebensmitteln haben viele andere Produkte wie Kleidung oder Elektronik einen großen CO_2-Fußabdruck[10]. Manche Hersteller geben den CO_2-Fußabdruck ihrer Produkte freiwillig auf der Verpackung an. Achte auf Gütesiegel, die für eine nachhaltige Produktion stehen (siehe Tipp *62 – Siegel für Nachhaltigkeit*).

---

[10] Der CO_2-Fußabdruck eines Produkts wird oft als Product Carbon Footprint (PCF) ausgewiesen. Er stellt die gesamten Treibhausgasemissionen dar, die während des Lebenszyklus des Produkts entstehen. Von der Rohstoffgewinnung über die Herstellung, den Transport, die Nutzung bis hin zur Entsorgung.

- In Verbrauchermagazinen oder Onlineplattformen wie Stiftung Warentest findest du Testberichte für unterschiedliche Produktgruppen, die auch den CO_2-Fußabdruck ausweisen.

55 – Mehr als nur Konsument

Die Folgen des Klimawandels beeinträchtigen unser Leben bereits jetzt in beträchtlichem Umfang. Eine nachhaltige Land- und Forstwirtschaft würde in der Zukunft hier stabilisierend wirken und die Auswirkungen des Klimawandels abmildern. Wir haben bereits an anderer Stelle festgestellt, dass die Viehwirtschaft einer der großen Emittenten für Treibhausgase ist, und wir hier als Konsumenten einen wirksamen Stellhebel zur Hand haben (siehe auch Tipp *23 – Vegan, vegetarisch, flexitarisch*).

Wälder sind die Lungen unserer Erde und gewaltige CO_2-Senken. Ihre Abholzung trägt maßgeblich zum Klimawandel bei. Wir sollten uns daher für eine Wiederaufforstung einsetzen und gleichzeitig bestehende Wälder schützen. Du fragst dich, was du dazu in deinem Alltag beitragen kannst? Auch wenn wir selbst kein Land oder Wald besitzen, können wir einen wichtigen Beitrag zu einer nachhaltigen Land- und Forstwirtschaft leisten. Durch bewussten Konsum, der Unterstützung regionaler Produkte und durch die Beteiligung an lokalen Initiativen können wir die Nachfrage nach nachhaltig produzierten Lebensmitteln steigern und damit die Landwirte zu umweltfreundlicheren Anbaumethoden anregen (siehe auch Tipp *20 – Regional und saisonal einkaufen*).

Die Umgestaltung unserer Gesellschaft in Richtung Nachhaltigkeit wird ohne eine nachhaltige Landwirtschaft nur Stückwerk bleiben. Landwirtschaft – ob klassisch oder mit

Umwelt und Klimawandel

modernen Formen wie Vertical Farming[11] – bildet unsere Lebensgrundlage. Jetzt und in allen Zeiten. Dennoch muss auch die Landwirtschaft einen Änderungsprozess durchlaufen, wenn die Nachhaltigkeitstransformation gelingen soll. Dabei gibt es zahlreiche Handlungsfelder:

- Klimawandel und seine Folgen: Die Landwirtschaft und dabei insbesondere die Viehwirtschaft trägt erheblich zu den globalen Treibhausgasemissionen und damit zum galoppierenden Klimawandel bei (siehe auch Tipp 23 – *Vegan, vegetarisch, flexitarisch*).
- Flächenverbrauch: Die Erzeugung von Nahrungsmitteln für immer mehr Menschen erfordert immer mehr landwirtschaftliche Flächen zulasten der Wälder und der Artenvielfalt.
- Automatisierung: Der Fachkräftemangel auch in der Landwirtschaft und die Notwendigkeit, immer effizienter und ertragreicher zu produzieren, verlangt die rasche Umsetzung innovativer Technologien (siehe auch Tipp *46 – Nachhaltigkeit trifft Technologie*).
- Der Energieverbrauch für landwirtschaftliche Maschinen und Anlagen wird der steigenden Produktion folgen und stark ansteigen. Das verlangt mehr Energieeffizienz auch in der Landwirtschaft und den überwiegenden Einsatz erneuerbarer Energien sowie Elektromobilität.

Eine nachhaltige Landwirtschaft zielt darauf ab, die natürlichen Ressourcen zu schonen, die Umweltbelastung zu verringern und gleichzeitig die Ernährungssicherheit zu gewährleisten.

---

[11] Vertikale Landwirtschaft oder Indoor-Farming/Vertical Farming ist eine Zukunftstechnologie, um pflanzliche Erzeugnisse in Gebäuden und nicht auf dem Acker anzubauen.

Die Hauptverantwortung zur Lösung liegt hier bei den Landwirten selbst sowie bei Politik und Wirtschaft, die geeignete Rahmenbindungen und innovative Lösungen für eine nachhaltige Landwirtschaft schaffen müssen (siehe Tipp *71 – Politisches Engagement für Nachhaltigkeit*). Eine nachhaltige Landwirtschaft, die Konzepte wie Landsharing[12] und solidarische Landwirtschaft fördert, hätte einen äußerst positiven Einfluss auf den Umweltschutz und die Abmilderung der Folgen des Klimawandels:

- Reduzierung von Treibhausgasemissionen durch kleinere Transportwege sowie weniger Dünger und Pestizide.
- Schutz der Biodiversität durch artenreiche Kulturlandschaften, die insbesondere bestäubenden Insekten Lebensräume bieten.
- Nachhaltige Landwirtschaft setzt auf wassersparende Bewässerungssysteme und vermeidet so eine Überbeanspruchung vorhandener Wasserressourcen.

Was kannst du dazu beitragen, damit sich eine nachhaltige Landwirtschaft etabliert, die unsere Umwelt schont und die Folgen des Klimawandels abmildert?

Tipps für uns Konsumenten:

- Konsum und Ernährung: Dieser Bereich ist einer unserer größten Stellhebel als Verbraucher mit unmittelbarer Wirkung auf Erzeuger und Produzenten landwirtschaftlicher Produkte (siehe Kapitel Konsum und Ernährung). Achte auf Label und Zertifizierungen für regionale und nachhaltige Produkte (siehe auch Tipp *62 – Siegel für Nachhaltigkeit*) wie Bio, Demeter oder regionale Gütesiegel.

---

[12] Landsharing bezeichnet ein Konzept, bei dem Land von mehreren Gruppen gemeinsam benutzt wird.

- Indem wir regional und saisonal einkaufen, unterstützen wir die Landwirte in unserer Region und schonen zudem Ressourcen (siehe auch Tipp *20 – Regional und saisonal einkaufen*). Hofläden verkaufen regional produzierte und verarbeitete Produkte. Hier geht es auch nicht so hektisch zu wie meistens im Supermarkt, und du hast auch noch die Gelegenheit zu einem kleinen Ratsch.
- Teilnahme an modernen Konzepten: Landsharing und gemeinschaftliche Produktion:
  - Informiere dich über entsprechende Produktionsgemeinschaften in deiner Region.
  - Schließe dich einer Landsharing-Initiative oder einer solidarischen Landwirtschaft oder einem Gemeinschaftsgarten an, wenn dich diese Konzepte interessieren. Hier kannst du dich aktiv in den Anbau von Lebensmitteln einbringen und gleichzeitig eine Gemeinschaft von Gleichgesinnten erleben. Plattformen wie die Solidarische Landwirtschaft Deutschland (SoLaWi) können dir dabei helfen, lokale Gemeinschaften zu finden (auf solidarische-landwirtschaft.org kannst du direkt über die Eingabe deines Wohnorts nach SoLaWi suchen).
  - Besuche Regionalmärkte und Bauernmärkte. Sprich die Standbetreiber direkt an. Oft haben sie Informationen über die Betriebe und mögliche Beteiligungsmodelle.
  - Beteilige dich am gesamten Anbauprozess, von der Saat bis zur Ernte. So erhältst du ein tieferes Verständnis für die Herkunft deiner Lebensmittel und stärkst deine Verbundenheit mit der Natur. Das kannst du im Kleinen auch auf deinem Balkon machen.
  - Ernte frisches, saisonales Obst und Gemüse direkt vom Feld und profitiere von einer großen Vielfalt von alten

und fast vergessenen Sorten, die du im Supermarkt sicher nicht bekommst.
- Tausche dich mit Mitgliedern deines Netzwerks zum Thema Landwirtschaft aus, lerne Neues und teile dein Wissen (siehe auch Tipp *17 – Multiplikator für Nachhaltigkeit*).
• Spreche Politiker an und setze dich für eine nachhaltige Agrarpolitik ein (siehe auch Tipp *71 – Politisches Engagement für Nachhaltigkeit*).

Auch ohne eigenen Garten kannst du einen Beitrag zur nachhaltigen Landwirtschaft leisten. Ob auf dem Balkon, im Gemeinschaftsgarten oder im eigenen Wohnzimmer – es gibt viele Möglichkeiten, Pflanzen anzubauen und so einen kleinen Beitrag zur Lebensmittelproduktion zu leisten. Indem du dich für regionale und saisonale landwirtschaftliche Produkte entscheidest, unterstützt du lokale Landwirte und schützt gleichzeitig die Umwelt. Du bist dann nicht nur Konsument, sondern hilfst dabei, das Steuer in Richtung Nachhaltigkeit zu halten.

56 – Anpassung an den Klimawandel

Der Klimawandel ist eine weltweite Herausforderung. Er hat bereits heute spürbare Auswirkungen auf unser Leben. Extreme Wetterereignisse wie Stürme, Starkregen und Überschwemmungen nehmen überall auf unserem Planeten zu. Der Meeresspiegel steigt, und Lebensräume von Pflanzen und Tieren werden zerstört. All diese Veränderungen haben negative Auswirkungen auf unsere Gesundheit und unsere Lebensqualität. Durch die Folgen des Klimawandels gibt es noch weitere Auswirkungen, unter denen wir alle leiden:

Umwelt und Klimawandel 235

- Lieferketten werden gestört, und deswegen sind dann bestimmte Produkte nicht mehr verfügbar oder sehr teuer.
- Zug- und Flugverbindungen fallen aus oder werden verschoben.
- Straßen und Brücken werden wegen immer häufiger auftretenden Starkregenereignisse überflutet und müssen wochenlang gesperrt werden.
- Die Sommer werden heißer und trockener, was vermehrt zu Waldbränden führt. Auf Autobahnen platzt wegen anhaltender Hitze der Beton auf (Blow-ups), was Autofahrer extrem gefährdet.
- Dürren und Hitzewellen führen zu Ernteausfällen. Viele Lebensmittel werden dadurch teurer.
- Viele, insbesondere ältere Menschen, haben gesundheitliche Probleme durch Hitzewellen. Es gibt nun bereits jedes Jahr zahlreiche Todesopfer, die darauf zurückzuführen sind.
- Die Schneebedeckung in den Alpen nimmt ab, was sich negativ auf die Wasserversorgung auswirkt. Ganze Skigebiete müssen mangels Schnees schließen, was für den örtlichen Tourismus dramatische Folgen hat. Die nachlassende Reflexion der Sonnenstrahlen durch die Schneebedeckung heizt die globale Erwärmung zusätzlich an.

Um diese Folgen des Klimawandels abzumildern und Risiken zu verringern, werden von staatlicher Seite viele Maßnahmen wie der Bau von Dämmen, Poldern, Befestigungen aller Art und viele weitere bauliche Maßnahmen an Einrichtungen und Anlagen unserer Infrastruktur durchgeführt. Dabei kann der Einzelne wenig helfen, es sei denn, du arbeitest bei einem Unternehmen, das dafür beauftragt ist.

So wie es derzeit aussieht, können wir den Klimawandel nicht mehr stoppen, aber wir können seine Auswirkungen durch verschiedene Maßnahmen abmildern. Dazu gehört auch, die Risiken zu verringern, die durch den Klimawandel für uns selbst und unsere Mitmenschen entstehen. Doch auch hier dürfen wir uns nicht von der Größe der Aufgabe entmutigen lassen. Als Einzelne können wir im privaten und ehrenamtlichen Bereich zusammen mit Gleichgesinnten viel bewirken. Wir sollten außerdem uns und unseren Haushalt auf mögliche Notfälle vorbereiten.

Tipps zur Vorbereitung auf Notfälle:

- **Notfallplan:** Erstelle einen persönlichen Notfallplan, der auf deine Familie und deine ganz eigene Situation zugeschnitten ist. Ein Notfallplan ist wie eine Versicherung für dich und deine Familie. Er gibt dir Sicherheit und Orientierung in einer Krisensituation. Überlege dir, wo du dich im Notfall wahrscheinlich aufhältst, welche wichtigen Dokumente du dabeihaben solltest (ich habe mir dazu eine wasserdichte Dokumententasche gekauft, die griffbereit an einem vereinbarten Platz liegt) und wie du mit deiner Familie in Kontakt bleiben kannst.
- **Wasserversorgung:** Stell sicher, dass du über ausreichend Trinkwasser verfügst, beispielsweise in Form von Vorräten oder eines Wasserspeichers.
- **Lebensmittelvorrat:** Halte einen Vorrat an nicht verderblichen Lebensmitteln vor, um auf längere Ausfälle der Versorgungskette vorbereitet zu sein.
- **Energieversorgung:** Informiere dich über alternative Energiequellen wie Solarzellen oder Powerbanks, um bei Stromausfällen versorgt zu sein.
- **Erste-Hilfe-Kasten:** Ein gut ausgestatteter Erste-Hilfe-Kasten ist unerlässlich, um kleinere Verletzungen selbst versorgen zu können.

Tipps für dein Zuhause:

- **Dächer sturmfest machen:** Durch die Verwendung von sturmfesten Dachziegeln oder einem Aluminiumdach kann die Gefahr von Dachschäden bei Stürmen und Unwettern deutlich verringert werden.
- **Jalousien einbauen:** Jalousien schützen deine Fenster vor Wind und Hagel und können so Schäden am Gebäude verhindern. Eine automatische Steuerung der Jalousien durch einen sogenannten Windwächter trägt dazu bei, Energie zu sparen, da die Jalousien nur dann herunterfahren, wenn es tatsächlich stürmisch ist (siehe auch Tipp *42 – Internet und smarte Technik*).
- **Elementarversicherung abschließen:** Eine Elementarversicherung deckt Schäden durch Naturkatastrophen ab und kann so finanzielle Belastungen im Falle eines Schadens minimieren.
- **Flächen entsiegeln:** Pflasterflächen im Garten oder auf der Terrasse können durch wasserdurchlässige Materialien ersetzt werden. So kannst du Überschwemmungen im Erdgeschoss vermeiden.
- **Vorbereitung für Überschwemmungen:** Wohnst du in der Nähe eines Gewässers, das bei Starkregen über die Ufer treten kann? Wenn ja, dann können dich vorbereitete Sandsäcke vor dem Schlimmsten bewahren. Wenn nein, sei froh und denke nach, ob du nicht vielleicht von anderen Klimafolgen bedroht bist, gegen die du dich vorbereiten kannst.

Tipps zu deinem Verhalten:

- **Informiere dich:** Je mehr du über den Klimawandel und seine Auswirkungen weißt, desto besser kannst du dich und andere Menschen schützen (siehe Tipp *12 – Wissen vertiefen und Kompetenzen stärken*).

- **Seelische Vorbereitung:** Der Umgang mit Krisensituationen kann sehr belastend sein. Es ist wichtig, sich auf mögliche psychische Auswirkungen vorzubereiten und Unterstützungssysteme aufzubauen. Mein Motto: „Mit dem Schlimmsten rechnen und das Beste hoffen."
- **Anpassung des Lebensstils:** Überlege dir, wie du deinen Lebensstil langfristig an die veränderten klimatischen Bedingungen, z. B. durch Hitzeschutzmaßnahmen, anpassen kannst.
- **Politisches Engagement:** Setze dich für eine klimafreundliche Politik ein und fordere deine gewählten Vertreter zum Handeln auf (siehe auch Tipp *71 – Politisches Engagement für Nachhaltigkeit*).
- **Sei achtsam:** Achte auf Warnungen der Behörden und befolge die Anweisungen im Falle von Extremwetterereignissen.
- **Hilf anderen:** Informiere dich über lokale Starkwetterwarnungen mit einer App (z. B. NINA) und kümmere dich um deine Nachbarn, insbesondere um ältere Menschen.

Neben den Maßnahmen im privaten und häuslichen Bereich kannst du dich auch ehrenamtlich engagieren, um die alltäglichen Risiken durch die Folgen des Klimawandels zu verringern. Es gibt viele Organisationen und Initiativen, die sich für den (regionalen) Klimaschutz einsetzen. Du kannst dich beispielsweise bei einer Umweltgruppe engagieren, an Aufforstungsaktionen teilnehmen oder Informationsveranstaltungen zum Klimawandel organisieren. Wichtig ist, dass du aktiv wirst und mitmachst!

57 – Mitmachen und gestalten

Nachhaltigkeit ist eine Lebenseinstellung und gleichzeitig eine Gemeinschaftsaufgabe, die den Einsatz aller Beteiligten erfordert, von der Politik über die Wirtschaft bis hin zu dir und mir.

Während die Rahmenbedingungen für eine nachhaltige Entwicklung auf politischer Ebene geschaffen werden müssen, kann jeder Einzelne von uns seinen Teil dazu beitragen, die Lebensbedingungen in der eigenen Kommune nachhaltiger zu gestalten. Dabei spielt es keine Rolle, ob du in einer kleinen ländlichen Gemeinde oder einer Großstadt lebst. Mit ein bisschen Eigeninitiative und Tatkraft kannst du auch hier viel bewirken.

Du meinst, die bürokratischen Hürden wären zu hoch? Es stimmt schon, dass es in vielen Kommunen bürokratische Hürden und verwaltungstechnische Herausforderungen gibt, die die Umsetzung nachhaltiger Projekte erschweren können. Zudem fehlt es in vielen Kommunen, insbesondere in kleineren Gemeinden, oft an Personal, Geld und dem notwendigen Fachwissen, um nachhaltige Maßnahmen voranzutreiben. In Städten hingegen kann dich die Unübersichtlichkeit mancher städtischen Organisation schnell überfordern und bei dir zu Entmutigung führen. Lass dich davon nicht von deinem Weg abbringen! Trotz dieser Herausforderungen gibt es viele Möglichkeiten, sich als Einzelperson für mehr Nachhaltigkeit in deiner Kommune einzusetzen.

Tipps:

- **Informiere dich:**

    Verschaffe dir einen Überblick über die Nachhaltigkeitsziele und -aktivitäten deiner Kommune. Informiere dich über lokale Initiativen und Projekte. Wenn es das Thema Nachhaltigkeit in deiner Kommune noch nicht gibt, überlege dir mögliche Projekte wie beispielsweise:

- Schaffung oder Renaturierung von Grünflächen und Parks,
- Förderung von naturnahen Spielplätzen und Schulgärten,
- Ausbau von Wander- und Radwegen,
- Erlebnispädagogische Angebote in der Natur,
- Nachhaltigkeitsbildung in Schulen und Kindergärten,
- Informationsveranstaltungen,
- Bürgerenergiegenossenschaften,
- Begrünung und landwirtschaftliche Nutzung von Dachflächen (in Städten).

- **Beteilige dich:**

Nimm an Bürgerversammlungen und Gremiensitzungen teil, auch wenn das bedeutet, dass du auf einen gemütlichen Abend zuhause verzichten musst. Bring deine Ideen und Vorschläge ein und biete deine Mitarbeit in lokalen Projekten an.

- **Sei ein Vorbild:**

Lebe selbst so nachhaltig wie möglich und zeige anderen Menschen, wie es geht (siehe Tipp *10 – Mein Weg zur Nachhaltigkeit*). Teile deine Erfahrungen und Tipps mit Freunden, Familie und Nachbarn (siehe Tipp *17 – Multiplikator für Nachhaltigkeit*).

- **Netzwerke in deiner Kommune:**

Tausche dich mit Gleichgesinnten in deiner Kommune aus. Gründe eine lokale Nachhaltigkeitsgruppe oder schließe dich einer bestehenden Gruppe an (siehe auch Tipp *72 – Vernetzen und verändern*).

Umwelt und Klimawandel 241

- **Sei geduldig:**
  Veränderungsprozesse brauchen Zeit. Es wird auch in deiner Kommune viele Bedenkenträger geben, das liegt in der Natur der Sache. Lass dich nicht von Rückschlägen entmutigen (siehe auch Tipp 2 – *Die Kraft der Fragen für mehr Nachhaltigkeit*). Bleib dran und setze dich dauerhaft ein. Nachhaltigkeit ist ein Langstreckenlauf!

Spezialtipp „Fair City"
Wenn du sehr motiviert bist und du dir die nötige (Frei-)Zeit nehmen kannst, dann starte doch ein Nachhaltigkeitsprojekt (siehe auch Tipp 8 – *Eigene Nachhaltigkeitskonzepte entwickeln*), um deine Kommune zu einer Fair City zu entwickeln. Eine Fair City oder „Fair-Trade-Stadt" ist eine Kommune, die sich aktiv für fairen Handel und soziale Gerechtigkeit einsetzt. Das Konzept geht weit über den bloßen Konsum von Fair-Trade-Produkten hinaus und ist damit ein guter Pfad für Kommunen, die sich in Richtung Nachhaltigkeit entwickeln wollen.

Als Erstes musst du (mit deinem Projektteam) einen Ratsbeschluss (Gemeinde- oder Stadtrat) herbeiführen, in dem beschlossen wird, an der Kampagne „Fairtrade-Towns" teilzunehmen. Suche dir Mitstreiter, insbesondere im Gemeinderat und versuche es. Ich wünsche dir viel Erfolg! Alle notwendigen Informationen, was getan werden muss, um als Fair City anerkannt zu werden, erfährst du auf der Website von Fairtrade-Towns: https://www.fairtrade-towns.de/.

Tipp NGO
Nichtregierungsorganisationen (NGO[13]) sind (meist) unabhängige Organisationen, die sich für eine Vielzahl von sozialen und ökologischen Themen einsetzen. Sie sind in der

---

[13] NGO = Non-Governmental Organization.

Regel durch Spenden und öffentliche Zuschüsse gut finanziert und verfügen über weitreichende Netzwerke, die ihnen einen direkten Zugang zu Politikern und Entscheidungsträgern ermöglichen. NGO können daher eine wichtige Rolle spielen, um die Interessen der Bürgerinnen und Bürger zu vertreten und eine nachhaltige Politikgestaltung voranzutreiben (siehe auch Tipp *71 – Politisches Engagement für Nachhaltigkeit*).

- Die Mitarbeit in einer NGO kann ein hervorragendes Sprungbrett für deine weitere Arbeit im Bereich Nachhaltigkeit sein.
- In einer NGO kannst du viel über die verschiedenen Aspekte der Nachhaltigkeit lernen und darüber, wie man diese Themen in der Politik und Gesellschaft voranbringen kann.
- Du kannst außerdem wichtige Kontakte knüpfen und deine Fähigkeiten und Erfahrungen weiterentwickeln.
- Allerdings ist es wichtig, dass du dir vor einer aktiven Mitarbeit in einer NGO Zeit nimmst, um dich über die Arbeit der Organisation zu informieren und sicherzustellen, dass ihre Ziele und Methoden auch wirklich zu deinen eigenen passen.
- Es ist zudem wichtig, dass du realistisch einschätzt, wie viel Zeit du für eine solche Mitarbeit wirklich aufbringen kannst und willst. Die Mitarbeit in einer NGO kann mit einem hohen Zeitaufwand verbunden sein.
- Lass dir Zeit, bevor du wirklich finanzielle und persönliche Ressourcen in eine NGO investierst. So etwas muss sich entwickeln und bewähren.

58 – Dein Klimaschutzfahrplan

In diesem Themenblock haben wir sehr viele Dinge angesprochen, die du in deinem Alltag für Umwelt- und Klimaschutz tun könntest. Möglicherweise hast du beim Lesen das Gefühl bekommen, von der Vielfalt an Problemen und Möglichkeiten in diesem Bereich überfordert zu werden. Schließlich sind die großen Maßnahmen, die für einen wirksameren Umwelt- und Klimaschutz notwendig sind, nur durch politische Entscheidungen und durch Umsetzung von großen Organisationen und Unternehmen machbar.

Andererseits ist es uns doch auch klar geworden, dass wir als Einzelperson in unserem Alltag Dinge tun können, die in der Summe mit Gleichgesinnten dann einen deutlichen Beitrag leisten. Um da nicht den Überblick zu verlieren, könntest du dir einen persönlichen Klimaschutzfahrplan erstellen, der die Maßnahmen enthält, die für dich machbar sind und für die du dich einsetzen möchtest.

Tipps zum persönlichen Klimaschutzfahrplan:

- **Dein Ausgangspunkt:**

  Wenn du dir die Tipps aus den letzten 6 Kapiteln, die du für dich übernommen hast, vor Augen hältst, wo stehst du dann? Welche Themen und Baustellen hast du im Bereich Umwelt und Klimawandel für dich gefunden? Wo willst du beginnen? Schreibe dir auf, wo du stehst und welche Fragen sich daraus ergeben (siehe Tipp *2 – Die Kraft der Fragen für mehr Nachhaltigkeit*).

- **Deine Ziele:**

  Die Antworten auf deine Fragen werden zu möglichen Maßnahmen in deinem Alltag führen, hinter denen deine persönlichen Umwelt- und Klimaziele stehen (siehe Tipp 3 – *Antworten als Werkzeug für Veränderung*).

- **Deine Maßnahmen:**

  Mach nun aus deinen Zielen praktische Maßnahmen. Damit bist du in deinem privaten Umwelt- und Klimaschutzmanagement angekommen. Wie im professionellen Bereich haben auch deine Projekte einen zeitlichen Anfang und ein Ende. Sie haben ein Ziel, das du sehr genau beschreiben kannst. Zur Umsetzung benötigst du Ressourcen, dein persönlicher Einsatz (und der deines Teams), Informationen und Netzwerkverbindungen und vielleicht auch Finanzmittel. Du brauchst für deine Projekte keine spezielle Software, doch schreibe dir diese Dinge auf. Damit steigt die Erfolgswahrscheinlichkeit, denn du kannst immer wieder nachsehen, was du machen wolltest und wo du gerade bei der Umsetzung stehst.

- **Deine persönliche Klimaschutzherausforderung:**

  Es gibt vielleicht Dinge, die du gerne tun würdest, die dich aber deiner Einschätzung nach völlig überfordern würden. Möglicherweise träumst du davon, politische Verantwortung zu übernehmen und ein Mandat anzustreben? Ist es dein Traum, ein Unternehmen zu gründen, das nachhaltige Produkte herstellt? Wärst du gerne bei der nächsten Weltklimakonferenz als Beobachter oder Ratgeber dabei? Was auch immer es sein mag, schieb es nicht einfach weg, nur weil es im Augenblick unmöglich aussieht. Versuche, es in kleinere und machbare Einzelschritte zu zerlegen und fang mit dem ersten Schritt einfach an. Was kann schon passieren? Du wirst in jedem Fall weiter dazulernen und kannst deine Erfahrungen weitergeben (siehe auch Tipp *17 – Multiplikator für Nachhaltigkeit*).

Wirtschaft mit Verantwortung

Wirtschaft mit Verantwortung!

Nachhaltigkeit in der Wirtschaft und im Handel ist eine Herausforderung. Es verlangt nach Unternehmen und Organisationen, die bereit sind, ihre Geschäftsmodelle zu überdenken. Nachhaltige Geschäftsmodelle sind notwendig, um neue Wege zu finden, wie Unternehmen in einer immer komplexeren Welt erfolgreich sein können, dabei gleichzeitig die Umwelt schonen und die Menschen in den Betrieben auf dieser Reise mitzunehmen. Nachhaltigkeit in Unternehmen ist eine große Chance für die Wirtschaft, einen Beitrag zu einer nachhaltigen Gesellschaft zu leisten. Sie ist zudem eine Chance, auf diesem Weg das eigene Unternehmen noch stabiler und für uns Konsumenten attraktiver zu machen, um künftige Krisen besser überstehen zu können.

Die Geschäftswelt ist Bestandteil einer der drei Säulen der Nachhaltigkeit, auch wenn dies oft nicht so wahrgenommen wird. Meist steht die Umwelt oder die gesellschaftliche Säule im Vordergrund. So sind Themen wie vegane Ernährung oder CO_2-Reduzierung populär und werden fälschlicherweise als eine Definition von Nachhaltigkeit verwendet. Gerade für Unternehmen, aber nicht nur für sie, ist die ökonomische Säule der Nachhaltigkeit jedoch von großer Bedeutung.

Deshalb sind wir beim Thema Nachhaltigkeit gut beraten, immer die Wirtschaftlichkeit im Auge zu haben. Das gilt nicht nur für Unternehmen, sondern gerade auch im privaten Bereich. Zumindest dann, wenn wir keine Millionäre sind. Ich bin es ganz sicher nicht und du wahrscheinlich auch nicht.

Wir wissen, dass Nachhaltigkeit viel mehr bedeutet als nur CO_2 zu reduzieren. Es geht darum, die Bedürfnisse der Gegenwart zu befriedigen, ohne die Möglichkeiten zukünftiger Generationen zu gefährden. In der Geschäftswelt bedeutet dies, dass Unternehmen und Organisationen Verantwortung

Wirtschaft mit Verantwortung 247

für die Umwelt, die beteiligten Menschen und die Wirtschaftlichkeit ihres Handelns übernehmen müssen. Dies sollte freiwillig erfolgen und nicht auf Druck des Gesetzgebers.

Ökologische Verantwortung
bedeutet hier, dass Unternehmen die Umwelt so wenig wie möglich belasten sollten. Dies kann durch verschiedene Maßnahmen erreicht werden, z. B. durch die Verwendung von erneuerbaren Energien, durch Ressourceneffizienz, die Reduzierung von Emissionen und durch Vermeidung von Abfall.

Soziale Verantwortung
bedeutet in diesem Zusammenhang, dass Unternehmen die Menschenrechte und auf das Wohlergehen ihrer Mitarbeiter, Kunden und Lieferanten achten sollten. Dies kann durch verschiedene Maßnahmen erreicht werden, z. B. durch die Zahlung fairer Löhne, die Einhaltung von Sicherheits- und Arbeitsstandards und die Förderung von Vielfalt und Inklusion[1]. In der Europäischen Union greift der Gesetzgeber hier über die CSRD-Richtlinie[2] bereits ein.

Wirtschaftliche Verantwortung
bedeutet, dass Unternehmen profitabel sein müssen, damit die vorhandenen Arbeitsplätze erhalten und neue geschaffen werden können. Wirtschaftliche Verantwortung bedeutet für Unternehmen deshalb auch langfristig erfolgreich zu sein. Dies kann durch verschiedene Maßnahmen erreicht werden, z. B. durch die Entwicklung innovativer Produkte und Dienstleistungen, die

---

[1] Inklusion bedeutet, dass jeder Mensch akzeptiert wird und gleichberechtigt und selbstbestimmt an der Gesellschaft teilhaben kann, unabhängig von Geschlecht, Alter, Herkunft, Religionszugehörigkeit, Bildung, Behinderungen oder sonstigen individuellen Merkmalen.
[2] CSRD – Corporate Sustainability Reporting Directive, Regelung zur gesellschaftlichen Verantwortung von Unternehmen.

Steigerung der Effizienz, die Umstellung auf nachhaltige Lieferketten und die Erschließung neuer Märkte.

Als Kunden der Unternehmen können wir mit unserem Konsumverhalten die Wirtschaft dazu bewegen, sich in Richtung Nachhaltigkeit zu entwickeln. Damit kommen wir aus der tatenlosen Beobachterrolle heraus und können als Konsumenten und Kunden den Markt wirksam mitgestalten. Die nachfolgenden Tipps sollen dir dabei helfen.

59 – Green Economy

Wirtschaftlichkeit im Einklang mit Natur und Umwelt, das ist meine Auslegung des Begriffs Green Economy. Er beschreibt ein Wirtschaftsmodell, das ökologische Verantwortung, sozialen Fortschritt und wirtschaftlichen Wohlstand reibungslos miteinander vereint.

Im Gegensatz zur traditionellen Wirtschaft, die oft auf Wachstum um jeden Preis setzt, zielt die Green Economy darauf ab, unsere Wirtschaft so zu gestalten, dass sie im Einklang mit den natürlichen Grenzen unseres Planeten arbeitet. Dabei geht es darum, Ressourcen zu schonen, Abfall zu reduzieren und gleichzeitig Wohlstand und soziale Gerechtigkeit zu fördern. Green Economy steht in der Geschäftswelt für die Grundprinzipien von Nachhaltigkeit, wenngleich der Begriff leider geeignet ist, uns wieder in die „grüne Sackgasse" zu führen, wenn wir nicht aufpassen. Meiner Meinung nach müsste der Begriff „Sustainable Economy" lauten, um nicht falsch gedeutet zu werden.

Green Economy basiert auf folgenden Leitprinzipien:

- **Effizienz:** Ressourcen und Energie werden effizient und sparsam eingesetzt, um Kosten zu senken und die Umweltbelastung durch das Unternehmen zu verringern.

- **Konsistenz**: Die Wirtschaft passt sich den natürlichen Kreisläufen an (siehe Kapitel Kreislaufwirtschaft leben). Ziel ist es, möglichst keine Abfälle zu erzeugen, sondern Produkte, deren Bestandteile immer wieder genutzt werden können. Dies wird auch *cradle to cradle*[3] genannt.
- **Suffizienz**: Die Unternehmen kommen mit den zur Verfügung stehenden Ressourcen aus und verringern ihren Rohstoffverbrauch, wo immer möglich.
- **Gerechtigkeit**: Dies umfasst faire Löhne, die Sicherheit und Weiterentwicklung der Beschäftigten und Geschäftspraktiken, die nicht auf Kosten von Menschenrechten oder sozialer Gerechtigkeit erfolgen (siehe Tipp *68 – Fairness und Gerechtigkeit*).
- **Partizipation**: Alle Akteure der Gesellschaft – Unternehmen, Politik, Zivilgesellschaft und Bürger – arbeiten gemeinsam an der Umsetzung der Green Economy.

Das hört sich erst mal kompliziert an und strotzt nur so vor Fremdwörtern. Lass dich davon nicht verunsichern! Du kannst durch dein Verhalten mit vielen Tipps aus diesem Buch in deinem Alltag einen Beitrag zur Green Economy (besser: Sustainable Economy) leisten. Wir haben verschiedene Themenbereiche, in denen das für dich im Alltag möglich ist, bereits in vorherigen Kapiteln durchgesprochen. Nachstehend möchte ich dir noch mal eine Zusammenfassung der wichtigsten Punkte geben, mit denen du als Konsument im Alltag Einfluss auf die Wirtschaft nehmen kannst.

Tipps:

- **Nachhaltiger Konsum & Ernährung**: Kaufe regionale und saisonale Produkte. Achte auf Siegel wie Bio, Fairtrade oder den Blauen Engel (siehe Tipp *62 – Siegel für*

---

[3] „Von der Wiege zur Wiege" ist ein Konzept der Kreislaufwirtschaft.

Nachhaltigkeit). Kaufe insbesondere Kleidung antizyklisch, um saisonale Müllberge zu vermeiden, Überproduktion zu bremsen und ganz nebenbei deinen Geldbeutel zu schonen.

- **Bewusster Umgang mit Lebensmitteln:** Plane deine Einkäufe und vermeide Lebensmittelverschwendung, so hilfst du dabei die gängige Überproduktion zu verringern (siehe auch Tipp *32 – Genuss ohne Verschwendung*).
- **Nachhaltige Finanzprodukte:** Lege dein Erspartes bei nachhaltig wirtschaftenden Banken und Fonds an (siehe Tipp *63 – Ethisches Investieren*).
- **Energiesparen:** Wechsle zu einem Ökostromanbieter und nutze, wenn möglich, Solarstrom aus eigener Erzeugung (siehe Tipp *44 – Eigenes Kraftwerk: Solar & Co.*).

Deine nächsten Schritte:

- Informiere dich weiter: Du findest viele Bücher, Filme und Webseiten zum Thema Green Economy (siehe auch Tipp *11 – Fakten checken und bewerten*) und informiere auch dein Netzwerk über die Möglichkeiten von uns Konsumenten (siehe Tipp *72 – Vernetzen und verändern*) Einfluss auf die Wirtschaft zu nehmen.
- Werde aktiv: Tausche dich mit Freunden, Familie und Kollegen über das Thema aus. Beteilige dich an Organisationen und Projekten die Green Economy fördern (siehe Tipp *57 – Mitmachen und gestalten*) oder starte selbst ein Projekt (siehe Tipp *8 – Eigene Nachhaltigkeitskonzepte entwickeln*).

Wenn viele Menschen kleine Veränderungen in ihrem Alltag vornehmen, hat das eine große Wirkung auf die gesamte Wirtschaft. Durch deine Nachfrage nach nachhaltigen Produkten und durch dein gezieltes Einkaufsverhalten sendest du ein Signal an Unternehmen, dass sich ihre Produktionsweisen ändern müssen. Zudem bist du ein Vorbild für andere und trägst dazu bei, dass Nachhaltigkeit eine breite gesellschaftliche Zustimmung erhält (siehe auch Tipp *17 – Multiplikator für Nachhaltigkeit*).

60 – Nachhaltige Unternehmen

Eine wachsende Zahl von Unternehmen verändert sich in Richtung Nachhaltigkeit oder hat diesen Schritt bereits getan. Ein Grund dafür sind du und ich und sehr viele andere Menschen, die mit ihrem geänderten Konsumverhalten zunehmend Einfluss auf die Wirtschaft und ihre Unternehmen ausüben. Ein weiterer Grund dafür ist das geänderte Selbstverständnis vieler Unternehmen, insbesondere nach der Coronapandemie und das erfreulicherweise gestiegene Bewusstsein, als Unternehmen auch gesellschaftliche Verantwortung übernehmen zu müssen. Mit der Bezeichnung Corporate Social Responsibility (CSR) wird dies deutlich gemacht. Mit CSR bedient ein Unternehmen die drei Säulen der Nachhaltigkeit – Umwelt, Soziales, Wirtschaft – in gleicher Weise.

Stell dir vor, du trinkst morgens eine Tasse fair gehandelten Kaffee. Hinter diesem Kaffee steckt eine ganze Geschichte. Kleinbauern in Entwicklungsländern erhalten einen fairen Preis für ihre Arbeit, die Arbeitsbedingungen sind menschenwürdig und der Anbau erfolgt umweltfreundlich. Das ist CSR des entsprechenden Kaffeeproduzenten (siehe auch Tipp *68 – Fairness und Gerechtigkeit*).

Wie gesagt, spüren auch immer mehr Unternehmen wie Finanzdienstleister und Technologieunternehmen den Druck von uns Konsumenten und richten sich unternehmerisch entsprechend aus. Ob nun aus eigener Überzeugung, ob aufgrund unseres Konsumentendrucks oder weil der Gesetzgeber national und auf europäischer Ebene immer mehr Richtlinien zu wesentlichen Elementen einer nachhaltigen Unternehmensführung in Kraft setzt, ist nicht entscheidend. Das Ergebnis, die Summe aller dieser Impulse zählt. Wenn wir uns die Nachhaltigkeitsberichte der Unternehmen ansehen – die bereits in der gesamten EU bei größeren Unternehmen von neutraler Stelle geprüft werden müssen – erkennen wir sehr schnell, ob und wie weit das Unternehmen schon in Sachen Nachhaltigkeit entwickelt ist. Auch Gütesiegel (siehe Tipp *62 – Siegel für Nachhaltigkeit*) geben deutliche Hinweise.

Beispiele, wie Nachhaltigkeit in Unternehmen sichtbar wird:

- Unternehmen mit Recyclingprodukten im Angebot: Sie tragen dazu bei, Ressourcen zu schonen und die Umwelt zu schützen. Oft sind sie auch Marktführer in ihrer Branche, da Kosten für Abfallentsorgung vermieden werden können.
- Nachhaltige Energieunternehmen: Unternehmen, die erneuerbare Energien wie Solar- oder Windenergie erzeugen, sind ebenfalls oft sehr erfolgreich. Dies liegt daran, dass die Nachfrage nach erneuerbaren Energien weiterhin steigt und die Preise zur Erzeugung dieser Energien sinken.
- Nachhaltige Lebensmittelunternehmen: Unternehmen, die nachhaltige Lebensmittel wie Bioprodukte oder regionale Produkte anbieten (siehe auch Tipp *21 – Nachhaltige Lebensmittel*).
- Unternehmen, die sich an bereits nachhaltigen Unternehmen in Form von Genossenschaftsanteilen oder Aktien beteiligen (siehe Tipp *63 – Ethisches Investieren*).
- Kreislaufwirtschaft: Unternehmen, die nachweislich eine Kreislaufwirtschaft fördern, bei der Abfälle und Produktionsrückstände als Ressourcen für andere Produkte wiederverwendet werden.

Unternehmen tragen eine große Verantwortung für eine nachhaltige Entwicklung. Nachhaltige Unternehmen schonen bei ihren geschäftlichen Tätigkeiten die Umwelt, fördern soziale Gerechtigkeit innerhalb und außerhalb ihres Unternehmens und sind gleichzeitig wirtschaftlich erfolgreich.

Zahlreiche Unternehmen haben sich bereits auf diesen Weg zu mehr Nachhaltigkeit gemacht. Sie setzen auf umweltfreundliche Produktionsweisen, energieeffiziente Gebäude, faire Arbeitsbedingungen und nachhaltige Lieferketten. Wir als Verbraucher haben die Wahl, aber auch die Verantwortung für unseren persönlichen Bedarf Produkte nachhaltiger Unternehmen zu wählen. Doch auch hier sei vor Greenwashing gewarnt, und du solltest die tatsächliche Nachhaltigkeit des jeweiligen Unternehmens überprüfen, beispielsweise durch das Vorhandensein von belastbaren Gütesiegeln.

Tipps für Konsumenten:

- Informiere dich über die Nachhaltigkeitspolitik von Unternehmen, bevor du deren Produkte kaufst oder ihre Dienstleistungen in Anspruch nimmst.
- Achte auf bekannte und bewährte Gütesiegel und Zertifizierungen bei Produkten und Unternehmen.
- Lies dir die Nachhaltigkeitsberichte der Unternehmen durch, dessen Produkte du kaufst. Das ist oft recht interessant, denn dadurch erfährst du Dinge über das Unternehmen, die du nicht immer erwarten würdest. Viele Unternehmen machen bereits viel zum Thema Nachhaltigkeit, teilen es uns Konsumenten aber oft nicht oder nicht richtig verständlich mit. Wenn du etwas in einem Nachhaltigkeitsbericht nicht verstehst, dann frag einfach bei der Geschäftsführung des Unternehmens nach.
- Fragen an Unternehmen stellst du am besten über deren Infohotline oder die angegebene Kontaktadresse im Nach-

haltigkeitsbericht. Fordere Klarheit und Offenheit ein, wenn dir diese fehlt.
- Nimm an Umfragen teil, bei denen die Nachhaltigkeit von Unternehmen bewertet wird. Marktforschungsinstitute wie GfK, Ipsos oder YouGov führen regelmäßig Umfragen auch zur Nachhaltigkeit durch. Wenn du dich bei diesen Instituten anmeldest, kannst du an ihren Studien teilnehmen.
- Unterstütze nachhaltige Unternehmen durch dein Kaufverhalten und gib dein Wissen zu nachhaltigen Produkten weiter (siehe Tipp *17 – Multiplikator für Nachhaltigkeit*).
- Suche nach Alternativen zu weniger nachhaltigen Produkten. Dabei kann dir auch die Website Go European (https://www.goeuropean.org/) helfen. Oft sind diese Alternativen nachhaltiger als die üblichen Platzhirsche. Sieh genau hin.
- Benutze die sozialen Medien, um dein Netzwerk auf die Nachhaltigkeit von Unternehmen aufmerksam zu machen (siehe Tipp *72 – Vernetzen und verändern*).
- Lass dich nicht vom Greenwashing der zahlreichen schwarzen Schafe täuschen.

Corporate Social Responsibility ist kein Widerspruch zu wirtschaftlichem Erfolg. Im Gegenteil, viele Unternehmen stellen fest, dass Nachhaltigkeit sich vorteilhaft auf ihr Ansehen, ihre Mitarbeitermotivation, die Stabilität ihrer Lieferketten und letztendlich auch auf ihren Umsatz auswirkt.

61 – Nachhaltige Dienstleistungen

Nachhaltige Dienstleistungen sind gut für die Umwelt und die Menschen, die sie in Anspruch nehmen. Der Begriff „nachhaltige Dienstleistungen" ist inzwischen in aller Munde, aber was genau bedeutet er eigentlich? Und wie finden wir als Verbraucher solche Dienstleistungen? Wie erkenne ich nachhaltige Dienstleistungen, und wie profitiere ich von ihren Vorteilen?

Was sind also nachhaltige Dienstleistungen?
Sie zeichnen sich dadurch aus, dass sie Umwelt- und Sozialaspekte in besonderem Maße berücksichtigen. Es bedeutet, dass sie sich um Mensch und Umwelt kümmern, Ressourcen schonen, Emissionen reduzieren und faire Arbeitsbedingungen schaffen. Einige Beispiele:

- Energieberatung und Energieaudit[4],
- Nachhaltige Hotels und Reiseveranstalter,
- Bioreinigungsdienst,
- Anbieter von Videokonferenzen,
- E-Bike-Verleih,
- Reparatur- und Upcyclingservices,
- Nachhaltige Sanierung bestehender Gebäude,
- Landschaftspflege und Renaturierung,
- Pflegedienste.

Stell dir vor, du buchst einen Urlaub in einem Hotel, das seinen Strom aus erneuerbaren Energien bezieht, für die Verpflegung der Gäste regionale Bioprodukte verwendet und Lieferanten und Beschäftigte fair entlohnt (siehe Tipp *50 – Unterwegs zu einem nachhaltigen Urlaub*). Das ist ein Beispiel für eine nachhaltige Dienstleistung.

Wo und wie finde ich nachhaltige Dienstleistungen?
Es gibt verschiedene Möglichkeiten für dich, nachhaltige Dienstleistungen zu finden:

- Suchmaschinen: Suche nach Begriffen, die dir im Zusammenhang mit Nachhaltigkeit wichtig sind bzw. die du mit

---

[4] Umfassende Analyse des Energieverbrauchs eines Gebäudes oder eines Unternehmens, um Einsparpotenziale zu identifizieren.

der gewünschten Dienstleistung verbinden möchtest. Du wirst viele „grüne" Antworten bekommen, deshalb musst du gründlich und kritisch sortieren. Einige Beispiele:

- gute-seiten.org: Verzeichnis von Agenturen und Freelancern, die Digitalisierung, Umweltschutz und Datenschutz zusammen betrachten und für nachhaltige IT-Projekte stehen,
- Econeers: Plattform für Crowdinvesting in nachhaltige Unternehmen und Energiewendeprojekte in Deutschland (siehe auch Tipp 63 – *Ethisches Investieren*),
- Utopia.de: Jobbörse für nachhaltige Berufe,
- greencompanion.de/: Plattform für nachhaltige Produkte und Dienstleistungen.

- Nachhaltigkeitssiegel: Viele Unternehmen und Organisationen vergeben Nachhaltigkeitssiegel an Dienstleister, die bestimmte Kriterien erfüllen (siehe Tipp 62 – *Siegel für Nachhaltigkeit*). Achte bei der Beauftragung von Dienstleistungen (z. B. Hotelbuchung) auf solche Siegel.
- Empfehlungen von Freunden und Familie: Frage deine Freunde und deine Familie, ob sie dir nachhaltige Dienstleister empfehlen können, die sie selbst schon in Anspruch genommen haben.
- Websites von NGOs und Umweltverbänden: Viele NGO und Umweltverbände führen Listen mit nachhaltigen Dienstleistern auf ihren Websites.

Woran erkenne ich, ob die betroffene Organisation wirklich nachhaltige Dienstleistungen anbietet?
Es gibt einige Merkmale, an denen du nachhaltige Dienstleistungen leichter erkennen kannst. Sieh dir die Website des Dienstleisters an und seinen Nachhaltigkeitsbericht. Folgende Merkmale und Aussagen solltest du dort finden:

- Das Unternehmen oder die Organisation hat eine klare Nachhaltigkeitsstrategie. Ein Nachhaltigkeitsbericht gibt Aufschluss über die Ziele und Maßnahmen des Unternehmens. Bei kleinen Unternehmen reicht uns auch eine glaubhafte Aussage und Darstellung auf der Website, die wir bei der Kontaktaufnahme ja auch hinterfragen können.
- Die Dienstleistung ist ressourcenschonend und emissionsarm. Das sollte idealerweise mit einem Zertifikat nachgewiesen werden.
- Das Unternehmen oder die Organisation achtet auf faire Arbeitsbedingungen.
- Der Dienstleister hat eine nachhaltige Unternehmenskultur und ethisch hochstehende Werte.
- Das Unternehmen sollte transparent über seine Prozesse, Lieferketten und Auswirkungen auf Umwelt und Gesellschaft informieren. Entsprechende Zertifizierungen wie beispielsweise B-Corp sind vorhanden (siehe Tipp 62 – *Siegel für Nachhaltigkeit*).
- Der Dienstleister hat seinen Sitz oder eine Geschäftsstelle vorzugsweise in deiner Region.
- Die Preise und Leistungen sind herkömmlich wirtschaftenden Anbietern zumindest gleichwertig.

Sind nachhaltige Dienstleistungen teurer als normale?
Nachhaltige Dienstleistungen müssen nicht zwangsläufig teurer sein. In einigen Fällen kann es sogar sein, dass sie günstiger sind, da Unternehmen, die nachhaltig wirtschaften, oft effizienter arbeiten.

Es gibt viele gute Gründe, sich für nachhaltige Dienstleistungen zu entscheiden. Sie sind gut für die Umwelt, oft auch für den Geldbeutel und tragen zu einer nachhaltigeren Zukunft bei. Mit ein wenig Recherche kannst du ziemlich einfach nachhaltige Dienstleistungen in deiner Region finden und von den Vorteilen profitieren.

62 – Siegel für Nachhaltigkeit

Wenn wir vorwiegend regional und saisonal einkaufen (siehe Tipp *20 – Regional und saisonal einkaufen*), dann schonen wir die Umwelt und unterstützen die lokale Wirtschaft. Außerdem können wir speziell bei Lebensmitteln so sicherstellen, dass die Produkte frisch und gesund sind. Aber längst nicht alle Produkte, die wir wirklich brauchen (siehe Tipp *18 – Weniger ist mehr*), werden auch in unserer Region hergestellt. Die meisten Produkte kommen von weit her, manchmal von der anderen Seite des Globus.

Nachhaltigkeit und Unternehmensgewinne sind keine Gegensätze. Es gibt viele Möglichkeiten, nachhaltig zu wirtschaften und dabei gleichzeitig konkurrenzfähig, wenn nicht sogar Marktführer zu sein. Darüber haben wir uns schon unterhalten. Ein nachhaltiges Produkt muss auch nicht zwangsläufig teurer sein als ein qualitativ und funktionell gleichwertiges, nicht nachhaltiges Produkt. Lass dich also nicht von vermeintlichen Preisvorteilen täuschen. Ein nachhaltiges Produkt ist sogar oft das günstigere, zumindest auf die Lebensdauer betrachtet. Der Grund dafür ist, dass hinter einem nachhaltigen Produkt zwangsläufig auch eine nachhaltige Lieferkette steht, in der auf Dinge wie kurze Lieferwege, wenig Verpackung, Reparaturfähigkeit und verlängerte Garantien geachtet wird.

Tipps, wie du nachhaltige Produkte leichter erkennen kannst:

- Achte auf bekannte Siegel und Zertifizierungen, sie sind ein guter Indikator für Nachhaltigkeit.

Wirtschaft mit Verantwortung 259

- Langlebige Produkte halten länger und müssen daher seltener ersetzt werden. Du erkennst langlebige Produkte auch an einer freiwilligen Garantieverlängerung. Der (nicht immer) teurere Anschaffungspreis macht sich auf jeden Fall bezahlt. Achte darauf, ob eine langjährige erwartbare Lebensdauer angegeben wird. Beispiele sind:
  - Patagonia produziert Outdoorkleidung, die lange hält (Lebensdauer 15+ Jahre), und setzt sich für nachhaltige Produktion und Recycling ein. Das Unternehmen hat gezeigt, dass Nachhaltigkeit und Profitabilität kein Widerspruch sein müssen.
  - Messer aus Solingen (Lebensdauer 20+).
  - Levi's Jeans (Lebensdauer 5+): Wenn sie vorher kaputt geht, kannst du sie im eigenen Second-Chance-Shop von Levi's kostengünstig reparieren lassen (siehe auch Tipp *38 – Reparieren statt wegwerfen*).
  - Birkenstock-Sandalen (Lebensdauer 5–10 Jahre).
  - Hilti Elektrowerkzeuge (Lebensdauer 20+, bis zu 2 Jahren kostenlose Reparatur).
- Lies die Produktbeschreibung aufmerksam durch. Achte auf Angaben zur Herkunft, Herstellung und Verpackung. Hersteller nachhaltiger Produkte haben kein Problem damit, ihre Lieferkette aufzuzeigen.
- Frage beim Hersteller nach, wenn du dir nicht sicher bist, ob ein Produkt nachhaltig ist. Mit der Zeit wirst du ein Gefühl dafür bekommen, ob die Antwort glaubhaft ist oder ob man dich gerade im Hauptwaschgang grün wäscht.
- Ein Gütesiegel allein sagt nicht alles aus. Achte auf weitere Informationen, z. B. auf die Zutatenliste und Inhaltsstoffe bei Lebensmitteln.

Achte beim Einkaufen darauf, ob die Produkte wirklich nachhaltig hergestellt wurden. Das bedeutet auch, ob sie sozial und ökologisch vertretbar sind und der Produzent nachweislich Nachhaltigkeit im Unternehmen umsetzt (siehe Tipp *60 – Nachhaltige Unternehmen*).

Bei deiner Kaufentscheidung können dir also Gütesiegel für Nachhaltigkeit helfen. Es gibt viele Siegel und Zertifizierungen, die dich dabei unterstützen, nachhaltige Produkte zu erkennen. Die Gütesiegel, die ich hier nenne, sind nur ein kleiner Auszug aus dem großen Ozean der Siegel und deshalb nur beispielhaft zu sehen. Du musst dir auch hier dein eigenes Bild machen, also bleib kritisch und sei nicht leichtgläubig. **Denn Achtung: Nicht alle Siegel stehen wirklich für nachhaltige Produkte!** Es gibt auch hier schwarze Schafe und ein kritischer Blick hinter die Kulisse des fraglichen Siegels ist ganz sicher angebracht, bevor du einem Gütesiegel Vertrauen entgegenbringst.

> **Tipp**
>
> Die Initiative Siegelklarheit (www.siegelklarheit.de) der Deutschen Bundesregierung kann dir dabei helfen, Gütesiegel zu verstehen, zu bewerten und zu vergleichen.

Bei jedem Gütesiegel für Nachhaltigkeit solltest du darauf achten, dass es folgende Bedingungen erfüllt:

- Vertrauenswürdige Siegel und Zertifikate[5] haben strenge Kriterien, die von unabhängigen Stellen regelmäßig überprüft werden.
- Die Bedingungen für die Verleihung des Gütesiegels werden von einer unabhängigen Stelle festgelegt, beispielsweise

---

[5] Ein Gütesiegel macht eine Aussage über die Qualität oder Sicherheit eines Produkts, während ein Zertifikat die Bestätigung über die Einhaltung mit bestimmten Anforderungen und Normen enthält.

von der Europäischen Kommission oder einer NGO. Die Merkmale des Siegels werden regelmäßig überprüft und angepasst.
- Das Siegel oder Zertifikat sollte einen umfassenden Ansatz verfolgen und die Nachhaltigkeit in den Bereichen Umwelt, Soziales und Wirtschaft berücksichtigen. Dies ist wichtig, damit kein einseitiger Blick beispielsweise nur auf CO_2-Emissionen entsteht.

Tipps für Gütesiegel, die für nachhaltige Produkte stehen:

- **Lebensmittel:** Bioprodukte werden nach strengen ökologischen Kriterien hergestellt und können somit im Allgemeinen als nachhaltig im ökologischen Bereich betrachtet werden. Wie es mit der wirtschaftlichen und sozialen Seite aussieht, musst du dir von Fall zu Fall ansehen und überprüfen.
    – **EU-Bio-Siegel:** Das wohl bekannteste Bio-Siegel garantiert, dass Produkte nach strengen ökologischen Richtlinien angebaut oder hergestellt wurden. Es umfasst sowohl pflanzliche als auch tierische Produkte. Das deutsche Bio-Siegel ist dem EU-Siegel gleichgestellt und enthält zusätzliche Anforderungen an die Produktion.
    – **Demeter:** Das Demeter-Siegel ist ein strenges Bio-Siegel, das zusätzlich soziale Aspekte berücksichtigt. Demeter-Betriebe betrachten Nutztiere als Lebewesen, die artgerecht und mit ausreichend Auslauf gehalten werden müssen.
    – **Naturland-Bio-Siegel:** Steht für Biolebensmittel mit zusätzlichen Sozialrichtlinien (strenger als das EU-Bio-Siegel). Naturland ist ein deutscher Verband für ökologischen Landbau.
    – **Bioland:** ist ein weiterer deutscher Verband, der strenge Richtlinien für den ökologischen Landbau vorgibt. Das

Bioland-Siegel garantiert eine besonders schonende Produktion und Verarbeitung.
- **MSC-Gütesiegel** (Marine Stewardship Council): ist ein weltweit anerkanntes Zertifikat für nachhaltige Fischerei. Es soll sicherstellen, dass Fischprodukte aus verantwortungsvoll bewirtschafteten Beständen stammen und die Meeresumwelt nicht schädigen. Es gibt jedoch auch einige Kritikpunkte. Mach dir dein eigenes Bild.
- **Vegan Society**: Das Vegan-Siegel garantiert, dass das Produkt vegan ist und keine tierischen Inhaltsstoffe enthält.

- **Regionale Produkte:**

  Regionale Produkte haben kurze Lieferwege und schonen so die Umwelt. Dies bedeutet aber nicht zwangsläufig, dass regionale Produkte auch nachhaltig sind. Wie es mit der wirtschaftlichen und sozialen Seite aussieht, musst du dir selbst ansehen. Bei regionalen Lebensmitteln sind auch die Anbaumetoden und Haltungsarten zu prüfen. Ich nenne hier keine Beispiele für regionale Gütesiegel, denn das ist ein riesiger Ozean, indem du selbst segeln musst.

- **Recyclingprodukte:**

  Gütesiegel helfen auch dabei, Produkte zu identifizieren, die aus recycelten Materialien hergestellt wurden oder recyclingfähig sind. Hier sind einige Siegel, die du beachten kannst:

  - Der **Grüne Punkt** ist ein wichtiger Schritt in Richtung einer kreislauforientierten Wirtschaft (siehe auch Kapitel Kreislaufwirtschaft leben). Das Gütesiegel steht für umweltfreundliche Verpackungen, die recycelt werden.
  - **Global Recycled Standard (GRS):** Der GRS ist ein freiwilliger Produktstandard, der die Nachverfolgbar-

keit und Überprüfung des Anteils von recycelten Materialien in einem Endprodukt sicherstellt. Er gilt für die gesamte Lieferkette und umfasst Rückverfolgbarkeit, Umweltprinzipien, soziale Anforderungen, chemische Inhalte und Kennzeichnung.
- **RAL**: Gütesiegel, das den prozentualen Anteil recycelter Kunststoffmaterialien aus Haushaltsabfällen in Produkten und Verpackungsmaterialien anzeigt (nicht verwechseln mit dem gleichnamigen Farbsystem).
- **Made for Recycling**: Verpackungen, die das Siegel tragen dürfen, sind gut oder sehr gut recyclingfähig. Es bietet Unternehmen und Verbrauchern eine nachvollziehbare Möglichkeit, die Recyclingfähigkeit von Verpackungen zu überprüfen und zu verbessern.

- **Elektrogeräte:**

Energieeffiziente Elektrogeräte verbrauchen weniger Strom und schonen so die Umwelt und deinen Geldbeutel. Wenn sie auch recyclingfähig sind und unter Einhaltung von Sozialstandards wie der ILO[6] hergestellt wurden, sollten sie daher nachhaltig sein (siehe auch Tipp *41 – Energietipps für den Alltag*).

- **EU-Energieeffizienzklassen** für Elektrogeräte werden in 7 Klassen von A (beste Energieeffizienz) bis G (schlechteste Energieeffizienzklasse) von Grün über Gelb zu Rot auf einem einheitlichen Etikett angezeigt.
- **EnergyStar**: Ein US-amerikanisches Siegel, das besonders energieeffiziente Produkte auszeichnet.

---

[6] Die Internationale Arbeitsorganisation ILO (International Labour Organization) entwickelt und verabschiedet internationale Arbeitsstandards. Sie zielen darauf ab, soziale Gerechtigkeit und Menschenrechte im Arbeitsleben zu fördern und zu schützen.

- **TCO Certified:** Dieses Siegel konzentriert sich auf IT-Produkte und bewertet neben der Energieeffizienz auch Aspekte wie die Verwendung recycelter Materialien, die Arbeitsbedingungen und die gesundheitliche Unbedenklichkeit.

- **Kleidung:**

Kleidung aus nachhaltigen Materialien wie Baumwolle, Wolle oder Hanf ist umweltfreundlich und bequem. Gerade bei Textilien sind auch die Produktionsbedingungen (siehe Fußnote ILO[6]) ausschlaggebend, ob ein Produkt als nachhaltig bezeichnet werden kann.

- **Bluesign Product:** Schwerpunkt ist die Chemikaliensicherheit der Textilprodukte.
- **Fair Wear Foundation:** Dieses Siegel konzentriert sich auf faire Arbeitsbedingungen in der Textilindustrie. Es setzt sich für menschenwürdige Arbeitsbedingungen, faire Löhne und soziale Standards ein.
- **Global Organic Textile Standard (GOTS):** Dieses Siegel garantiert, dass Textilien ökologisch und sozial verantwortlich hergestellt wurden. Es kombiniert hohe Umweltstandards mit fairen Arbeitsbedingungen. Ein Schwerpunkt ist die Verarbeitung von Textilien aus biologisch erzeugten Naturfasern.
- **Grüner Knopf:** Nachhaltigkeitslabel Deutschlands für die Textilherstellung. Es prüft, ob Unternehmen Verantwortung für die Einhaltung von Menschenrechten und Umweltstandards in ihren Lieferketten übernehmen.
- **Oeko-Tex:** Schwerpunkt liegt auf der gesundheitlichen Unbedenklichkeit der Textilien und auf sozialverträglichen Produktionsbedingungen entlang der textilen Wertschöpfungskette.

- **Reisen und Hotels:**
  - **GSTC-Zertifikat:** Das Zertifikat beurteilt und dokumentiert die umweltrelevanten, sozialen und wirtschaftlichen Merkmale der Hotelführung. Es steht für hohe Qualitätsstandards, einen nachhaltigen Tourismus und unterstützt die Branche bei der Umsetzung von nachhaltigen Praktiken und Strategien (siehe auch Tipp 50 – *Unterwegs zu einem nachhaltigen Urlaub*).
  - **Green Sign:** Nachhaltigkeitszertifizierung für die Hotellerie in Europa, durch die GSTC anerkannt. Zertifiziert auch nachhaltige Thermen-, Spa- oder Wellnessbetriebe.
  - Ein anderes Beispiel ist **Green Globe**: Eine internationale Zertifizierungsinitiative, die sich auf die nachhaltige Entwicklung von Tourismus und Reiseunternehmen konzentriert. Es bietet Zertifizierungen für Hotels, Reiseveranstalter und andere Tourismusunternehmen, die sich an nachhaltige Praktiken halten.
  - Mit dem **DEHOGA Umweltcheck** können Hoteliers und Gastronomen in Deutschland ihr Umweltmanagement transparent darstellen. Ausgezeichnete Betriebe findest du in einer nach Bundesländern auswählbaren Liste unter www.dehoga-umweltcheck.de.
  - **TourCert:** Fördert die umweltschützende, soziale und wirtschaftliche Unternehmensverantwortung (siehe auch Tipp 60 – *Nachhaltige Unternehmen*) im Tourismus.
  - **Travelife:** (Travelife.info) Eine globale Zertifizierungsstelle für Nachhaltigkeit in der Beherbergung. Sie konzentriert sich auf die Verringerung von Umweltauswirkungen und die Förderung sozialer Verantwortung im Tourismus und möchte generell eine nachhaltige Entwicklung in der Tourismusbranche vorantreiben.

- **Viabono**: zertifiziert Betriebe von Hotels über Ferienwohnungen, Campingplätze bis zu Reiseveranstalter anhand von Nachhaltigkeitskennzahlen.

- **Wald- und Forstwirtschaft:**
  - **Naturland**: siehe Lebensmittel. Setzt auch hohe Standards für die Forstwirtschaft.
  - **Nachhaltige Grillkohle**: Grillkohle kann erhebliche Umweltbelastungen verursachen, insbesondere wenn sie aus illegalem Holzeinschlag stammt. Achte beim Kauf von Grillbriketts und Grillkohle auf nachhaltige Produkte aus deiner Region oder Kohle, die mit dem **FSC**- oder **PEFC**-Siegel zertifiziert ist.
  - **Forest Stewardship Council (FSC)**: Das FSC-Siegel ist eines der bekanntesten und anerkanntesten Siegel weltweit. Es garantiert, dass das Holz aus Wäldern stammt, die nach umweltbewussten, sozialen und wirtschaftlichen Kriterien nachhaltig bewirtschaftet werden.

- **Kosmetik:**
  - **NaTrue**: Dieses internationale Siegel für Naturkosmetik legt hohe Anforderungen auf den Anteil an natürlichen und biologisch angebauten Inhaltsstoffen.
  - **BDIH**: Das BDIH-Siegel ist eines der bekanntesten deutschen Siegel für Naturkosmetik, wie z. B. Shampoo, Deo oder Make-up. Es legt Wert auf natürliche Inhaltsstoffe, Verzicht auf synthetische Duft-, Farb- und Konservierungsstoffe sowie auf Tierversuche.
  - **Demeter**: siehe Lebensmittel.
  - **Cosmos-Standard**: Ein internationales Siegel für Naturkosmetik (Cosmos Natural) und Biokosmetik (Cosmos Organic).

- **Produktwelten allgemein:**
  - **Fairtrade-Produkte:** Eines der bekanntesten Siegel weltweit. Fairtrade-Produkte werden unter fairen Bedingungen hergestellt, die soziale und wirtschaftliche Komponente der Nachhaltigkeit ist damit wahrscheinlich gegeben. Ich habe mir die Kriterien für die Vergabe des Gütesiegels angesehen und vertraue ihm grundsätzlich, aber nicht blind.
    - Beispiele für Produkte mit dem Siegel sind Fairtrade-Kaffee, -Tee, -Kakao, -Bananen, -Honig, -Zucker, -Kosmetik, -Baumwolle und viele handgefertigte Produkte.
    - Achte auf das bekannte Fairtrade-Logo auf der Verpackung und vergewissere dich, dass es auch das echte ist.
  - **EU-Ecolabel:** Ein europaweit anerkanntes Siegel, das hohe Umweltstandards für Produkte garantiert. Es berücksichtigt den gesamten Lebenszyklus eines Produkts, von der Herstellung bis zur Entsorgung.
  - **Blauer Engel:** Das älteste und bekannteste Umweltsiegel in Deutschland. Es zeichnet Produkte aus, die besonders umweltfreundlich sind, sowohl in der Herstellung als auch im Gebrauch. Es prüft Merkmale wie ressourcenschonende und umweltverträgliche Herstellung, Langlebigkeit, Reparierbarkeit und Verzicht auf gesundheitsgefährdende Chemikalien.
  - **C2C-Zertifikat** (Cradle to Cradle Certified): Ein Zertifikat für die Herstellung von nachhaltigen Produkten. Es bewertet die Merkmale Materialgesundheit[7], Kreislauf-

---

[7] Im Zertifizierungsprogramm C2C versteht man unter Materialgesundheit die Beurteilung der Sicherheit und Unbedenklichkeit von Materialien für Menschen und Umwelt, die in einem Produkt verwendet werden.

fähigkeit, saubere Luft, verantwortungsvoller Umgang mit Boden und Wasser sowie die soziale Gerechtigkeit.
- **B-Corp**: Die Zertifizierung bestätigt, dass ein Unternehmen hohe Standards in sozialer und ökologischer Leistung, Transparenz und Verantwortlichkeit erfüllt.

Ein nachhaltiges Produkt ist oft auch das günstigere, zumindest auf die Lebensdauer betrachtet. Das liegt daran, dass nachhaltige Produkte meistens länger halten als nicht nachhaltige Produkte. Außerdem werden bei der Herstellung nachhaltiger Produkte weniger Ressourcen verbraucht, was wiederum die Kosten senkt.

Du siehst, Gütesiegel können eine wertvolle Hilfe beim nachhaltigen Einkaufen sein. Wenn du die wichtigsten Kriterien kennst und kritisch bleibst, kannst du den Siegeldschungel meistern und nachhaltige Produkte auswählen, die sowohl deiner Gesundheit als auch der Umwelt und deinen Mitmenschen guttun.

63 – Ethisches Investieren

Unter ethischem Investieren verstehe ich, dass du dein Geld in Unternehmen oder Finanzprodukten anlegst, die nicht nur finanziellen Gewinn versprechen, sondern auch ethische und ökologische Anforderungen erfüllen. Es geht darum, mit deinem Geld aktiv dazu beizutragen, eine nachhaltigere Welt zu schaffen, aber auch darum, dass dein sauer Erspartes nicht weniger, sondern etwas mehr wird. Gerade in den Jahren nach der Coronapandemie hat sich gezeigt, dass Unternehmen mit einem Geschäftsmodell auf der Grundlage von Nachhaltigkeitskriterien oft auch finanziell erfolgreicher und stabiler gegenüber Risiken und Krisen sind.

Hast du dich schon einmal gefragt, wohin dein Geld fließt, wenn du es auf ein Sparkonto einzahlst oder in einem Investmentfonds anlegst? Mit ethischem Investieren hast du die Möglichkeit, gezielt Einfluss darauf zu nehmen, welche Unternehmen und Branchen mit deinem Geld unterstützt werden. Du kannst dein Geld so anlegen, dass es nicht nur für dich arbeitet, sondern auch einen positiven Beitrag für Umwelt und Gesellschaft leistet.

Was bedeutet Sustainable Finance?
In der globalen Finanzwelt hat sich der Begriff *Sustainable Finance* für Nachhaltigkeit in der Finanzwirtschaft durchgesetzt. Mittlerweile gibt es offizielle Regeln für ein auf Nachhaltigkeit ausgerichtetes Finanzsystem, das nicht zuletzt uns privaten Anlegern etwas mehr Sicherheit geben soll.

Was bedeutet Impact Investing?
Diesen Begriff hast du vielleicht schon mal beim Durchlesen der Beschreibung von Finanzprodukten, beispielsweise bei einem ETF-Fond[8] entdeckt. Impact Investing bedeutet ein wirkungsorientiertes Investieren mit dem Ziel, sowohl gute finanzielle Erträge zu erzielen als auch eine soziale und ökologische Wirkung im Sinne der Nachhaltigkeit zu erreichen.

Vorsicht vor Greenwashing!
Viele Banken haben den Wunsch nach mehr Nachhaltigkeit natürlich längst erkannt und bieten entsprechende Produkte an. Allerdings müssen private Investoren dabei gut hinsehen. Nicht überall, wo Nachhaltigkeit draufsteht, ist tatsächlich auch Nachhaltigkeit drin. Viele globale Konzerne üben sich im Greenwashing. Sie legen sich ein dünnes Mäntelchen an

---

[8] ETF: Exchange Traded Fund, eine spezielle Form von meist passiv gehandelten Indexfonds.

nachhaltigen Selbstverpflichtungen um, doch oft steht dann nicht viel Nachhaltiges dahinter. Ich wollte kürzlich in einen ETF investieren, der als nachhaltiger Weltfonds angepriesen wurde. Bei meiner Analyse stellte sich jedoch sehr schnell heraus, dass der ETF auch in Unternehmen der Ölindustrie und der Kernenergie investiert. Sei daher auch hier kritisch und vorsichtig, informiere dich vor einem Kauf von Finanzprodukten eingehend und lass dich von jemandem beraten, der einigermaßen neutral ist (siehe auch Tipp *12 – Wissen vertiefen und Kompetenzen stärken*).

Es gibt jedoch auch Banken, die sich strenge Nachhaltigkeitskriterien auferlegt haben und diese auch leben. Solche Banken sollten unsere erste Wahl sein, wenn wir uns ein Girokonto anlegen oder eine neue Bank für unsere Geldanlagen suchen. Ob eine Bank nachhaltig wirtschaftet, kannst du relativ einfach über ihre Nachhaltigkeitsberichte herausfinden. Alle großen europäischen Banken sind seit 2024 verpflichtet, einen Nachhaltigkeitsbericht nach den CSRD-Richtlinien zu veröffentlichen. Die Berichtsinhalte sind weitgehend vorgeschrieben und die Berichte werden von unabhängiger Stelle überprüft. Das gilt auch weitgehend für Versicherungen. Auch wenn es mühsam ist, solltest du Nachhaltigkeitsberichte von Finanzunternehmen ab und zu lesen.

Tipp: Nachhaltige Finanzprodukte
Wenn du einen Teil deiner Ersparnisse im Finanzmarkt investieren willst, dann wähle dafür nachhaltige Unternehmen und Finanzprodukte aus. Wie wir nachhaltige Unternehmen erkennen können, haben wir bereits besprochen (siehe Tipp *60 – Nachhaltige Unternehmen*). Es gibt viele nachhaltige Unternehmen, die gute Gewinne erzielen, an denen du

dich beteiligen kannst. Informiere dich also über nachhaltige Investmentfonds oder nachhaltige ETFs, die in diese Unternehmen investieren.

Es gibt verschiedene Möglichkeiten, vorab herauszufinden, welche Unternehmen sich tatsächlich um Nachhaltigkeit bemühen. Zu Nachhaltigkeit gehört neben dem Umgang mit natürlichen Ressourcen auch der Umgang mit Arbeitnehmern und Produzenten. Suche daher nach Wertpapieren und Fonds, welche die Bezeichnung ESG führen und sich ausschließlich auf Unternehmen beziehen, die umweltfreundliche Technologien (*Environmental*) vorantreiben *und* sich für Menschenrechte und menschenwürdige Bezahlung (*Social*) *und* für Transparenz und nachhaltiges Management (*Governance*) einsetzen.

Tipp: Dein nachhaltiges Allwetter-Portfolio
Das Ersparte in ein breitgestreutes *Allwetter-Portfolio* zu investieren, ist eines der nachhaltigsten Konzepte, die ich bezüglich Finanzen gefunden und für mich umgesetzt habe. Den Tipp mit dem Allwetter-Portfolio habe ich mir von Anthony Robbins[9] geholt und für meine Zwecke hinsichtlich Nachhaltigkeit angepasst und erweitert. Es ist ein Instrument zur Kontrolle und Vermehrung deines Vermögens in guten wie in schlechten Zeiten auf Basis deiner persönlichen Nachhaltigkeitswerte (siehe auch Tipp *1 – Meine Nachhaltigkeitswerte*).

---

[9] Anthony Robbins, Money: Die 7 einfachen Schritte zur finanziellen Freiheit.

> **Tipp**
>
> Auch eine Anlage in nachhaltige Finanzprodukte birgt wie jede andere Anlage Risiken. Der Wert des Investments kann schwanken und zu einem vollständigen Verlust deiner Anlage führen. Informiere dich also ausführlich, bevor du eine Anlageentscheidung triffst. Lege nur so viel von deinem Ersparten in Finanzprodukten der Börse an, dessen Totalverlust dich nicht ruinieren würde. Sei nicht ungeduldig und plane für diese Art der Geldanlage eine längere Anlagezeit (mehr als 5 Jahre) ein.

Doch zunächst erst mal zum Prinzip. Das Allwetter-Portfolio, ich kürze es ab jetzt mit AWP ab, setzt sich aus den für dich maßgeblichen Finanzpositionen zusammen, die in unterschiedlichen Kategorien eingeteilt werden.

Da gibt es zunächst die diversen Ausgaben des täglichen Lebens und die unterschiedlichen Einnahmequellen wie Arbeitslohn, Gehalt oder Honorar, aber auch Einnahmen aus Finanzprodukten. Bei den Einnahmen werden die passiven Einnahmen besonders betrachtet, denn sie sind es, die (mehr oder weniger) unabhängig von uns hereinkommen. Egal, ob wir wach sind oder schlafen, ob wir reisen, (in der Region) einkaufen oder im (nachhaltigen) Urlaub sind, die passiven Einnahmen purzeln dennoch in unsere Kasse. Bei mir gehören die Verkaufserlöse meiner Bücher (zu denen du ja dankenswerterweise beigetragen hast) auch dazu. Unter passiven Einnahmen verstehe ich aber vor allem Einnahmen aus Finanzprodukten wie Sparkonten, Aktien, Fonds, Anleihen und sonstigen Wertpapieren und Beteiligungen.

Die verschiedenen Finanzprodukte sind in einem guten AWP breit gestreut und in unterschiedlichen Risikoklassen[10]

---

[10] Risikoklassen sind die Einteilung von Finanzprodukten in verschiedene Kategorien, die das Risiko eines Produkts widerspiegeln. Sie reichen von geringem Risiko bis zum möglichen Totalverlust.

angesiedelt. Welche Branchen und welche Risikoklassen dabei gewählt werden, ist natürlich deine persönliche Entscheidung. Ich bin bisher im mittleren Risikobereich ganz gut gefahren.

Im AWP werden meine ganz persönliche Finanzplanung, meine aktuelle Finanzsituation und meine Finanzziele abgebildet. Es zeigt mir, wie nah oder wie fern ich meinen Finanzzielen bin und wo ich gegebenenfalls nachsteuern muss. Doch wie geht man an die Zusammenstellung des AWP nun praktisch heran?

Tipp: Erstellung eines nachhaltigen Allwetter-Portfolios
Als Erstes musst du dazu eine Bestandsaufnahme deiner jährlichen Ausgaben erstellen. Dies ist auch der aufwendigste und langweiligste Teil der Aufgabe. Dennoch solltest du die Bestandsaufnahme mit der notwendigen Aufmerksamkeit und Konzentration durchführen (siehe auch Tipp 5 – *Achtsamkeit im Alltag*), damit sie auch die gewünschte Aussagekraft für dich hat.

Ich habe mir dazu die Kontoauszüge des vorherigen Jahres vorgenommen und bin die einzelnen Positionen vom 01.01. bis zum 31.12. komplett durchgegangen. Die einzelnen Positionen habe ich dann verschiedenen Gruppen zugeordnet und dafür folgende Spalten angelegt:

- Haushalt, Ernährung,
- Nebenkosten (Strom, Wasser, Abwasser, Bank),
- Mobilität,
- Telefon, Internet, Rundfunk,
- Versicherungen, Steuern,
- Netzwerke, Vereine, Büro,
- Arzt, Gesundheit, Tierarzt,
- Unterstützungsleistungen,
- Spenden,
- Urlaub, Freizeit, Garten, Hobby.

Nachdem du alle Positionen eingetragen hast, kannst du für die verschiedenen Ausgabegruppen die Summen bilden und hast nun eine gute Übersicht, wohin dein Geld im Jahresdurchschnitt hin geht.

> **Tipp**
> Wenn du mit einem Tabellenprogramm arbeitest, ist die Erstellung deines Plans für ein nachhaltiges Allwetter-Portfolio am einfachsten. Du sparst Papier, und du kannst ohne großen Aufwand dein AWP immer wieder ändern oder ergänzen (siehe auch Tipp *43 – Digitalisierung und Nachhaltigkeit*). Ein weiterer Vorteil ist, dass du dein AWP auch sich veränderten Lebensverhältnissen und deinen sich über die Zeit ändernden Zielen anpassen kannst. Auch dein Onlinebankingsystem kann dich bei der Erstellung des AWP unterstützen.

Deine Einnahmen ordnest du in gleicher Weise in einer weiteren Tabelle geeigneten Gruppen zu, passend zu deinen spezifischen Einnahmequellen.

Nun hast du mit den Ausgaben und Einnahmen eines Jahres deine Finanzbilanz. Diese Bilanz wird jetzt von dir bewertet:

- War es ein Jahr ohne große finanzielle Änderungen in deinem Alltag?
  - Ja. Weiter so ohne Änderungen.
  - Nein. Was war besonders? Welcher Effekt tritt möglicherweise auch im nächsten Jahr ein? Was war einmalig und muss vielleicht beendet werden?
- War es ein gutes Jahr mit hohen Einnahmen?
  - Ja. Wofür kannst du die zusätzlichen Einnahmen verwenden? Du könntest dich auch mal belohnen. Was steht auf deinem Wunschzettel?

Wirtschaft mit Verantwortung 275

- Nein. Muss ich im nächsten Jahr etwas ändern, oder genügt mir das, was ich erreicht habe?
- Wo kann im nächsten Jahr gespart werden?
  - Gehe nochmal alle Ausgaben in deinem AWP durch. Gibt es da Dinge, die du eigentlich nicht zwingend brauchst? (siehe auch Tipp *18 – Weniger ist mehr*)
- Wie viel könnte ich gewinnbringend auf die hohe Kante legen?
  - Welche nachhaltige Anlagenformen gibt es für mich und meine Risikoklasse?
  - Für welchen Zweck und für wie lange plane ich die Anlage?

Weitere Tipps für ethisches Investieren:

- **Eine nachhaltige Bank wählen:** Wähle eine Bank, die nachhaltige Praktiken unterstützt, wie beispielsweise Investitionen in erneuerbare Energien und soziale Projekte. Fordere von deiner Bank Transparenz in Bezug auf ihre Nachhaltigkeitspraktiken und CSR-Bewertungen. Lies dir dazu auch die entsprechenden Nachhaltigkeitsberichte durch (siehe auch Tipp *11 – Fakten checken und bewerten*).
- **Nachhaltige Investitionen:** Investiere in nachhaltige Unternehmen (siehe Tipp *60 – Nachhaltige Unternehmen*), erneuerbare Energien oder sozial verantwortliche Fonds.
- **Ethische Anlagen:** Informiere dich über ethische Investmentfonds[11], die in Unternehmen investieren, die soziale Verantwortung übernehmen und nachhaltige Praktiken fördern.

---

[11] Gemeint sind Fonds, die es Privatanlegern wie dir und mir ermöglichen, mit kleinen monatlichen Beträgen an der Entwicklung einer nachhaltigen Wirtschaft teilzuhaben.

- **Crowdsourcing & Crowdfunding:** Die Finanzierung eines nachhaltigen Unternehmens, Produkts, einer nachhaltigen Geschäftsidee oder anderer nachhaltiger Vorhaben und Projekte durch zahlreiche Mikrokredite, die meist über eine Crowdfunding-Plattform eingesammelt werden. Als Mikroinvestor erhältst du Zinsen auf deinen Kredit, riskierst aber auch einen Totalverlust deiner Anlage.
- **Nachhaltige (Lebens-)Versicherungen:** Erkundige dich nach Versicherungsanbietern, die Umweltschutz- und soziale Verantwortungsaspekte in ihre Policen integrieren.
- **Bewusstsein über finanzielle Auswirkungen:** Informiere dich über die finanziellen Auswirkungen deiner Investitionen und Finanzgeschäfte auf die Umwelt und die Gesellschaft (siehe auch Tipp *4 – Bewusstsein schärfen*).
- **Bestimme mit deinem Geld den Weg in Richtung Nachhaltigkeit:** Unterstütze Finanzinstitute und Investmentoptionen, die deinen Werten und Nachhaltigkeitszielen entsprechen.

Wer wie du und ich viel Wert auf Nachhaltigkeit legt, möchte sein Erspartes deshalb vor allem dort anlegen, wo es einer nachhaltigeren Welt zugutekommt. Unternehmen in aller Welt leben von finanziellen Investments an den Börsen. Wir als Konsumenten haben also mit der Wahl unserer Geldanlage einen gewissen Einfluss darauf, welche Unternehmen gefördert werden.

64 – Job mit Zukunft

Es gibt viele Unternehmen, die sich für Nachhaltigkeit einsetzen und entsprechende Strukturen in ihre Organisation einbauen. Wenn du in einem solchen Unternehmen arbeitest, kannst du ganz direkt dazu beitragen, dass Nachhaltigkeit in der Wirtschaft vorankommt. Wie du ein nachhaltiges Unternehmen erkennst, findest du im Tipp *60 – Nachhaltige Unternehmen*.

Nicht nur Berufseinsteiger haben heute die Wahl, zu welchem Arbeitsgeber sie gehen. Der allgemeine Fachkräftemangel in der gesamten Europäischen Union bewirkt dies. Nun müssen sich die Arbeitgeber bemühen, geeigneten Nachwuchs und die benötigten Fachkräfte zu bekommen. Die Arbeitnehmer bringt dies naturgemäß in eine starke Position. Gerade viele junge Menschen machen inzwischen ihre Entscheidung für oder gegen einen möglichen Arbeitgeber auch daran fest, ob das Unternehmen nachhaltig handelt. Diese Macht sollten wir nicht leichtfertig aus der Hand geben, sondern im Bewerbungsprozess das Thema Nachhaltigkeit bewusst ansprechen.

Einige Tipps hierzu:

- Suche nach Unternehmen in deiner Branche, die besonders nachhaltig handeln. Lies ihre Nachhaltigkeitsberichte, schau dir die Websites der Unternehmen an und informiere dich in den sozialen Medien über die für dich interessanten Unternehmen.
- Mach in deinem Bewerbungsschreiben klar, dass dir Nachhaltigkeit am Herzen liegt und es für dich wichtig ist, für ein Unternehmen zu arbeiten, das sich den CSR-Richtlinien verpflichtet fühlt.
- Nimm im Bewerbungsgespräch darauf Bezug und scheue dich nicht, gezielt nach der Nachhaltigkeitsstrategie und den darauf aufbauenden Maßnahmen des Unternehmens zu fragen.

- Erkläre, warum du dich für das Unternehmen interessierst und welchen Beitrag du zu einer nachhaltigen Entwicklung leisten möchtest (siehe auch Tipp 8 – *Eigene Nachhaltigkeitskonzepte entwickeln*).
- Steigere deine Attraktivität für CSR-bewusste Unternehmen, indem du dich im Bereich Nachhaltigkeit weiterbildest (siehe Tipp *12 – Wissen vertiefen und Kompetenzen stärken*).
- Zeige im Unternehmen weiter Interesse für das Thema Nachhaltigkeit und arbeite in Initiativen und Projektgruppen mit, die dich interessieren. Bringe deine Ideen ein und gestalte die Zukunft des Unternehmens aktiv mit. So treibst du den Nachhaltigkeitsprozess voran und machst gleichzeitig im positiven Sinn auf dich aufmerksam.
- Denk auch mal darüber nach, als Freiberufler oder Selbstständiger zu arbeiten (siehe *66 – Tipps für Gründer*), um so deinen Visionen und Zielen bezüglich Nachhaltigkeit vielleicht noch direkter folgen zu können.

Welchen Job willst du haben?
Mit deinem Einsatz kannst du nicht nur etwas für die Nachhaltigkeit im Unternehmen tun, sondern auch deine Aufstiegsmöglichkeiten verbessern. Nachhaltige Unternehmen sind immer auf der Suche nach talentierten und tatkräftigen Menschen, die ihre Leidenschaft für Nachhaltigkeit mit einbringen. Dieser Trend wird in den nächsten Jahren noch stärker werden, da immer mehr Unternehmen durch gesetzliche Regelungen gezwungen werden, sich dem Thema zu widmen. Du hast also zunehmend gute Chancen, einen nachhaltigen Arbeitgeber zu finden. Ein Job in einem nachhaltigen Unternehmen bietet dir die Möglichkeit, deine berufliche Zukunft

mit deinen persönlichen Werten zu verbinden (siehe Tipp *1 – Meine Nachhaltigkeitswerte*).

Stell dir doch mal vor, du gehst (fast) jeden Tag mit Freude zur Arbeit und wartest nicht sehnsüchtig darauf, dass es Freitag wird. Stell dir vor, dass du dir bewusst bist, dass deine Tätigkeit einen positiven Beitrag für die Umwelt und die Gesellschaft leistet und zum wirtschaftlichen Erfolg deines Unternehmens beiträgt. Das würde dich doch sicher motivieren? (siehe auch Tipp *75 – Motivation und innere Einstellung für Nachhaltigkeit*)

65 – Nachhaltigkeit im Betrieb fördern

Wie wir bereits festgestellt haben, tragen Unternehmen eine große Verantwortung für eine nachhaltige Entwicklung. Viele Unternehmen arbeiten aber immer noch nach klassischen, rein betriebswirtschaftlichen Methoden. Die Wahrscheinlichkeit, dass du in einem noch nicht nachhaltigen Unternehmen arbeitest, ist also immer noch recht hoch. Wenn dem so ist, dann versuche doch in deinem jetzigen Unternehmen die Transformation in Richtung Nachhaltigkeit anzuregen und zu unterstützen.

Es gibt gewiss Unternehmen, in denen es leichter ist, Nachhaltigkeit durch Eigeninitiative zu unterstützen, und es gibt Unternehmen, wo das Thema nicht infrage kommt. Bei einem kleinen Unternehmen, das vielleicht gerade so über die Runden kommt, wird die Geschäftsführung wahrscheinlich zunächst völlig abblocken, wenn du mit dem Thema Nachhaltigkeit kommst. Hier ist Ausdauer und Hartnäckigkeit gefragt und die Erläuterung der zahlreichen Vorteile, die ein nachhaltiges Unternehmen nun mal hat.

Tipps für Nachhaltigkeit in KMU[12]:

- Beginne besonders bei KMU immer mit der wirtschaftlichen Dimension der Nachhaltigkeit. Mach deiner Chefin, deinem Chef klar, dass Nachhaltigkeit Kosten reduzieren und Gewinne erhöhen kann, wenn sie richtig angewendet wird. Aus vielen Beratungsgesprächen kann ich dir versichern, man wird dir zuhören! Suche vor dem Gespräch im Internet nach belegbaren Beispielen für deine Branche und sei bereit, entsprechende Daten und Ergebnisse vorzutragen (siehe auch Tipp 11 – *Fakten checken und bewerten*).
- Pflücke zuerst die Früchte deiner Arbeit, die leicht zu ernten sind, beispielsweise durch Ressourceneffizienz und Energieeffizienz. Wo können Ressourcen und Energie eingespart werden, ohne dass es Qualitätsverluste gibt? Du findest ganz sicher etliche Dinge (genauso wie in deiner Wohnung), die mit wenig oder gar keinem Geld sofort umgesetzt werden können (siehe Tipp 41 – *Energietipps für den Alltag*). Mach deiner Unternehmensleitung klar, dass damit nicht nur Geld gespart, sondern auch der Umwelt und dem Klima zudem Gutes getan wird. Das ist echte Nachhaltigkeit, die sich auch gut verkaufen lässt!
- Sieh dir die Prozesse im Unternehmen an. Werden viele Dinge nur deshalb so getan, wie sie getan werden, weil das immer schon so war? Hier steckt erfahrungsgemäß enormes Potenzial dahinter und das nicht nur im finanziellen Bereich. Der ökologische Bereich profitiert in der Regel auch von Prozessoptimierungen, denn schlussendlich verbraucht jeder Prozess Energie, egal in welcher Form (siehe auch Kapitel *Energie und Technik gestalten*).

---

[12] KMU = kleine (< 50 Mitarbeiter) und mittelgroße (< 250 Mitarbeiter) Unternehmen.

Auch die Belegschaft hat oft Vorteile durch verschlankte Prozesse, die den Arbeitsalltag leichter und einfacher gestalten.

Tipps für Nachhaltigkeit in großen Unternehmen und Konzernen:

- Auch in großen Unternehmen solltest du mit der wirtschaftlichen Dimension der Nachhaltigkeit beginnen. Was für kleine Unternehmen gilt, ist auch für große Unternehmen die richtige Strategie. Kannst du dir jemanden aus der Finanzabteilung vorstellen, der dir nicht zuhört, wenn du von Kostenreduzierungen und Gewinnsteigerungen sprichst?
- Das Thema Energie brauchst du wahrscheinlich nicht ansprechen, da dies in großen Unternehmen heutzutage meist schon angegangen wurde. Nicht in erster Linie aus Gründen der Nachhaltigkeit, sondern rein kostengetrieben. Oder ist das doch noch nicht der Fall? Dann nichts wie los in Richtung Energieeffizienz. Dinge, die du im kleinen Maßstab in deinem Haushalt umgesetzt hast, funktionieren auch im großen Maßstab.
- Schau dir die Lieferkette(n) des Unternehmens an. Wie viele Lieferanten gibt es? Werden die Lieferanten zur Einhaltung von international gültigen Nachhaltigkeitsmerkmalen verpflichtet? Lies dir vorher die Ziele der Internationalen Arbeitsorganisation ILO durch (siehe auch Tipp *12 – Wissen vertiefen und Kompetenzen stärken*), damit du hier überzeugend argumentieren kannst. Versuche (zusammen mit gleichgesinnten Kollegen) den Einkauf dazu zu bewegen, Nachhaltigkeitskriterien in das Standardleistungsverzeichnis für Beschaffungsvorgänge aufzunehmen und betone dabei immer die Möglichkeit, dadurch nachhaltig Kosten zu reduzieren.

- In großen Unternehmen und Konzernen gibt es oft eine Stabsstelle, Gruppe oder gar Abteilung, die für das Thema Nachhaltigkeit zuständig ist. Biete dort deine Mitarbeit an. Ich habe noch kein Nachhaltigkeitsteam erlebt, das interessierte und freiwillige Mitstreiter abweist. Im Gegenteil, man wird dich mit offenen Armen empfangen. Du musst dazu auch nicht deine Abteilung und dein jetziges Arbeitsfeld verlassen. Große Unternehmen werden dir Zeitfenster geben, in denen du neben deinen eigentlichen Aufgaben das Nachhaltigkeitsteam unterstützen kannst. Aber vielleicht würde dir ein Wechsel in die Nachhaltigkeitsabteilung auch Spaß machen? Das wäre dann ja ein möglicher neuer Karriereschritt für dich.
- Unterstütze eine nachhaltige Unternehmensführung, auch wenn das für dich in deiner Position erst mal nicht vorstellbar ist. Das innerbetriebliche Vorschlagswesen, Betriebsversammlungen und Mitarbeiterbefragungen bieten hier die Möglichkeit, dich aktiv einzubringen, auch wenn du nicht in der Führungsebene bist. Geschäftsführer und Vorstände lassen sich immer über die Ideen und Vorschläge der Belegschaft informieren.

Ob klein oder groß, es macht für jedes Unternehmen Sinn, sich die Möglichkeiten vor Augen zu führen, die im Zusammenhang mit Nachhaltigkeit immer möglich sind. Überlege dir mal, welche der folgenden Tipps für deinen Betrieb möglich wären.

Generelle und allgemeingültige Tipps
Ökologische Dimension:

- **Ressourcen sparen:** Papier, Wasser und Energie bewusst verwenden, auf Mehrwegprodukte setzen, Recycling und Mülltrennung fördern.

Wirtschaft mit Verantwortung 283

- **Nachhaltige Mobilität:** Dienstreisen mit dem Zug statt dem Auto oder Nutzung von Carsharingangeboten.
- **Klimaschutz:** CO_2-Emissionen des Unternehmens verringern, z. B. durch den Umstieg auf Ökostrom und energieeffiziente Geräte.
- **Biodiversität:** Flächen des Unternehmens innerhalb und außerhalb des Firmengeländes der Artenvielfalt widmen:
  - Vielfalt schaffen mit verschiedenen insektenfreundlichen Pflanzen und Blütezeiten.
  - Kleine Teiche, Steinansammlungen, Totholzhaufen und Nisthilfen anlegen.
  - Versiegelte Flächen aufbrechen, um den Boden durchlässiger zu machen.

Soziale Dimension:

- **Faire Arbeitsbedingungen:** Setze dich für faire Löhne, gute Arbeitsbedingungen und die Einhaltung von Menschenrechten in der Lieferkette ein. Dies gilt insbesondere für global tätige Unternehmen.
- **Vielfalt und Chancengleichheit** (Diversity, Inklusion) im Unternehmen fördern.
- **Gesundheit und Wohlbefinden:** Gesunde und praktische Arbeitsplätze schaffen, Angebote zur Gesundheitsförderung und zur Vereinbarung von Beruf und Familie (Work-Life-Balance) unterstützen.

Ökonomische Dimension:

- **Nachhaltiges Wirtschaften:** Langfristige Planung und Investition, nachhaltige Produkte und Dienstleistungen entwickeln.
- **Ressourceneffizienz:** Prozesse optimieren, um Ressourcen effizienter zu nutzen und Kosten zu senken.

- **Transparenz:** Über Nachhaltigkeitsleistungen des Unternehmens nachvollziehbar berichten. Dies führt zu Vertrauen in das Unternehmen, stärkt die Bindung vorhandener Kunden und führt auch zu neuer Kundschaft.

Wenn du trotz allem keine echte Chance siehst, Nachhaltigkeit in deinem Unternehmen voranzubringen, dann hast du natürlich auch immer die Möglichkeit zu einem Unternehmen zu wechseln, das sich bereits in Richtung Nachhaltigkeit auf den Weg gemacht hat. Es macht keinen Sinn gegen Bedenkenträger anzurennen, die sich jedem guten Ratschlag entziehen. Das kostet dich nur Kraft und Nerven, die du anderswo brauchst. Vielleicht hat man dich ja in deinem jetzigen Betrieb bereits schon so sehr genervt, dass du jetzt alles in die eigene Hand nehmen möchtest?

66 – Tipps für Gründer

Hast du dir schon einmal überlegt, ein eigenes nachhaltiges Unternehmen zu gründen und mit dieser Art von Social Entrepreneurship[13] einen wichtigen Beitrag für eine nachhaltige Gesellschaft zu leisten?

Ich habe schon seit meinem Studium davon geträumt, ein eigenes Unternehmen zu gründen. Doch das schnelle Geld lockte mich und das BAföG-Darlehen musste auch zurückgezahlt werden. So vergingen viele Jahre als Angestellter, bis ich an einer Wegkreuzung meiner beruflichen Laufbahn stand und sich wieder ein Fenster zur Selbstständigkeit für mich öffnete. Ich musste nicht lange überlegen und habe diese Möglichkeit genutzt.

---

[13] Social Entrepreneurship bezeichnet eine unternehmerische Tätigkeit, die sich für einen positiven Wandel der Gesellschaft, für das Gemeinwohl sowie für Nachhaltigkeit einsetzt.

Wirtschaft mit Verantwortung 285

Inzwischen bin ich seit mehr als einem Jahrzehnt als Freiberufler mit meinem eigenen Beratungsbüro selbstständig (www.nachhaltigkeit-management.de). Daneben und dazu habe ich einen kleinen Luftfahrtverband für Nachhaltigkeit als Verein gegründet (International Association for Sustainable Aviation, IASA e. V.), sowie eine Genossenschaft, die EnergieAgentur Oberbayern eG mit den Schwerpunkten Erneuerbare Energien und Energieberatung.

Ja, es gab auch schwierige Zeiten zu überwinden, doch das gehört zur Selbstständigkeit wie das Amen in der Kirche. Ich habe meinen Entschluss jedoch nie bereut und freue mich gerade in diesem Augenblick, dass ich selbstbestimmt bin und entschieden habe, dieses Buch zu schreiben und zu veröffentlichen. Inzwischen kann ich es mir auch leisten, ausschließlich für das Thema zu arbeiten, für das ich mich am meisten begeistere: für Nachhaltigkeit.

Hast du auch die Vision eines eigenen Unternehmens und ein unternehmerisches Ziel, für das du brennst und für das du bereit bist, Zeit und Energie zu investieren?

Gründe ein nachhaltiges Unternehmen

Wenn du selbstständig bist oder es werden willst, kannst du es so gestalten und ausrichten, dass dein Unternehmen einen positiven Beitrag zur Gesellschaft und Umwelt leistet und zugleich wirtschaftlich stabil arbeitet. Ein eigenes nachhaltiges Unternehmen bietet dir die Möglichkeit, auch beruflich entlang deiner Werte und Visionen zu handeln und deine wichtigsten Ziele in die Tat umzusetzen (siehe Tipp *1 – Meine Nachhaltigkeitswerte*).

Indem du von Anfang an nachhaltige Produkte oder eine nachhaltige Dienstleistung anbietest (so wie ich als Nachhaltigkeits- und Energieberater) und sozial verantwortliche Unternehmenspraktiken umsetzt, kannst du dich beruflich verwirklichen und Vorbild für Unternehmen sein, die diesen Schritt noch vor sich haben. Denke daran, immer mehr Konsumenten legen Wert auf nachhaltige Produkte und Dienstleistungen. Ein nachhaltiges Geschäftsmodell kann dir einen Wettbewerbsvorteil verschaffen und deine eigene Marke stärken.

Von der Vision zur Gründung
Die Gründung eines nachhaltigen Unternehmens erfordert von dir eine klare Vision, einen detaillierten Businessplan[14] und ein gutes Konzept (siehe auch Tipp 8 – *Eigene Nachhaltigkeitskonzepte entwickeln*). Doch der Aufwand lohnt sich. Ein nachhaltiges Unternehmen wird nicht nur finanziell erfolgreich und widerstandsfähig sein, sondern auch zu einer besseren Welt beitragen.

Du hast bereits eine großartige Idee für ein Produkt oder eine Dienstleistung, die die Welt ein wenig nachhaltiger macht? Dann ist die Gründung eines eigenen Unternehmens genau das Richtige für dich. Mit deiner Leidenschaft und mit etwas Glück (ohne dem geht es nicht), meinen Tipps und guten Ratschlägen Gleichgesinnter, die bereits erfolgreich gegründet haben (siehe Tipp 72 – *Vernetzen und verändern*), kannst du deine Vision Wirklichkeit werden lassen.

Tipps für eine erfolgreiche Gründung:
- Viele Kommunen bieten eine kostenlose Gründungsberatung an. Dabei geben aktive und ehemalige Unternehmer ihr erprobtes Praxiswissen an dich weiter. Sie helfen dir ins-

---

[14] Ein Businessplan ist eine umfangreiche und strukturierte Darstellung einer Geschäftsidee, wobei der Marktanalyse und der Finanzplanung besonderes Gewicht zukommt.

Wirtschaft mit Verantwortung 287

besondere auch bei der Erstellung eines gut durchdachten und realistischen Businessplans.
- Auch im Internet findest du zum Teil kostenlose Beratungsangebote und Ratschläge. Je nach Bundesland wird eine Unternehmensgründung auch finanziell gefördert (beispielsweise mit einem Gründungszuschuss). Erkundige dich!
- Denke an die verschiedenen Finanzierungsmöglichkeiten für ein Unternehmen. Gerade für die Gründung nachhaltiger Unternehmen gibt es interessante Möglichkeiten wie beispielsweise Crowdfunding oder Impact Investing (siehe Tipp 63 – *Ethisches Investieren*). Dabei geben viele kleine Investoren (Menschen wie du und ich) finanzielle Unterstützung. Beispiele sind:
  - EcoCrowd: Eine deutsche Plattform, die sich ausschließlich auf nachhaltige Projekte konzentriert.
  - Startnext: Eine der größten Crowdfunding-Plattformen in Deutschland, durch die auch viele nachhaltige Projekte gefördert werden.
  - Indiegogo: eine internationale Plattform mit einem Schwerpunkt auf innovative Produkte und Projekte.
- Du solltest dich einem Netzwerk für Gründer und Selbstständige anschließen und dich dort mit Gleichgesinnten austauschen. Du erhältst in einem solchen Netzwerk wertvolle Ratschläge durch Mentoren, die du später einmal auch zurückgeben solltest (siehe Tipp 17 – *Multiplikator für Nachhaltigkeit*).
- Entwerfe einen Finanzplan, überprüfe dein Allwetter-Portfolio (siehe Tipp 63 – *Ethisches Investieren*) und stell sicher, dass du im schlimmstmöglichen Fall ein halbes Jahr ohne Einnahmen durchstehen kannst. Geht das nicht, dann

warte und spare so lange, bis du die nötigen Finanzmittel zusammen hast.
- Ob du allein ein Unternehmen gründest oder mit Partnern, liegt bei dir und hängt auch von deiner Geschäftsidee und dem geplanten Geschäftsmodell ab. Verlass dich aber nie völlig auf andere Menschen und <u>vergiss nie, selbstständig zu sein bedeutet selbst und ständig</u>! Du musst willens und in der Lage sein, für dich selbst zu sorgen.

Stell dir jetzt einmal kurz vor, du könntest mit deiner Geschäftsidee nicht nur wirtschaftlich erfolgreich sein, sondern auch einen positiven Beitrag für die Umwelt und die Gesellschaft leisten! Das ist mit einem nachhaltigen Unternehmen gut möglich. Bedenke, dass sich immer mehr Menschen Produkte und Dienstleistungen wünschen, die ethisch produziert werden, die Umwelt schonen, sprich nachhaltig sind. Ist das nicht ein absolut motivierender Gedanke? Also, wie wäre es?

67 – Regionale Wertschöpfung

Egal, was du beruflich machst, du lebst innerhalb eines Regionalmarkts, auch wenn dieser vielleicht nicht immer sofort ersichtlich ist. Da sind Handwerksbetriebe, landwirtschaftliche Betriebe, Gasstätten und Hotels, produzierende Unternehmen, Dienstleister aller Art usw. in nächster Umgebung zu deinem Wohnort. Regionalmarketing ist ein wirksames Mittel zum Aufbau regionaler Wertschöpfungsketten und daran kannst du dich in vielerlei Form beteiligen.

Eine nachhaltige Wirtschaft und Regionalkonzepte haben viel miteinander zu tun. Wir haben einige Gesichtspunkte davon schon in anderen Kapiteln besprochen. Sehen wir uns das Thema regionale Wertschöpfung noch einmal an, dies-

Wirtschaft mit Verantwortung 289

mal aus dem Blickwinkel einer nachhaltigen Wirtschaft. Ein erfolgreiches Regionalkonzept zeichnet sich durch eine klare Struktur und eine enge Zusammenarbeit der verschiedenen Beteiligten aus. Es legt festumrissene Ziele, wie beispielsweise die Stärkung der regionalen Landwirtschaft, die Förderung des Tourismus oder die Schaffung neuer Arbeitsplätze fest. Um diese Ziele zu erreichen, werden verschiedene Maßnahmen umgesetzt, wie der Aufbau von regionalen Märkten, die Förderung von Direktvermarktung oder die Entwicklung neuer Produkte.

Die Digitalisierung bietet neue Möglichkeiten, regionale Wertschöpfungsketten zu stärken (siehe auch Tipp 43 – *Digitalisierung und Nachhaltigkeit*). Onlinemarktplätze für regionale Produkte, digitale Werkzeuge für die Zusammenarbeit und Datenplattformen zur Vernetzung der Beteiligten können dazu beitragen, regionale Wirtschaftskreisläufe effizienter zu gestalten.

Regionalkonzepte sind ein wichtiger Baustein im gesellschaftlichen Transformationsprozess zur Nachhaltigkeit. Dies gilt nicht nur für den Bereich Konsum und Landwirtschaft, sondern auch im Handwerk und im Tourismus. Regionalkonzepte bündeln die Kräfte und Ideen verschiedener Beteiligter, um gemeinsame Ziele für eine nachhaltige Entwicklung der Region festzulegen und umzusetzen. Daran kannst du dich beteiligen, auch wenn du kein eigenes Unternehmen führst. Denn jeder Haushalt kann zur regionalen Wertschöpfung beitragen.

Tipps:

- Kaufe Regionale Produkte und Dienstleistungen (siehe Tipp *20 – Regional und saisonal einkaufen*) und bevorzuge regionale Lebensmittel und nachhaltige Dienstleistungen aus deiner Umgebung. So stärkst du die regionale Wirtschaft und reduzierst gleichzeitig deinen ökologischen Fußabdruck. Bei mir gibt es z. B. die Regionalmarke „Unser Land", deren Produkte (regionale Lebensmittel) ich bevorzugt kaufe. Ähnliches findest du bestimmt auch in deiner Region.

- Informiere dich über regionale Initiativen für Nachhaltigkeit, Regionalmarketing und Regionalentwicklung. Beteilige dich aktiv in diesen Initiativen und bringe deine Ideen und Fähigkeiten ein (siehe auch Tipp *57 – Mitmachen und gestalten*). Vielleicht gründest du mit Gleichgesinnten sogar ein eigenes Unternehmen in deiner Region?
- Du kannst Mitglied oder Teilhaber in regionalen Unternehmen werden. Von Bürgerenergiegenossenschaften über Dorfläden, Biobetrieben in Form von Produktionsgenossenschaften bis zu regionalen Vermarktungsgemeinschaften gibt bestimmt auch in deiner Region Angebote.
- Wenn du dich nicht aktiv einbringen kannst oder willst, bleibt immer noch eine finanzielle Unterstützung in Form von Spenden an Organisationen in deiner Region, die sich entsprechend einsetzen. Denk auch an die vielen Start-ups und Neugründungen nachhaltiger Unternehmen in deiner Region, die für jede Unterstützung dankbar sind.

Regionalkonzepte und nachhaltiges Handeln gehen Hand in Hand. Durch gemeinsamen Einsatz und den Konsum regionaler Produkte und Dienstleistungen können wir unsere Regionen stärken und gleichzeitig einen wichtigen Beitrag zu einer nachhaltigen Zukunft leisten.

Politik, Gesellschaft und du

Die Welt, in der wir leben, steht vor großen Herausforderungen. Der Klimawandel und seine Folgen, Ressourcenknappheit, soziale Ungleichheit und politische Unbeständigkeit sind nur einige der Probleme, die uns aktuell und in Zukunft beschäftigen werden. Der in die Zukunft gerichtete Grundgedanke von Nachhaltigkeit rückt dabei verstärkt in unser Bewusstsein. Es stellt sich immer wieder und immer drängender die Frage, wie wir unsere Bedürfnisse befriedigen können, ohne die Lebensgrundlagen zukünftiger Generationen zu gefährden.

Abends, wenn ich mir die Nachrichten im Fernsehen ansehe, schimpfe ich oft über die Politik, die offensichtlich unfähig ist, mit den drängendsten Problemen unserer Zeit fertig zu werden. Gewiss, es gibt viele Unfähige in der Politik, dazu auch Autokraten und Diktatoren, mit denen jede sachliche Auseinandersetzung unmöglich ist. Ich stelle mir dann aber auch vor, ich wäre jetzt an verantwortlicher Stelle. Was würde ich tun? Was und wie würde ich entscheiden?

Das kann ich so einfach nicht beantworten, denn ich bin nicht an politisch verantwortlicher Stelle und damit auch nicht den Zwängen eines Mandats unterworfen. Eines jedoch ist mir absolut klar. Wir stehen als Gesellschaft an einem Wendepunkt. Entweder wir lassen die Dinge zu unserem eigenen Schaden so weiterlaufen wie bisher, oder wir handeln. Wir alle, und zwar jetzt. Die Zukunft unseres Planeten und unserer Gesellschaft liegt noch in unseren Händen. Wir können doch nicht länger tatenlos zusehen, wie unsere Lebensgrundlagen zerstört werden!

Für mich gibt es zwei wesentliche Aktionsfelder, an denen ich mitwirken kann. Eine nachhaltige Politik kann ich mit meinem Wahlverhalten befördern und ein nachhaltiger Lebensstil hängt allein von meinem Willen dazu ab.

Nachhaltigkeit in der Politik muss fest verankert werden
Würde Nachhaltigkeit in der Politik einen festen Platz haben, sähe die Welt zweifellos anders aus. Sie wäre friedlicher, klimafreundlicher, sozialer und insgesamt stabiler. Die Verankerung von Nachhaltigkeitsprinzipien in allen Bereichen der Politik – von der Wirtschaft bis zur Bildung – würde zu einer langfristigen und nachhaltigen Entwicklung unserer Gesellschaft führen.

Nachhaltiges Leben ist der Weg zu einer besseren Gesellschaft
Ein nachhaltiger Lebensstil bedeutet nicht Verzicht, sondern Gewinn. Er bedeutet mehr Lebensqualität, mehr Gesundheit und mehr Zufriedenheit. Und er ist die Grundlage für eine gerechte und friedliche Gesellschaft.

Es ist an der Zeit, dass die Politik endlich Verantwortung übernimmt und die Weichen für eine nachhaltige Zukunft stellt. Wir dürfen nicht länger zulassen, dass kurzfristige Interessen die langfristige Überlebensfähigkeit unseres Planeten gefährden. Hungersnöte, Krieg und Elend, Flüchtlingswellen, der vom Menschen verursachte Klimawandel und seine Folgen, Armut und Ungleichheit, all diese Probleme sind untrennbar mit der mangelnden Umsetzung von Nachhaltigkeitsprinzipien in der Politik verbunden.

Auch wenn du meinen Thesen zustimmst, bleibt die Frage, ob also Nachhaltigkeit Politik und Gesellschaft zum Besseren verändern kann?

Meine Antwort auf diese Frage ist eindeutig. Ja, Nachhaltigkeit kann und Nachhaltigkeit muss Politik und Gesellschaft zum Besseren verändern. Die Frage ist lediglich, wie wir diesen Wandel als Nichtpolitiker aktiv mitgestalten können. Es liegt in deiner und meiner Verantwortung, die notwendigen Schritte zu unternehmen, um eine nachhaltige Zukunft zu schaffen. Als Bürger eines demokratischen Staates (ich hoffe, du lebst auch in einem?) haben wir dazu wirksame Möglichkeiten, doch wir müssen tätig werden.

68 – Fairness und Gerechtigkeit

Ungerechtigkeit und soziale Ungleichheit sind tief in unserer Gesellschaft verwurzelt. Sie führen zu Konflikten, Armut und Umweltzerstörung. Eine nachhaltige Zukunft ist aber ohne soziale Gerechtigkeit nicht denkbar.

Auch das Thema Fairness und Gerechtigkeit im Zusammenhang mit Nachhaltigkeit ist so umfassend, dass es leicht überwältigend wirken kann. Doch jeder Einzelne von uns kann mit kleinen und alltäglichen Handlungen einen großen Unterschied machen. Viele Beispiele dazu haben wir in den bisherigen Kapiteln schon besprochen:

- Dein Konsumverhalten: siehe Kapitel Konsum und Ernährung,
- Dein persönliches Engagement: siehe Kapitel Nachhaltigkeit für mich,
- Bildung und Bewusstsein: siehe Kapitel Wissen teilen, Zukunft gestalten sowie Tipp 4 – *Bewusstsein schärfen*.

Fairness und Gerechtigkeit im Verständnis von Nachhaltigkeit bedeutet, dass alle Menschen – unabhängig von ihrer Herkunft, ihrem Geschlecht oder ihrem sozialen Status – die gleichen Chancen haben sollen. Es bedeutet, dass wir die Ressourcen unseres Planeten gerecht teilen und die Bedürfnisse zukünftiger Generationen dabei im Blick behalten. Dazu sollten wir:

- Soziale Ungleichheiten verringern: Dies bedeutet, dass alle Menschen Zugang zu den Ressourcen haben sollten, die sie zum Überleben und zur Entfaltung benötigen.

- Gerechtigkeit zwischen den Generationen gewährleisten: Zukünftige Generationen sollten nicht mit den Folgen unseres heutigen Handelns belastet werden, sondern die gleichen Möglichkeiten haben wie wir heute.
- Globale Gerechtigkeit fördern: Die Auswirkungen des Klimawandels und der Umweltzerstörung treffen die Länder des Globalen Südens besonders hart. Wir müssen uns für eine gerechte Verteilung der Ressourcen und für eine globale Zusammenarbeit einsetzen:
  - Informiere dich über politische Entscheidungen, die sich auf Entwicklungsländer auswirken und sprich Politiker in deiner Region darauf an.
  - Informiere dich über die Ursachen von globaler Ungerechtigkeit und teile dein Wissen dazu mit Gleichgesinnten (siehe Tipp *17 – Multiplikator für Nachhaltigkeit*).
- Uns für eine vielfältige Gesellschaft einsetzen:
  - Erweitere dein Netzwerk und baue Beziehungen zu Menschen aus verschiedenen kulturellen Hintergründen auf.
  - Nimm an Veranstaltungen teil, die Vielfalt feiern und fördern (siehe Tipp *13 – Nachhaltigkeitsevents besuchen*).

Tipps für den Alltag:

- Unterstütze Organisationen finanziell, die sich für soziale Gerechtigkeit und Nachhaltigkeit einsetzen. Zum Beispiel eine Tafel in deiner Region. Schau mal auf die Seite des Dachverbands *Tafel Deutschland*, da findest du bestimmt eine Tafel in deiner Nähe.
- Kaufe keine Produkte von Unternehmen, die gegen soziale oder ökologische Standards verstoßen. Hinweise, wie

du nachhaltige Unternehmen erkennst, findest du unter Tipp *60 – Nachhaltige Unternehmen.*
- Suche beim nächsten Einkauf bewusst nach Produkten mit dem Fairtrade-Siegel (siehe auch Tipps im Kapitel *Konsum und Ernährung* und Tipp *62 – Siegel für Nachhaltigkeit*). Entscheide dich, wann immer es für dich möglich ist, für fair gehandelte Produkte und unterstütze lokale Unternehmen (siehe Tipp *20 – Regional und saisonal einkaufen*).

69 – Kulturwandel für Nachhaltigkeit

Unsere Kultur formt uns, und wir formen sie. Eine nachhaltige Kultur ist ein Spiegelbild unserer Werte (schau noch mal zurück zu Tipp *1 – Meine Nachhaltigkeitswerte*) und gleichzeitig ein Motor für Veränderung. Eine nachhaltige Kultur[1] ist mehr als nur ökologisch korrektes Verhalten. Sie ermutigt uns dazu, unser Denken und Handeln zu hinterfragen und neue, nachhaltige Wege zu finden. Es ist das unsichtbare Gerüst, das unseren Alltag prägt. In unserem Alltag können wir eine Kultur gestalten, die sowohl ökologisch als auch sozial gerecht ist. Eine nachhaltige Kultur ist ein weiteres gemeinsames Schlüsselelement der Nachhaltigkeit, das uns verbindet und stärkt.

Eine nachhaltige Kultur hilft uns, unsere Welt mit neuen Augen zu sehen und zu verstehen:

- Sie trägt zur Bewahrung der Umwelt und der natürlichen Ressourcen bei.
- Sie fördert soziale Gerechtigkeit und Inklusion.

---

[1] Mit Kultur sind hier die gemeinsamen Werte, Normen, Bräuche, Traditionen, Verhaltensweisen, Gewohnheiten, Sprachen und Rituale gemeint, die wir im Alltag teilen und über Generationen weitergeben.

- Sie stärkt die Heimatverbundenheit und das Gemeinschaftsgefühl.
- Sie bietet uns Raum für Dinge wie Schöpfergeist und gesellschaftlichen Wandel.
- Sie ist ein wichtiger Bestandteil des gesellschaftlichen Wandels zu mehr Nachhaltigkeit.

Wie kannst du eine nachhaltige Kultur unterstützen und fördern?

Tipps:

- Besuche nachhaltige Kulturveranstaltungen in deiner Region. Es gibt viele Festivals, Konzerte, Theateraufführungen und andere Veranstaltungen, die sich mit Nachhaltigkeitsthemen befassen. Suche in Eventbrite oder Facebook nach Veranstaltungen in deiner Region (siehe auch Tipp *13 – Nachhaltigkeitsevents besuchen*).
- Unterstütze das Brauchtum, indem du Regionalmärkte und Feste in deiner Region besuchst (siehe Tipp *67 – Regionale Wertschöpfung*).
- Beteilige dich in einem nachhaltigen Kulturprojekt. Informiere dich dazu bei deiner Kommune. Vielleicht gibt es einen Kulturverein, indem du ehrenamtlich mitarbeiten kannst?
- Organisiere deine eigene Veranstaltung. Nutze deine Kreativität, um eigene Projekte zu entwickeln und andere Menschen vom Thema Nachhaltigkeit zu begeistern (siehe auch Tipp *8 – Eigene Nachhaltigkeitskonzepte entwickeln*).

70 – Kunst für eine nachhaltige Zukunft

Kunst berührt und inspiriert uns, indem sie uns die Bedeutung von Nachhaltigkeit durch Geschichten, Bilder und Symbole vermittelt. Sie kann unsere Sichtweise auf die Welt ändern, sodass wir nachhaltigere Lösungen für unseren Alltag finden. Kunst kann dazu beitragen, dass wir uns mit Freude an der Gestaltung einer nachhaltigen Zukunft beteiligen. Kunst kann auch ganz einfach dazu dienen, ein Beispiel für gelebte Nachhaltigkeit zu sein.

Tipps:

- Bist du selbst künstlerisch veranlagt? Wenn ja, dann versuche doch mal ein nachhaltiges Kunstobjekt? Vielleicht malst du ein Bild, schreibst ein Gedicht oder erstellst eine Illustration zu einem Merkmal der Nachhaltigkeit, das dir besonders wichtig ist und mit dem du deine Ideen verbreiten kannst. Oder du machst aus alten oder unnützen Gegenständen ein Kunstwerk (siehe auch Tipp *39 – Aus Alt mach Neu*) und stellst Fotos davon mit einer kleinen Geschichte der Nachhaltigkeit auf einer deiner Social-Media-Seiten zusammen (siehe Tipp *72 – Vernetzen und verändern*). So wird Kunst auch ein Kommunikationsmittel für Nachhaltigkeit, das viele Menschen erreichen kann.
- Wenn du jedoch wie ich eher nicht künstlerisch veranlagt bist, kannst du doch Ausstellungen, Galerien und Museen besuchen, die sich mit Nachhaltigkeit beschäftigen. Kunstveranstaltungen, wie beispielsweise die „Galerie für nachhaltige Kunst" in Berlin oder „Kunst trifft Nachhaltigkeit". Du triffst dort Gleichgesinnte, mit denen du dich austauschen und von dort Anregungen zu deinen Nachhaltigkeitsprojekten mitnehmen kannst.

- Unterstütze lokale Künstlerinnen und Künstler, die sich mit dem Thema Nachhaltigkeit auseinandersetzen, indem du ihre Werke kaufst oder an Veranstaltungen teilnimmst.

Kunst hat die Macht, unsere Gefühle anzusprechen und uns zum Nachdenken anzuregen. Sie kann uns zeigen, wie schön und wertvoll unsere Welt ist und uns motivieren, sie zu schützen. Indem wir uns mit Kunst beschäftigen, die sich mit Nachhaltigkeit auseinandersetzt, können wir unseren Blickwinkel erweitern und unseren Alltag dadurch bereichern.

71 – Politisches Engagement für Nachhaltigkeit

Um Nachhaltigkeit auf staatlicher Ebene in alle Bereiche der Gesellschaft zu tragen, geht es nicht ohne die Politik. Du kannst eine nachhaltige Politik unterstützen, indem du dich selbst politisch betätigst oder eine Partei wählst, die für Nachhaltigkeit eintritt. Gerade im Wahlkampf sind Politiker empfänglicher, insbesondere was Nachhaltigkeit angeht. Auch die direkte Ansprache von Politikern über die sozialen Netzwerke ist wirksam.

- Bedenke, dass die Politik eine Schlüsselrolle bei der Umsetzung nachhaltiger Entwicklung spielt. Sie kann Gesetze und Verordnungen verabschieden, die nachhaltiges Handeln fördern und nicht nachhaltiges Handeln unterbinden.
- Die Politik ist jedoch nur so gut wie die Menschen, die sie wählen. Wenn sich viele Bürger für Nachhaltigkeit einsetzen, wird die Politik gezwungen sein, diesem Thema mehr Aufmerksamkeit zu schenken und entsprechende Maßnahmen zu ergreifen.

Tipps:

- Nimm Verbindung mit Kommunalpolitikern auf, von denen du glaubst, dass sie für das Thema zugänglich sind. Die meisten Politiker sind in den sozialen Netzwerken unterwegs und ständig auf Wählerfang. Nutze das aus, um Politiker öffentlich auf die Notwendigkeit von Nachhaltigkeit in der Gesellschaft anzusprechen.
- Fordere deine Wahlkreispolitiker auf, sich für die Förderung nachhaltiger Mobilität einzusetzen. Sage sehr deutlich, dass du Nachhaltigkeit als wichtiges Thema betrachtest und deine Wahlentscheidungen auch davon abhängig machst, welche Politiker sich ernsthaft dafür einsetzen. Das Gleiche kannst du auch bei Politikern machen, die sich bereits für Nachhaltigkeit einsetzen. Hier kannst du bereits vorhandene Überzeugungen und Ansätze noch weiter bekräftigen und verstärken. Beispiele für Themen, die du ansprechen könntest:
    - Einrichtung eines Nachhaltigkeitsministeriums, um der Bedeutung des Themas gerecht zu werden.
    - Verabschiedung eines nationalen Nachhaltigkeitsgesetzes zur Ergänzung der oft schwerfälligen Richtlinien der Europäischen Union. Mit einem Belohnungsmodell für nachhaltige Unternehmen ergänzt, könnte es der Verbreitung von Nachhaltigkeitskriterien in unserer Gesellschaft neuen Schwung verleihen.
    - Die Aufnahme von Nachhaltigkeit in die Verfassung als Teil der Lebensgrundlagen wäre ein enormer Fortschritt. In Anlehnung an die Brundtland-Kommission könnte so die Verfassung ergänzt werden (im Deutschen Grundgesetz wäre der Artikel 20a geeignet). Mein Vorschlag: *„… Der Staat sieht Nachhaltigkeit als wesentliche Voraussetzung zur Erhaltung der Lebensgrundlagen an. Er unterstützt eine Entwicklung, die den Bedürfnissen der heutigen*

Generation entspricht, ohne die Möglichkeiten künftiger Generationen zu gefährden, ihre eigenen Bedürfnisse zu befriedigen und ihren Lebensstil zu wählen ..."

Wir könnten gemeinsam eine entsprechende Initiative starten, was denkst du? (Wenn du da mitmachen möchtest, kannst du dein Interesse auf meiner Feedbackseite https://www.nachhaltigkeit-management.de/77-Nachhaltigkeits-Tipps mit einem Häkchen bekunden.)

Politische Entscheidungen bestimmen maßgeblich unser Leben und unseren Alltag. Sie können die Rahmenbedingungen für eine nachhaltige Entwicklung schaffen oder auch nicht. Deshalb ist es so wichtig, dass wir uns aktiv in politische Prozesse einbringen und Nachhaltigkeit immer wieder zum Thema machen.

72 – Vernetzen und verändern

Wenn du dich mit Nachhaltigkeit beschäftigst und dir vorstellst, was alles zu tun wäre, damit Nachhaltigkeit in der Gesellschaft fest verankert wird, dann bist du zunächst komplett überwältigt. In den täglichen Nachrichten liest du hauptsächlich von Krieg, Flüchtlingen, Katastrophen, Klimawandel, Armut, Radikalismus und viele andere meist negative Informationen und kannst dir eigentlich nicht mehr vorstellen, dass deine Bemühungen für Nachhaltigkeit irgendetwas bewirken.

> **Tipp**
>
> Wenn dir die täglichen negativen Nachrichten zu viel werden, dann hole dir doch die tägliche Dosis Optimismus bei GoodNews (goodnews.eu) und starte mit einem besseren Gefühl in den Tag. Es gibt nicht nur Schlechtes in der Welt!

Und denke daran, du bist nicht allein! Millionen von gleichgesinnten Menschen bemühen sich wie du darum, eine nachhaltige Welt zu schaffen. Mit einigen von ihnen solltest du in Kontakt kommen, um dich auszutauschen und um gemeinsam handeln zu können, denn gemeinsam sind wir stark. Dazu bieten sich die sozialen Netzwerke an. Wahrscheinlich nutzt du bereits das eine oder andere soziale Netzwerk und könntest nun dort das Thema Nachhaltigkeit in Form von Beiträgen hinzufügen. Ein gezielter Einsatz dazu ist mit wenig Aufwand möglich, gerade für übergeordnete Themenbereiche, die sonst nicht so viel Aufmerksamkeit bekommen.

Beispiele für Nachhaltigkeitsthemen in sozialen Netzwerken, die du bedienen könntest:

- Nachhaltige Produkte und Dienstleistungen,
- Gerechtigkeit,
- Armutsbekämpfung,
- Menschenrechte,
- Soziale Teilhabe und Inklusion,
- Soziale Sicherheit,
- Interkultureller Dialog,
- Frieden,
- Demokratie,
- Arbeitsrechte,
- Geschlechtergerechtigkeit,
- Generationengerechtigkeit,
- Innovationen.

Mit ein wenig Übung kannst du zu deinen Themen entsprechende Seiten und Blogs erstellen oder dich an anderen Foren beteiligen. Die Wahl der Netzwerke, die du nutzt, hängt natürlich von deinen Neigungen und Vorlieben ab. Damit dich Gleichgesinnte leicht erkennen können, solltest du in jedem

Netzwerk, das du nutzt, ein gutes Profil von dir erstellen und den Aufbau von Kontakten sehr bewusst gestalten.

Tipps zu deinem Auftritt sozialen Netzwerken:
Bei Netzwerken, in denen du ein Profil von dir anlegen kannst, solltest du Nachhaltigkeit als deinen Schwerpunkt herausstellen:

- Optimiere dein Profil und füge wichtige Schlagwörter wie „Nachhaltigkeit", „Kreislaufwirtschaft", „CSR" und Ähnliches ein. Damit wirst du zu deinen Schwerpunkten leichter gefunden. Beschreibe deine Leidenschaft für Nachhaltigkeit und deine bisherigen Erfahrungen in diesem Bereich. Hebe Projekte hervor, bei denen du dich für Nachhaltigkeit eingesetzt hast. Schildere auch die Dinge, die nicht funktioniert haben. Damit hilfst du anderen Menschen, die gleichen Misserfolge zu vermeiden und kannst Hinweise darauf geben, wie es besser laufen könnte (siehe auch Tipp *17 – Multiplikator für Nachhaltigkeit*).
- Verbinde dich mit Gleichgesinnten und Organisationen, die sich mit Nachhaltigkeit beschäftigen. Kommentiere deren Beiträge, um Gespräche anzustoßen und in Kontakt zu kommen. Erstelle Kontaktanfragen nicht nach dem Gießkannenprinzip, sondern bewusst und erst, nachdem du dir das jeweilige Profil angesehen und entschieden hast, dass die Person zu dir und deinen Ideen passt.
- Nimm nicht jede Kontaktanfrage an, sondern sieh dir die Anfrage erst einmal genau an. Oft steckt dahinter nur die Absicht, dir irgendeine Dienstleistung zu verkaufen, die du nicht brauchst. Sei geizig beim Aufbau deiner Kontakte und nimm nur die Kontaktanfragen an, die zu dir und deinem Thema passen.

- Schreibe eigene Beiträge und verwende passende Hashtags[2] wie #Nachhaltigkeit, #Greeneconomy, #Kreislaufwirtschaft usw. Teile deine Leidenschaft für Nachhaltigkeit auf ehrliche und persönliche Weise und gib dein Wissen in Form von praktischen Tipps weiter.

Ich liste nachstehend die Netzwerke auf, die ich für meinen Informationsbedarf und für meine Beiträge in Sachen Nachhaltigkeit nutze:

- **LinkedIn** ist eines der größten beruflichen Netzwerke. Es dient in erster Linie dazu, berufliche Kontakte zu knüpfen, zu pflegen und auszubauen.
- **Facebook** dient mir dazu, mit Freunden, Familie, Bekannten und Gleichgesinnten in Kontakt zu bleiben. Du kannst es auch für eine eigene Nachhaltigkeitsgruppe nutzen.
- **Bluesky** ist eine Alternative zu „X/Twitter" mit offenem Protokoll.
- **Google** ist eigentlich kein soziales Netzwerk, sondern der allseits bekannte Suchmaschinenriese, bietet aber Funktionen, die dir bei deiner Reise zur Nachhaltigkeit helfen können:
  - Wenn du ein eigenes Unternehmen hast (siehe *66 – Tipps für Gründer*), kannst du über **Google Business** ein Unternehmensprofil anlegen und dadurch bei Suchanfragen zu deinem Thema Nachhaltigkeit leichter gefunden werden. Gib mal in der Google-Suchmaske meinen Namen ein, und du wirst mein Unternehmen finden.

---

[2] Mit einem Hashtag (#) kannst du einen Beitrag in einem bestimmten Kontext oder Themenbereich positionieren und damit andere Benutzer erreichen, die sich für dasselbe Thema interessieren.

- **Google.de/alerts** nutze ich, um zu wichtigen Themen wie „Nachhaltigkeit" automatisiert Informationen und Nachrichten per E-Mail zugesendet zu bekommen. Wichtig: Stell es so ein, dass du nur einmal pro Woche die Alerts zugesendet bekommst, sonst kann es dich schnell nerven.

Das sind nicht sehr viele Netzwerke – richtig? Das war aber auch einmal ganz anders. Anfangs war ich in zahlreichen Netzwerken registriert, was sich jedoch als völlig nutzlos herausgestellt hat. Du kannst unmöglich mehr als einer Handvoll Netzwerke regelmäßig Aufmerksamkeit schenken, und deshalb habe ich für mich im Laufe der Jahre ein Netzwerk-Konzept entwickelt (siehe auch Tipp *8 – Eigene Nachhaltigkeitskonzepte entwickeln*), das ich überblicken und bedienen kann.

73 – Deine Nachhaltigkeitswebsite

Ein anderes, mögliches Werkzeug für dich, um das Thema Nachhaltigkeit und deine Ideen dazu weiter zu verbreiten, ist der Betrieb einer eigenen Website[3]. Dort bestimmst allein du die Inhalte und kannst über die Themen und Schwerpunkte berichten, diskutieren und diejenigen unterstützen, die dir besonders wichtig sind. Für deine Website brauchst du als Erstes eine eigene Domain, also einen eindeutigen Namen für eine Internetadresse. Du findest sehr viele Anbieter von Domains im Internet, manche sind kostenlos, die meisten kosten etwas Geld (ca. 10–25 € pro Jahr).

---

[3] Website, auch Internetpräsenz oder Webpräsenz genannt, bezeichnet eine Gesamtheit von Internetseiten, die von einer Person, einem Unternehmen oder einer Organisation betrieben werden.

> **Tipp**
>
> Nimm dir genügend Zeit, um einen guten Domainnamen zu wählen. Er sollte nicht zu lang und leicht zu merken sein. Idealerweise baust du eines deiner Nachhaltigkeitskeywords ein, um zu deinem Thema leicht gefunden zu werden.

Sobald du deine eigene Website hast, kannst du dich mit Gleichgesinnten vernetzen und sogenannte Backlinks[4] setzen und auch erhalten. Geschieht dies beiderseitig, dann profitieren beide Seiten in Form eines besseren Rankings[5] in den Suchmaschinen. Dies nutzt deinem Bekanntheitsgrad und führt zu einer weiteren Verbreitung unseres gemeinsamen Interesses, dem Thema Nachhaltigkeit. Werden die richtigen Keywords[6] rund um das Thema Nachhaltigkeit gesetzt, wird deine Seite zu diesen Keywords gefunden, und du kannst mit interessierten Besuchern rechnen. Auf deiner Website kannst du einen eigenen Blog schreiben und deinen eigenen Newsletter anbieten.

Du hast es sicher schon in den ersten Absätzen dieses Kapitels gemerkt, dass es zu diesem Thema viele Fachausdrücke gibt. Dem kannst du dich auch nicht entziehen, wenn du eine wirklich erfolgreiche Internetpräsenz aufbauen möchtest. Das bedeutet für dich, dass du an dieser Stelle Wissen aufbauen und Fachbegriffe lernen musst (siehe auch Tipp *12 – Wissen vertiefen und Kompetenzen stärken*).

---

[4] Backlinks sind Links von einer fremden, externen Website zu deiner Website. Sie sind ein wichtiger Faktor für das Suchmaschinenranking und haben Auswirkungen auf die Suchergebnisse.
[5] Ranking bezeichnet die Position deiner Website innerhalb der Suchergebnisseiten von Google oder anderen Suchmaschinen.
[6] Keywords (Schlüsselwörter) sind Suchbegriffe, die Internetnutzer in Suchmaschinen wie Google eingeben, um bestimmte Informationen oder Angebote zu finden.

An dieser Stelle kommt von dir vielleicht der Einwand, dass du nicht programmieren kannst und deshalb eine eigene Website für dich nicht möglich ist. Du musst jedoch nicht programmieren können, um eine Website zu erstellen und zu betreiben. Es gibt zahlreiche, zum Teil kostenlose Angebote, die dir den Aufbau einer tollen Internetpräsenz auch ohne Programmierung in Form von Websitebaukästen ermöglichen (z. B. Weebly, Squarespace, Wix u. v. m.). Diese Baukästen bieten eine große Auswahl an Vorlagen und Designelementen (Inhalten), aus denen du auswählen kannst. Du findest mit einer kleinen Internetrecherche sicher das Passende für dich.

Wenn du etwas tiefer eintauchen willst, kannst du dir eine kostenlose WordPress-Website[7] aufbauen. Dort kannst du aus einer Vielzahl von Themes (Thema deiner Website mit voreingestellten Designelementen) und zum Teil kostenlosen Plug-ins wählen (Programmelemente, die WordPress mit verschiedenen Funktionalitäten bereitstellt, beispielsweise einem Kontaktformular). Die meisten Themes und Plug-ins kannst du auf Scriptbasis auch selbst anpassen. Dazu musst du dich dann allerdings doch ein wenig mit Programmiersprachen auseinandersetzen.

Ich habe meine Internetpräsenz https://www.nachhaltigkeit-management.de auch mit WordPress aufgebaut und bin damit inzwischen recht zufrieden. Wenn du deine eigene Website online hast, können wir uns gerne gegenseitig mit Backlinks verbinden und so gemeinsam das Thema Nachhaltigkeit weiterverbreiten. Schick mir einfach eine Nachricht über das Kontaktformular auf meiner Seite und wir kommen zusammen.

---

[7] WordPress ist ein flexibles und kostenloses Content-Management-System (CMS), das es ermöglicht, Websites und Blogs zu erstellen und zu verwalten. Es benötigt grundsätzlich keine Programmierkenntnisse.

Es gibt einige wichtige Werkzeuge, die du zum erfolgreichen Betrieb deiner nachhaltigen Internetpräsenz brauchst. Ich habe die Tools, die ich verwende, nachfolgend aufgeführt.

Tooltipps für deine Internetpräsenz:

- **Pixabay**: Kostenlose und lizenzfreie Bilder, die du auch für deine Website verwenden kannst.
- **Google Search Console**: Damit kannst du die Präsenz deiner Website in den Google-Suchergebnissen überwachen, analysieren und wenn nötig auch optimieren.
- **Trends.google.de**: Ein leistungsstarkes Werkzeug, das dir einen Einblick in aktuelle Suchtrends im Internet gibt. Es ermöglicht dir zu sehen, was Menschen gerade suchen und welche Themen gerade im Trend liegen.
- **Google Analytics**: Ein Tool zur Analyse deiner Website, mit dem du siehst, welche Seiten deiner Website wie oft besucht wurden und viele Analysedaten mehr.
- **Google Keyword Planer**: Unterstützt dich bei der Auswahl eines Sets von Keywords, die für deine Nachhaltigkeitsthemen wichtig sind und häufig gesucht werden. Dabei musst du auch keine Anzeigen (Ads) schalten, außer du möchtest das unbedingt.
- **PageSpeed Insights**: Ein SEO-Tool, das dir dabei hilft, die Geschwindigkeit deiner Homepage zu optimieren. Das ist ein sehr wichtiges Kriterium für ein gutes Ranking in Suchmaschinen.

Tipps für Aufbau und Betrieb deiner Website:

- Setze von Anfang an auf ein sparsames (minimalistisches) Design. Dadurch sinken die Ladezeiten und die Serverbelastung, was wiederum Energie spart. Als schöner Nebeneffekt steigen schnelle Webseiten auch im Ranking der Suchmaschinen.

Politik, Gesellschaft und du 309

- Verwende auf allen Seiten und in allen Beiträgen Keywords zum Thema Nachhaltigkeit und erstelle hochwertige Inhalte, die für deine Zielgruppe interessant sind.
- Veröffentliche regelmäßig Blogbeiträge zu verschiedenen Gesichtspunkten der Nachhaltigkeit, die dich interessieren. Das kann von persönlichen Erfahrungen und Tipps für einen nachhaltigen Alltag bis hin zur Besprechung aktueller Studien reichen.
- Lade andere Blogger, Experten oder Politiker dazu ein, Gastbeiträge auf deiner Seite zu veröffentlichen und schlage Kooperationen vor. Das erweitert die Reichweite deiner Website und bringt dir neue Perspektiven.
- Teile deine Blogbeiträge automatisch über kostenlose Plugins in deinen sozialen Netzwerken und nutze passende Hashtags (z. B. #Nachhaltigkeit), um eine größere Zielgruppe zu erreichen.
- Ermutige dazu, Kommentare zu deinen Beiträgen zu schreiben und darüber zu diskutieren. Dazu musst du die Kommentarfunktion in deinem WordPress-System freischalten.
- Versende regelmäßig einen Newsletter, um deine Leserschaft auf dem Laufenden zu halten und eine engere Beziehung aufzubauen.
- Arbeite mit NGOs oder Unternehmen zusammen, die sich für Nachhaltigkeit einsetzen und tausche Backlinks mit ihnen aus.
- Organisiere oder unterstütze über deine Website Veranstaltungen zum Thema Nachhaltigkeit, um mehr Menschen zusammenzubringen.

Mit deiner eigenen Website kannst du nicht nur dein eigenes Wissen vertiefen, sondern auch andere Menschen für das Thema Nachhaltigkeit begeistern und eine aktive Community aufbauen.

Dein nachhaltiges Leben

Hatten wir das Thema nicht schon am Anfang bei Tipp *10 – Mein Weg zur Nachhaltigkeit*?

Nicht ganz, da habe ich jetzt, da wir uns dem Ende des Buchs nähern, noch ein einige Dinge zu sagen und möchte sie dir mit auf den Weg zu deinem nachhaltigen Leben geben.

Wir haben uns durch und mit diesem Buch gemeinsam auf eine Reise begeben, um unser Leben nachhaltiger zu gestalten. Wir haben besprochen, wie wir bewusst konsumieren, unsere Ernährung umstellen, Energie effizient nutzen, Ressourcen schonen und so unseren Alltag nachhaltiger gestalten können. Und glaube mir, ich habe genauso wie du dazu gelernt und neue Sichtweisen gewonnen. Doch manchmal tauchen Zweifel bei uns auf wie „Schaffe ich das wirklich?", „Das ist doch reine Zeitverschwendung." oder „Machen meine kleinen Schritte überhaupt einen Unterschied?"

Es ist ganz normal, dass wir uns diese Fragen stellen. Der Weg zu einem nachhaltigen Leben ist nicht immer einfach und wird vom Alltag und unseren eingefahrenen Gewohnheiten verhindert. Oft stehen auch innere Barrieren im Weg. Zweifel an uns selbst, Angst vor Veränderungen oder das Gefühl, dass unsere eigenen Anstrengungen keinen großen Einfluss haben und sinnlos sind. Auch unser innerer Schweinehund hindert uns oft daran, nachhaltige Entscheidungen zu treffen, die von uns Einsatz erfordern:

- Unser Verstand redet uns ständig ein, dass wir dies und das nicht schaffen, weil wir zu dumm, zu schwach und generell einfach ungeeignet sind (siehe Tipp *6 – Gedanken entschärfen*).
- Wir reden uns ein, das Problem doch besser anderen zu überlassen, die wesentlich geeigneter sind als wir: Unternehmern, Managern, Politikern, Influencern usw.

Mir ist das auch mit diesem Buch so gegangen. Gerade am Anfang habe ich oft zu mir gesagt *"Du schaffst es nie, 77 praktische Tipps für mehr Nachhaltigkeit lesefreundlich und interessant zu beschreiben. Die Leser werden das Buch Nonsens finden und dich schlecht bewerten. Eigentlich kann ich gar nicht schreiben, ich habe kein Talent dazu, also wozu die Mühe?"*

Doch das sind lediglich Gedanken und nicht die Wirklichkeit. Nachhaltigkeit für dein Leben bedeutet auch, sich dies immer in das Bewusstsein zu rufen (schau noch mal kurz zurück an den Anfang des Buchs zu Tipp *4 – Bewusstsein schärfen*):

- Wir bestimmen über unsere Handlungen und nicht unsere Gedanken an die Vergangenheit oder an erdachte negative Zukünfte.
- Du hast die Macht, etwas zu verändern, deine Zukunft zu gestalten. Du musst es nur wollen.

In meinem Fall habe ich meine innere Barriere gegen das Schreiben dieses Buchs damit überwunden, indem ich mir meine Werte erneut bewusst vor Augen gehalten habe. Meine Vision ist eine nachhaltige Welt, also schreibe ich so gut ich eben kann meine Tipps dazu in ein Buch. Wenn es den Lesern gefällt, freue ich mich darüber, und wenn nicht, dann bin ich auf jeden Fall ein ganzes Jahr entlang meiner Werte tätig gewesen. Für mich ist das Schreiben des Buchs allein schon ein Gewinn, denn dabei lerne ich weiter dazu, wie ein gutes Buch zu schreiben ist, und darüber hinaus erweitere ich mein Wissen zu einem Thema, das mir sehr wichtig ist (siehe Tipp *12 – Wissen vertiefen und Kompetenzen stärken*).

Lass dich also nicht entmutigen! Barrieren können überwunden, Gewohnheiten geändert und Motivation mithilfe unserer Werte gewonnen werden. Daher möchte ich dir im letzten Themenbereich dieses Buchs einige Strategien und Tipps mitgeben, wie du deine Barrieren überwinden und deine Motivation für ein nachhaltiges Handeln stärken kannst. Wir werden gemeinsam noch erkunden, wie du deine Gewohnheiten verändern kannst, ohne dich dabei unter Druck zu setzen. Du wirst erfahren, wie du deine innere Stärke entdeckst und warum ein nachhaltiger Lebensstil so erfüllend sein kann. Und schließlich werden wir gemeinsam einen Blick in die Zukunft werfen und uns vorstellen, wie dein Leben aussehen könnte, wenn du beharrlich und standhaft auf Nachhaltigkeit setzt.

74 – Die Macht der Gewohnheiten

Wir alle haben eingespielte Abläufe, die unseren Alltag bestimmen. Diese Gewohnheiten können uns sowohl unterstützen als auch behindern. Hast du dich schon einmal gefragt, warum es so schwer ist, alte Gewohnheiten abzulegen und neue anzunehmen? In diesem Kapitel wollen wir uns gemeinsam mit der Macht der Gewohnheiten auseinandersetzen und herausfinden, wie wir sie für ein nachhaltigeres Leben einsetzen und nutzen können.

Eine meiner für mich nicht hilfreichen Gewohnheiten ist, dass ich unangenehme und schwierige Aufgaben gerne aufschiebe und dafür Dinge tue, die mir Spaß machen. Gerade in diesem Augenblick würde ich lieber in einem Onlineshop ein neues Mobiltelefon bestellen, auf das ich mich schon freue (entgegen meines eigenen Tipps), meine DHL-Kundenkarte erneuern, ein wenig im Garten herumspazieren, mit meiner Katze spielen und dann an meiner Website basteln, denn länger als eine Stunde an einem Buch zu arbeiten, strengt mich ziemlich an.

Ich mache es aber nicht, sondern arbeite weiter mit voller Konzentration. Im Laufe dieses Jahres habe ich gemerkt, dass mich meine bisherige Angewohnheit daran gehindert hat, beständig an diesem Buch zu schreiben und es wie geplant zu beenden. Seit ich mir über die Auswirkung dieser Gewohnheit im Klaren wurde (beim ersten Entwurf dieses Kapitels), schreibe ich jeden Vormittag und jeden Nachmittag (bis auf Sonntag) mindestens eine Stunde an dem Buch (dafür stelle ich mir einen Timer). Ich gebe mir in dieser Zeit alle Mühe, konzentriert bei der Sache zu bleiben und mich nicht ablenken zu lassen. In den letzten sechs Wochen habe ich mit dieser neuen Verhaltensweise fast genau so viel geschafft, wie in den letzten drei Monaten davor.

Ein anderes Beispiel meiner nicht nachhaltigen Gewohnheiten ist der Gebrauch von Plastik. Die Gewohnheit, im Supermarkt eine Plastiktüte für meine Einkäufe zu nehmen, ist tief in mir verankert, weil ich sie fast mein ganzes bisheriges Leben praktiziert habe. Um diese Gewohnheit zu ändern, musste ich bewusst handeln und eine neue Routine einführen – in diesem Fall die Verwendung einer Stofftasche. Die neue Gewohnheit ist es nun, vor dem Einkaufen die Tasche vom Haken zu nehmen und mitzunehmen. Das habe ich mir erfolgreich antrainiert und als neue und positive Gewohnheit übernommen, die mich ein klein wenig in Richtung Nachhaltigkeit führt. Das hört sich sehr einfach an, benötigt aber anfangs immer die bewusste Entscheidung, um den Rückfall in die alte Gewohnheit zu verhindern (siehe auch Tipp 4 – *Bewusstsein schärfen*).

Mit diesen kleinen Beispielen aus meinem Leben möchte ich dir Mut machen, die Macht derjenigen Gewohnheiten, die nicht hilfreich für dich sind, auch in dir zu überwinden.

Tipps:

- Analysiere bewusste deine bisherigen Gewohnheiten und mach dir die Auswirkungen und Folgen daraus klar:
  - Sind es Gewohnheiten, die gut für dich sind? Okay, dann behalte sie und sei dir ihrer positiven Wirkung bewusst.
  - Sind es Gewohnheiten, die nicht gut für dich sind? Überlege dir in diesem Fall, wie du diese Gewohnheiten ablegen und durch neue, für dich positive Abläufe und Gewohnheiten ersetzen kannst.
- Kleine Schritte, große Wirkung. Setze dir Ziele, die du auch schaffen kannst. Mein Ziel, jeden Tag eine bestimmte Zeit an diesem Buch zu schreiben, bis ich damit fertig bin, ist nur ein kleiner Schritt, doch nun bin ich mir sicher, dass ich mein Manuskript zum vereinbarten Zeitpunkt abgeben kann.
- Nimm deinen inneren Schweinehund als deinen persönlichen Gegner an. Er ist nicht dein Freund, sondern er hindert dich daran, die Dinge zu tun, die wirklich wichtig für dich sind.
- Achtsamkeit kann dir dabei helfen, nicht hilfreiche Gewohnheiten zu ändern (siehe Tipp 5 – *Achtsamkeit im Alltag*).

Die Macht der Gewohnheit ist gewaltig und oft nur schwer zu überwinden. Indem du deine Gewohnheiten und Abläufe im Alltag Schritt für Schritt bewusst gestaltest, kannst du dein Leben nachhaltiger gestalten. Sei geduldig mit dir selbst und genieße diesen Prozess der Veränderung. Wenn du mal wieder in bereits überwunden geglaubte schlechte Gewohnheiten zurückfällst, ist das nicht tragisch. Wichtig ist nur, dass du dir bewusst bist, was da gerade passiert und es nicht wieder zur Gewohnheit werden lässt.

75 – Motivation und innere Einstellung für Nachhaltigkeit

Bevor ich mich selbstständig gemacht habe, war ich als Leitender Angestellter in einem Konzern für den Bereich Umwelt und Nachhaltigkeit verantwortlich. Leider kam es gerade in dieser Phase zu persönlichen Rückschlägen und zu schmerzhaften menschlichen Enttäuschungen. Das hat damals meine Motivation für Nachhaltigkeit einzutreten zeitweise vollständig verschwinden lassen.

Das Leben ist ein ständiges auf und ab und manchmal passiert es so, wie es mir passiert ist, dass wir in ein tiefes Tal rutschen. Doch schon nach kurzer Zeit wurde mir klar, dass sich das Rad des Lebens weiterdrehen und Nachhaltigkeit weiterhin ein zentrales Thema für mich sein wird, egal was zuvor war. Ich hatte meinen inneren Kompass – meine Werte – wiedergefunden, und es ging mit meinem Leben wieder nach oben.

Jede Motivation und jedes Mindset[1] ist Schwankungen unterworfen, das bringt das Leben nun mal so mit sich. Auch wenn uns die vielen Vorteile eines nachhaltigen Lebens zunehmend klar werden, müssen wir hin und wieder achtgeben, um nicht den Fokus zu verlieren oder alte und schlechte Gewohnheiten wieder annehmen. Dazu musst du dich selbst ein wenig aus-

---

[1] Ein Mindset, unsere innere Haltung, umfasst unsere Denkweisen, Überzeugungen und Verhaltensmuster.

tricksen und psychologisch vorgehen. Sei dein eigener Coach und erneuere deine Motivation und deine innere Einstellung zu Nachhaltigkeit, wenn es notwendig ist.

Tipps für deine Motivation:

- **Finde dein „Warum".** Warum ist dir Nachhaltigkeit wichtig? Was treibt dich an, etwas zu verändern? Wenn du dein „Warum" kennst, fällt es dir leichter, dranzubleiben. Denke dabei an dein Wertesystem (siehe Tipp *1 – Meine Nachhaltigkeitswerte*), das „Warum" ist entscheidend. Ziele verändern sich, deine Werte bleiben. Verlasse bewusst deinen vertrauten Alltag und handle deinen Werten entsprechend, auch wenn dir das manchmal Unbehagen verursacht oder dir vielleicht sogar Angst macht:
  - Setze die Macht der Fragen ein, um herauszufinden, warum dir Nachhaltigkeit wichtig ist (schau noch mal zurück zum Tipp *2 – Die Kraft der Fragen für mehr Nachhaltigkeit*).
  - Schreibe deine Antriebsquellen auf, hänge den Zettel an die Wand und mach dir deine Motivation, für Nachhaltigkeit einzutreten, immer wieder bewusst.
- **Selbstreflexion:** Führe eine Nachhaltigkeitsanalyse deines jetzigen Lebensstils durch (siehe auch Tipp *10 – Mein Weg zur Nachhaltigkeit*). Welche Bereiche deines Alltags sind besonders nachhaltig, wo gibt es noch Verbesserungspotenzial? Welche Werte sind dir besonders wichtig? Was motiviert dich? Was hält dich zurück?
- **Gewohnheiten:** Identifiziere nicht hilfreiche Gewohnheiten und ersetze sie durch nachhaltige Alternativen.
- **Zielsetzung:** Setze dir konkrete und erreichbare Nachhaltigkeitsziele. Beginne mit kleinen Schritten, feiere all deine

großen und kleinen Erfolge (siehe auch Tipp *8 – Eigene Nachhaltigkeitskonzepte entwickeln*) und verstärke so deine Motivation.
- **Umgang mit Rückschlägen**: Wenn du mal einen Rückschlag erlebst, denke daran, dass dies nichts an deiner grundsätzlichen Einstellung zum Thema Nachhaltigkeit ändert. Setze erneut und bewusst die Kraft der Fragen ein und erhalte so Antworten, die die Ursachen für den Rückschlag beseitigen (siehe Tipp *3 – Antworten als Werkzeug für Veränderung*) und dir einen neuen Anlauf ermöglichen.
- **Weiterentwicklung**: Glaube fest daran, dass du dich ständig weiterentwickeln kannst und es auch wirst. Ein nachhaltiges Leben ist ein Prozess ohne ein wirkliches Ende. Nachhaltigkeit ist eine Lebensaufgabe und eine Lebenseinstellung.
- **Nutze die Kraft der Vorstellung**: Stell dir doch einmal vor, wie eine nachhaltige Welt aussehen könnte! Entwickle deine eigene Zukunftsversion für dein nachhaltiges Leben. Das wird dich ermutigen, weiter am Ball zu bleiben und deinen eigenen Beitrag für eine nachhaltige Welt zu leisten, auch wenn es mal nicht so läuft, wie du es möchtest.

Deine innere Einstellung ist dein stärkstes Werkzeug auf dem Weg zu einem nachhaltigen Leben. Indem du deine Gedanken und Überzeugungen positiv beeinflusst, kannst du deine Motivation stärken und langfristig erfolgreich sein.

76 – Vorteile eines nachhaltigen Lebens

Die eigene Motivation aufrechtzuhalten, fällt manchmal nicht leicht. Gerade beim Thema Nachhaltigkeit fragen wir uns oft, ob unsere Anstrengungen überhaupt zu irgendetwas nutzen. Doch ein nachhaltiger Lebensstil ist viel mehr als nur eine

Pflichtübung. Er ist eine Reise zu einem erfüllteren und glücklicheren Leben. Aber was sind nun wirklich die Vorteile, die uns ein nachhaltiger Alltag und ein nachhaltiges Leben bieten?

Welche Vorteile habe ich durch ein nachhaltiges Leben?

- Zunächst deine tägliche Motivation. Du findest deinen persönlichen Antrieb für nachhaltiges Handeln allein schon durch die Beschäftigung damit. Wie du sie stärken kannst, haben wir gerade besprochen.
- Mit der Zeit baust du ein enormes Wissen auf, das dich und andere Menschen im Alltag unterstützt und zu deiner persönlichen Erfüllung beiträgt. Schau dir doch noch mal das Kapitel Wissen teilen, Zukunft gestalten an.
- Du gehörst spätestens ab jetzt einer Gemeinschaft für die Zukunft an. Über eine der vielen möglichen Tätigkeiten im Alltag, die wir uns in diesem Buch angesehen haben, wirst du Gleichgesinnte treffen. Menschen, die wie du versuchen, nachhaltig zu leben, und mit denen du dich austauschen und gegenseitig bestärken kannst. Die gegenseitige Unterstützung in einer solchen Gemeinschaft wird dir dabei helfen, motiviert zu bleiben. Du wirst mit deiner Vision einer nachhaltigen Welt begeistern und von anderen Visionären begeistert werden.
- Mit deinen Bestrebungen für mehr Nachhaltigkeit wirst du auch gesellschaftlichen Nutzen haben. Dein Wissen und deine Ratschläge werden gefragt sein, genauso wie dein persönlicher Einsatz in zahlreichen Nachhaltigkeitsprojekten (siehe Tipp *17 – Multiplikator für Nachhaltigkeit*). Darauf kannst du dann auch zu Recht etwas stolz sein.
- Durch Nachhaltigkeit hast du auch gesundheitliche Vorteile. Körperliche und geistige Gesundheit werden durch

ein nachhaltiges Leben noch stärker miteinander verknüpft (siehe Tipp 7 – *Gesundheit und Nachhaltigkeit*) und unterstützen sich gegenseitig:

- Verbringe mehr Zeit in der Natur, und du wirst weniger Stress haben.
- Radfahren, zu Fuß gehen, Treppen steigen – all das hält dich fit (siehe auch Tipp 47 – *Zu Rad und zu Fuß*).
- Durch die regionalen und saisonalen Lebensmittel, die du nun bevorzugt kaufst und genießt, tust du auch deiner Gesundheit etwas Gutes.
- Da du dich viel bewusster mit den Herausforderungen und Chancen in deinem Alltag auseinandersetzt, führst du ein Leben, das du viel tiefer fühlst als zuvor.

• Vergiss nicht die möglichen finanziellen Vorteile. Denk daran, dass Nachhaltigkeit und wirtschaftlicher Erfolg sich nicht ausschließen, ganz im Gegenteil (siehe Tipp 63 – *Ethisches Investieren* und 66 – *Tipps für Gründer*):

- Viele deiner nachhaltigen Entscheidungen führen auch zu langfristigen Einsparungen, beispielsweise durch deine neuen Gewohnheiten bei Konsum (siehe *Konsum und Ernährung*) und Energie (siehe *Energie und Technik gestalten*).

• Dein Selbstbewusstsein wird gestärkt, deine Kreativität gefördert und du wirst widerstandsfähiger gegenüber Veränderungen in deinem Leben.

Ein nachhaltiges Leben bietet dir eine Fülle von Vorteilen, die weit über den Umweltschutz hinausgehen. Es ist eine lohnende Anlage in deine eigene Zukunft und die Zukunft unseres Planeten.

77 – Gestalte deine nachhaltige Zukunft

Du hast es geschafft! Dieses Buch ist fast zu Ende, und du hast eine Menge über Nachhaltigkeit gelesen. Ich hoffe, es war auch für dich viel Neues dabei.

Wir haben gemeinsam versucht, die ganze Bandbreite an Möglichkeiten zu einem nachhaltigen Alltag für dich zumindest anzusprechen. Wir haben über Werte und Achtsamkeit gesprochen, von der Notwendigkeit, Wissen aufzubauen und weiterzugeben. Viele Tipps für deinen Alltag sind wir durchgegangen. Von der Veränderung deines Konsumverhaltens zu nachhaltigen Produkten und Gütesiegeln, über Energie, Mobilität und Ressourceneffizienz, die Entwicklung einer starken inneren Einstellung bis hin zu den Vorteilen eines nachhaltigen Lebens. Jetzt bist du bestens gerüstet, um deinen Alltag nachhaltiger zu gestalten.

Die Zukunft birgt große Chancen und Herausforderungen für die Umsetzung von Nachhaltigkeit in unserem Alltag. Technologien wie erneuerbare Energien und künstliche Intelligenz bieten neue Möglichkeiten, unsere Welt zu gestalten. Gleichzeitig müssen wir uns den Herausforderungen des Klimawandels und der sozialen Ungleichheit stellen. Auch darüber haben wir uns in diesem Buch unterhalten. Nun ist die Zeit gekommen, wo du so richtig loslegen solltest.

Beginne mit kleinen Schritten. Wähle ein Ziel aus, das dich begeistert und setze es um. Vielleicht möchtest du deinen Fleischkonsum reduzieren, mehr regionale Produkte kaufen oder dich in einer lokalen Initiative für nachhaltige Landwirtschaft engagieren? Nimm dir Zeit, um deine eigenen Ziele zu definieren und einen konkreten Plan zu erstellen. Überlege dir, welche Schritte du unternehmen musst, um deine Ziele zu erreichen.

Tipps für deine nächsten Schritte:
- Setze dir klare Ziele: Was möchtest du konkret und bis wann erreichen?
- Suche und finde Gleichgesinnte. Tausche dich mit anderen Menschen aus und bilde eine Gemeinschaft.
- Informiere dich und gib dein Wissen bereitwillig weiter. Bleib auf dem Laufenden über aktuelle Entwicklungen.
- Sei kreativ und mache Dinge selbst. Entwickle eigene Ideen und Projekte für deinen Alltag, aber auch für andere Menschen.
- Sei geduldig, denn Veränderungen brauchen Zeit. Sowohl bei dir selbst als auch bei deinen Mitmenschen. Nachhaltigkeit ist eine Lebensaufgabe.

Die Zukunft liegt in deinen Händen. Mit deinem Wissen, deiner Motivation und deiner Bereitschaft zur Veränderung kannst du ein nachhaltiges Leben führen und dazu noch einen positiven Beitrag zu einer nachhaltigen Welt leisten, von dem andere Menschen einen Nutzen haben.

Sei mutig, sei kreativ und begeistere andere für Nachhaltigkeit. Vergiss nicht, du bist nicht allein auf dieser Reise. Es gibt Millionen von Menschen wie du, die sich für Nachhaltigkeit einsetzen.

Tipp zur Gestaltung deiner nachhaltigen Zukunft:
Setze in deinem Alltag nun einen Schwerpunkt auf die bewusste persönliche Auseinandersetzung mit dem Thema Nachhaltigkeit. Lass nicht nach in deinen Bemühungen zu mehr Nachhaltigkeit für dich und andere Menschen, dann wirst du ein erfülltes Leben führen:
- **Mehr Wohlbefinden:** Entdecke, wie ein nachhaltiges Leben zu mehr Gesundheit und Zufriedenheit führt.

- **Achtsames Handeln:** Gehe deinen Weg zur Nachhaltigkeit entlang deiner eigenen Werte und Visionen.
- **Teile Wissen:** Erforsche die Ideen und Konzepte der Nachhaltigkeit und gib dein Wissen bereitwillig weiter.
- **Übernimm Verantwortung:** Trage dazu bei, unsere Welt zu schützen und zukünftigen Generationen eine lebenswerte Welt zu hinterlassen.

Nachhaltigkeit im Alltag – die Reise geht weiter

Deine Reise zur Nachhaltigkeit geht weiter

Ich kann dieses Buch nach dem 77. Tipp nicht einfach so beenden, auch wenn der letzte Tipp zu deiner nachhaltigen Zukunft eigentlich schon ein gutes Schlusswort war.

Bei einem Punkt bin ich mir sicher. Es ist längst nicht alles gesagt! Ich habe mir Mühe gegeben, mein bisheriges Wissen zur praktischen Anwendung von Nachhaltigkeit in unserem alltäglichen Leben in diesem Buch aufzuschreiben, doch gäbe es noch viel mehr zu sagen. Das war mir bereits zu Beginn des Schreibens an diesem Buch klar.

Dennoch, ich habe wieder viel zum Thema Nachhaltigkeit gelesen, recherchiert, ausprobiert und dabei aufgeregt nach neuen Dingen gesucht, die ich noch nicht kannte. Manch neuen Tipp habe ich so für mich entdeckt und wie ein Kind, das ein neues Spielzeug bekommt, versucht, ihn sofort anzuwenden. Manches hat dabei funktioniert, manches nicht. Das, was funktioniert hat, habe ich in dieses Buch übernommen. Vor Dingen, die unsicher oder sogar gefährlich sind, habe ich dich gewarnt, wenn mir die Gefahr bewusst war.

Mir ist auch klar, dass ich vieles einfach nicht gefunden habe, auch weil ich möglicherweise an der falschen Stelle gesucht habe. Schlussendlich war dies auch ein zeitliches Problem und das in mehrfacher Hinsicht. Zum einen braucht es einfach Zeit, ein Buch zu schreiben (in diesem Fall waren es genau 15 Monate), und irgendwann war die Zeit, die ich mir gesetzt hatte, um zu einem Ende zu kommen, erreicht (auch mein Verlag wollte nicht ewig auf mein Manuskript warten).

Zum anderen aber ist Nachhaltigkeit eine Endlosschleife, ein Prozess, der nie zu Ende geht. Das bedeutet jedoch auch, dass ständig neue Dinge gefunden und erfunden werden, wie wir unser Leben nachhaltiger gestalten können. Diesen Rennen konnte ich also nicht gewinnen. Dennoch habe ich das gute Gefühl, zumindest einen weiten Bogen geschlagen zu haben, und bin insoweit mit dem Umfang und mit den Inhalten dieses Buchs zufrieden.

Wenn es mir gelungen ist, dir den einen oder anderen Tipp für mehr Nachhaltigkeit in deinem Leben zu geben, den du noch nicht kanntest und der für dich funktioniert, würde ich mich freuen. Und wenn es mir sogar gelungen ist, dich zu begeistern und zu ermutigen, dich weiter auf dem Weg in Richtung Nachhaltigkeit zu bewegen, dann habe ich mein Ziel voll und ganz erreicht.

Es würde mich sehr freuen, wenn du mir ein Feedback geben würdest, sobald du mein Buch in alle Richtungen gelesen (und verdaut) hast. Getreu den Grundregeln der Nachhaltigkeit möchte ich mich weiterentwickeln und bin daher für konstruktive Kritik (und natürlich auch für Lob) empfänglich und dankbar. Wenn du magst, kannst du dazu das Feedbackformular auf meiner Website https://www.nachhaltigkeit-management.de/77-Nachhaltigkeits-Tipps verwenden. Dort kannst du auch angeben, ob wir uns verlinken sollen. Wenn du keine Formulare magst, kannst du mir dein Feedback auch gerne an 77Tipps@nachhaltigkeit-management.de schicken.

Ich möchte dir noch einen allerletzten Tipp außer der Reihe mitgeben, der mir in mancherlei schwierigen Situation in meinem Leben geholfen hat, und dazu musst du auch nichts aktiv tun, sondern nur ein grundsätzliches Vertrauen in das Rad des Lebens haben.

Tipp zum Rad des Lebens

Es geschehen Dinge in unserem Leben, die wir zunächst nicht verstehen und die uns an der Gerechtigkeit zweifeln lassen. Doch wenn eine Tür zugeht, dann geht woanders ein Fenster auf. Darauf kannst du dich verlassen. Du musst nur genau hinsehen.

Deine Nachhaltigkeitsreise beginnt gerade und führt dich Schritt für Schritt zu einem erfüllten, einem wahrlich nachhaltigen Leben. Ich wünsche dir dazu Mut und Freude.

Hohenlinden, im Juni 2025
Michael Wühle

 Springer · springer.com

Michael Wühle
Nachhaltigkeit messbar machen

Ein Praxisbuch für nachhaltiges Leben und Arbeiten

4. Auflage

SACHBUCH · Springer

Jetzt bestellen:
link.springer.com/978-3-662-66046-1

GPSR Compliance
The European Union's (EU) General Product Safety Regulation (GPSR) is a set of rules that requires consumer products to be safe and our obligations to ensure this.

If you have any concerns about our products, you can contact us on

ProductSafety@springernature.com

In case Publisher is established outside the EU, the EU authorized representative is:

Springer Nature Customer Service Center GmbH
Europaplatz 3
69115 Heidelberg, Germany

www.ingramcontent.com/pod-product-compliance
Lightning Source LLC
LaVergne TN
LVHW020327260326
834688LV00037B/901